建筑与市政工程施工现场专业人员职业标准培训教材

施工员岗位知识与专业技能(设备方向)

(第三版)

中国建设教育协会　组织编写
傅慈英　屈振伟　主　编

中国建筑工业出版社

图书在版编目（CIP）数据

施工员岗位知识与专业技能. 设备方向 / 中国建设教育协会组织编写；傅慈英，屈振伟主编. — 3 版. — 北京：中国建筑工业出版社，2023.1
建筑与市政工程施工现场专业人员职业标准培训教材
ISBN 978-7-112-28186-2

Ⅰ.①施… Ⅱ.①中…②傅…③屈… Ⅲ.①建筑工程－设备管理－职业培训－教材 Ⅳ.①TU7

中国版本图书馆 CIP 数据核字（2022）第 219538 号

本书是在第二版的基础上，依据《建筑与市政工程施工现场专业人员考核评价大纲》进行了修订。本次修订更新了相关法律法规及规范的内容，调整了书稿的章节结构，保证了本书的参考和使用价值。

全书共分上下两篇，上篇岗位知识包括：设备安装相关的管理规定和标准，施工组织设计及专项施工方案的编制，施工进度计划的编制，环境与职业健康安全管理的基本知识，工程质量管理的基本知识，工程成本管理的基本知识，常用施工机械机具。下篇专业技能包括：施工组织设计和专项施工方案的编制，施工图及相关文件的识读，技术交底文件的编制与实施，施工测量，施工区段和施工顺序划分，施工进度计划编制与资源平衡计算，工程量计算及工程计价，质量控制，安全控制，施工质量缺陷和危险源的分析与识别，施工质量、安全与环境问题的调查分析，施工文件及相关技术资料的编制，工程信息资料的处理。

本书可供施工员（设备方向）的从业人员及相关专业人员学习、培训使用。

责任编辑：杜　川　李　慧　李　明　李　杰
责任校对：张　颖

建筑与市政工程施工现场专业人员职业标准培训教材
施工员岗位知识与专业技能（设备方向）
（第三版）

中国建设教育协会　组织编写
傅慈英　屈振伟　主　编

*

中国建筑工业出版社出版、发行（北京海淀三里河路9号）
各地新华书店、建筑书店经销
北京红光制版公司制版
天津安泰印刷有限公司印刷

*

开本：787毫米×1092毫米　1/16　印张：13¾　字数：342千字
2023年3月第三版　　2023年3月第一次印刷
定价：49.00元
ISBN 978-7-112-28186-2
（40215）

版权所有　翻印必究
如有印装质量问题，可寄本社图书出版中心退换
（邮政编码 100037）

建筑与市政工程施工现场专业人员职业标准培训教材
编 审 委 员 会

主　任：赵　琦　李竹成

副主任：沈元勤　张鲁风　何志方　胡兴福　危道军
　　　　尤　完　赵　研　邵　华

委　员：（按姓氏笔画为序）
　　　　王兰英　王国梁　孔庆璐　邓明胜　艾永祥
　　　　艾伟杰　吕国辉　朱吉顶　刘尧增　刘哲生
　　　　孙沛平　李　平　李　光　李　奇　李　健
　　　　李大伟　杨　苗　时　炜　余　萍　沈　汛
　　　　宋岩丽　张　晶　张　颖　张亚庆　张晓艳
　　　　张悠荣　张燕娜　陈　曦　陈再捷　金　虹
　　　　郑华孚　胡晓光　侯洪涛　贾宏俊　钱大治
　　　　徐家华　郭庆阳　韩炳甲　鲁　麟　魏鸿汉

出版说明

建筑与市政工程施工现场专业人员队伍素质是影响工程质量和安全生产的关键因素。我国从20世纪80年代开始,在建设行业开展关键岗位培训考核和持证上岗工作。对于提高建设行业从业人员的素质起到了积极的作用。进入21世纪,在改革行政审批制度和转变政府职能的背景下,建设行业教育主管部门转变行业人才工作思路,积极规划和组织职业标准的研发。在住房和城乡建设部人事司的主持下,由中国建设教育协会、苏州二建建筑集团有限公司等单位主编了建设行业的第一部职业标准——《建筑与市政工程施工现场专业人员职业标准》JGJ/T 250—2011,已由住房和城乡建设部发布,作为行业标准于2012年1月1日起实施。为推动该标准的贯彻落实,进一步编写了配套的14个考核评价大纲。

该职业标准及考核评价大纲有以下特点:(1)系统分析各类建筑施工企业现场专业人员岗位设置情况,总结归纳了8个岗位专业人员核心工作职责,这些职业分类和岗位职责具有普遍性、通用性。(2)突出职业能力本位原则,工作岗位职责与专业技能相互对应,通过技能训练能够提高专业人员的岗位履职能力。(3)注重专业知识的完整性、系统性,基本覆盖各岗位专业人员的知识要求,通用知识具有各岗位的一致性,基础知识、岗位知识能够体现本岗位的知识结构要求。(4)适应行业发展和行业管理的现实需要,岗位设置、专业技能和专业知识要求具有一定的前瞻性、引导性,能够满足专业人员提高综合素质和适应岗位变化的需要。

为落实职业标准,规范建设行业现场专业人员岗位培训工作,我们依据与职业标准相配套的考核评价大纲,组织编写了《建筑与市政工程施工现场专业人员职业标准培训教材》。

本套教材覆盖《建筑与市政工程施工现场专业人员职业标准》涉及的施工员、质量员、安全员、标准员、材料员、机械员、劳务员、资料员8个岗位14个考核评价大纲。每个岗位、专业,根据其职业工作的需要,注意精选教学内容、优化知识结构、突出能力要求,对知识、技能经过合理归纳,编写为《通用与基础知识》和《岗位知识与专业技能》两本,供培训配套使用。本套教材共28本,作者基本都参与了《建筑与市政工程施工现场专业人员职业标准》的编写,使本套教材的内容能充分体现《建筑与市政工程施工现场专业人员职业标准》的要求,促进现场专业人员专业学习能力的提高。

第三版教材在上版教材的基础上,依据《建筑与市政工程施工现场专业人员考核评价大纲》,总结使用过程中发现的不足之处,参照最新法律法规及现行标准、规范,结合"四新"内容对教材内容进行了调整、修改、补充,使之更加贴近学员需求,方便学员顺利通过培训测试。

我们的编写工作难免存在不足,因此,我们恳请使用本套教材的培训机构、教师和广大学员多提宝贵意见,以便进一步的修订,使其不断完善。

建筑与市政工程施工现场专业人员职业标准培训教材编审委员会

第三版前言

为满足最新国家标准、法律法规和管理规定，适应建筑与市政工程专业人员全国统一考核评价施工员（设备方向）考前培训与复习的需要，本书在2017年7月第二版基础上修订而成，本次修订的主要内容：一是严格按照住房和城乡建设部人事司颁布的《建筑与市政工程施工现场专业人员考核评价大纲》要求，对全书内容进行了增删和重组，在符合大纲要求的前提下使之更加精炼；二是根据最新国家强制性标准、法规和管理规定对相关内容进行了改写，保持了内容的符合性；三是结合施工现场新技术、新设备、新材料、新工艺的应用情况，对"四新"技术的内容进行了增减，保持了内容的先进性。

本书在内容上根据大纲要求进行了调整、整合、精炼，并尽可能满足使用者的需要，本书也可供施工员（设备方向）的从业人员及相关专业人员学习、培训使用。

本书由傅慈英、屈振伟主编，参编人员有徐元东、沈灿钢、唐宇乾、周海东、吴剩勇、王明坚、傅天哲、朱剑、俞哲晟、张虎林、汪小中、张远强、应勇、林炜、费岩峰、陈希夷、吴姣、包晓琴、高国现、余鸿雁、余立成、王挺、方合庆、郑士继、胡萍。

限于编者水平，书中难免有疏漏和错误，敬请读者批评指正。

第二版前言

本书是为了满足《建筑与市政工程专业现场专业人员全国统一考核评价大纲》[施工员（设备方向）]考前培训与复习的需要，在2014年7月第一版基础上修订而成的。本次所作的修订主要有：(1) 严格按照住房和城乡建设部人事司颁布的《建筑与市政工程施工现场专业人员考核评价大纲》，对全书内容进行了增删和重组，使之完全符合考评大纲；(2) 根据有关最新标准、法规和管理规定对全书内容进行了修改，保持了内容的先进性。

本次改版修订是以第一版教材为基础，依据新颁行的考试大纲作了相应的补充，同时在结构上也按新考试大纲的要求作了调整，希冀应考者便于学习。编写时对原教材中不符合现行施工技术相关规范的内容作了删除，并按现行规范的要求进行了改写。本书可供施工员（设备方向）的从业人员及相关专业人员学习、培训使用。

本教材由钱大治、傅慈英主编。参编人员有毛国伟、张远强、姜伟国、俞洪伟、屈振伟、张虎林、徐元东、屠纪松、方合庆、蒲月、余鸿雁、吴剩勇、王挺、费岩峰、唐宇乾、林炜、余立成、周海东、吴娇、沈灿钢、任翔、翁祝梅、郑士继、刘尧增、胡萍。

教材编写过程中，得到了浙江省建设厅人教处的大力支持、帮助和指导，谨此表示感谢。

第一版前言

本教材依据《建筑与市政工程施工现场专业人员职业标准》JGJ/T 250—2011 及与其配套的《建筑与市政工程施工现场专业人员考核评价大纲》编写。

在编写时结合实际需要及现实情况对考核评价大纲的内容作适当的突破，因而教材编写的范围做了少许的扩大，待试用中给以鉴别。

考核评价大纲的体例有所创新，将知识和能力分解成四大部分，而房屋建筑安装工程的三大专业即给水排水专业、建筑电气专业、通风与空调专业的培训教材历来是各专业纵向自成体系，这次要拆解成横向联合嵌入四大部分中，给编写工作带来难度，表现为分解得是否合理，编排上是否零乱，衔接关系是否能呼应，这些我们也是在尝试中，再加上水平有限，难免有较多的瑕疵出现，请使用教材者多提意见，使其不断得到改进。

本教材由钱大治任主编，刘尧增、郑华孚任副主编。参编人员有邓爱华、叶庭奎、张友昌、吕国辉、石修仁、韩炳甲、鲁麟、赵宇、宣根、朱志航、费岩峰、方合庆、傅慈英、盛丽、周海东。

教材完稿后，由编审小组召集傅慈英、翁祝梅、余鸿雁、盛丽、石修仁等业内专家进行审查，审查认为符合"标准"和"大纲"的要求，将提出的意见进行修改后，可以付诸试用。

教材编写过程中，得到了浙江省建设厅人教处郭丽华、章凌云、王战等同志的大力支持、帮助和指导，谨此表示感谢。

目 录

上篇　岗位知识 ………………………………………………………… 1

一、设备安装相关的管理规定和标准 ……………………………………… 1
　（一）施工现场安全生产的管理规定 …………………………………… 1
　（二）建筑工程质量管理的规定 ………………………………………… 4
　（三）建筑与设备安装工程施工质量验收标准和规范 ………………… 7
　（四）建筑设备安装工程的管理规定 …………………………………… 9

二、施工组织设计及专项施工方案的编制 ……………………………… 20
　（一）建筑设备安装工程施工组织设计的内容和编制方法 ………… 20
　（二）建筑设备安装工程专项施工方案编制的内容和编制方法 …… 23
　（三）建筑设备安装工程主要技术要求 ……………………………… 24

三、施工进度计划的编制 ………………………………………………… 28
　（一）施工进度计划的类型及作用 …………………………………… 28
　（二）施工进度计划的表达方法 ……………………………………… 30
　（三）施工进度计划的检查与调整 …………………………………… 35

四、环境与职业健康安全管理的基本知识 ……………………………… 39
　（一）建筑设备安装工程施工环境与职业健康安全管理的目标与
　　　　特点 …………………………………………………………… 39
　（二）建筑设备安装工程文明施工与现场环境保护的要求 ………… 42
　（三）建筑设备安装工程施工安全危险源的识别和安全防范的
　　　　重点 …………………………………………………………… 43
　（四）建筑设备安装工程生产安全事故分类与处理 ………………… 44

五、工程质量管理的基本知识 …………………………………………… 48
　（一）建筑设备安装工程质量管理 …………………………………… 48
　（二）建筑设备安装工程施工质量控制 ……………………………… 49
　（三）施工质量问题的处理方法 ……………………………………… 54

六、工程成本管理的基本知识 …………………………………………… 58
　（一）建筑设备安装工程成本的构成和影响因素 …………………… 58
　（二）建筑设备安装工程施工成本控制的基本内容和要求 ………… 60
　（三）建筑设备安装工程成本控制的方法 …………………………… 61

七、常用施工机械机具 …………………………………………………… 65
　（一）垂直运输常用机械 ……………………………………………… 65

（二）建筑设备安装工程常用施工机械、机具 …………………………… 72

下篇 专业技能 ……………………………………………………………………… 99

八、施工组织设计和专项施工方案的编制 ………………………………… 99
 （一）技能简介 ……………………………………………………… 99
 （二）案例分析 ……………………………………………………… 103
九、施工图及相关文件的识读 ……………………………………………… 110
 （一）技能简介 ……………………………………………………… 110
 （二）案例分析 ……………………………………………………… 112
十、技术交底文件的编制与实施 …………………………………………… 120
 （一）技能简介 ……………………………………………………… 120
 （二）案例分析 ……………………………………………………… 121
十一、施工测量 ……………………………………………………………… 129
 （一）技能简介 ……………………………………………………… 129
 （二）案例分析 ……………………………………………………… 130
十二、施工区段和施工顺序划分 …………………………………………… 139
 （一）技能简介 ……………………………………………………… 139
 （二）典型施工顺序介绍 …………………………………………… 140
十三、施工进度计划编制与资源平衡计算 ………………………………… 144
 （一）技能简介 ……………………………………………………… 144
 （二）案例分析 ……………………………………………………… 145
十四、工程量计算及工程计价 ……………………………………………… 151
 （一）技能简介 ……………………………………………………… 151
 （二）案例分析 ……………………………………………………… 153
十五、质量控制 ……………………………………………………………… 158
 （一）技能简介 ……………………………………………………… 158
 （二）案例分析 ……………………………………………………… 159
十六、安全控制 ……………………………………………………………… 165
 （一）技能简介 ……………………………………………………… 165
 （二）案例分析 ……………………………………………………… 175
十七、施工质量缺陷和危险源的分析与识别 ……………………………… 180
 （一）技能简介 ……………………………………………………… 180
 （二）案例分析 ……………………………………………………… 181
十八、施工质量、安全与环境问题的调查分析 …………………………… 185
 （一）技能简介 ……………………………………………………… 185

（二）案例分析 ………………………………………………………… 189
十九、施工文件及相关技术资料的编制 ………………………………… 192
　　（一）技能简介 ………………………………………………………… 192
　　（二）案例分析 ………………………………………………………… 201
二十、工程信息资料的处理 ……………………………………………… 203
　　（一）技能简介 ………………………………………………………… 203
　　（二）案例分析 ………………………………………………………… 207
参考文献 …………………………………………………………………… 209

上篇 岗位知识

一、设备安装相关的管理规定和标准

本章主要内容是介绍相关法律法规和标准,主要是从安全、质量、工程验收及设备安装的特有规定等四个方面介绍。

(一)施工现场安全生产的管理规定

本节对施工现场的安全生产管理要点和文明施工要点做简明介绍,通过学习可以增强安全施工、文明施工的意识。

1. 从业人员的安全生产权利和义务

(1) 从业人员的权利

1) 生产经营单位与从业人员订立的劳动合同,应当载明有关保障从业人员劳动安全、防止职业危害的事项,以及依法为从业人员办理工伤保险的事项。生产经营单位不得以任何形式与从业人员订立协议,免除或者减轻其对从业人员因生产安全事故伤亡而依法应承担的责任。

2) 生产经营单位的从业人员有权了解其作业场所和工作岗位存在的危险因素、防范措施及事故应急措施,有权对本单位的安全生产工作提出建议。

3) 从业人员有权对本单位安全生产工作中存在的问题提出批评、检举、控告;有权拒绝违章指挥和强令冒险作业。生产经营单位不得因从业人员对本单位安全生产工作提出批评、检举、控告或者拒绝违章指挥、强令冒险作业而降低其工资、福利等待遇或者解除与其订立的劳动合同。

4) 从业人员发现直接危及人身安全的紧急情况时,有权停止作业或者在采取可能的应急措施后撤离作业场所。生产经营单位不得因从业人员在前款紧急情况下停止作业或者采取紧急撤离措施而降低其工资、福利等待遇或者解除与其订立的劳动合同。

(2) 从业人员的义务

1) 生产经营单位发生生产安全事故后,应当及时采取措施救治有关人员。因生产安全事故受到损害的从业人员,除依法享有工伤保险外,依照有关民事法律尚有获得赔偿权利的,有权提出赔偿要求。

2) 从业人员在作业过程中,应当严格落实岗位安全责任,遵守本单位的安全生产规章制度和操作规程,服从管理,正确佩戴和使用劳动防护用品。

3) 从业人员应当接受安全生产教育和培训,掌握本职工作所需的安全生产知识,提高安全生产技能,增强事故预防和应急处理能力。

4）从业人员发现事故隐患或者其他不安全因素，应当立即向现场安全生产管理人员或者本单位负责人报告；接到报告的人员应当及时予以处理。

2. 安全技术措施、专项施工方案和安全技术交底的规定

（1）安全技术措施

1）安全技术措施费用的使用

① 安全措施的费用应当用于安全防护用具、用品及设施的采购和更新。

② 安全措施的费用应当用于安全施工措施的落实、安全生产条件的改善。

③ 安全措施费用不得挪作他用。

2）施工单位应当根据不同施工阶段、不同季节、气候变化等环境条件的变化，编制施工现场的安全措施。

如施工现场暂时停止施工的，应当做好现场的防护。

3）施工现场平面布置的安全措施

① 施工现场的办公、生活区应与作业区分开设置，并保持规定的安全距离。

② 生活区的选址应符合安全性要求。

③ 不得在未竣工的建筑物内设置员工宿舍。

④ 施工现场使用的装配式活动房屋应当具有合格证。

⑤ 对工程建设中可能造成损害的毗邻建筑物、构筑物和地下管线，应有专项防护措施。

⑥ 应有环境保护措施，防止或者减少粉尘、废气、废水、固定废物、噪声、振动和施工照明对人的危害或对环境的污染。

⑦ 在城市市区内的施工现场应实行封闭围挡。

⑧ 施工现场应设置符合规定的消防通道，消防水源，配备消防设施和灭火器材。

⑨ 施工现场的临时用电方案或施工图纸要经工程所在地供电部门确认，并按审核批准的临时用电设计图纸进行施工，临时用电设施要经验收合格后才能投入使用，使用中的维护电工应是持证合格电工。

4）房屋建筑安装工程施工安全措施的主要关注点

① 高空作业。

② 施工机械操作。

③ 起重吊装作业。

④ 动火作业。

⑤ 有限空间作业。

⑥ 带电调试作业。

⑦ 管道及设备试压试验。

⑧ 单机试运转和联合试运行。

（2）专项施工方案

1）对危险性较大的分部分项工程要编制专项施工方案。

2）编制专项施工方案的工程有：

① 基坑支护与降水工程。

② 土方开挖工程。
③ 模板工程。
④ 起重吊装工程。
⑤ 脚手架工程。
⑥ 拆除爆破工程。
⑦ 其他危险性较大工程。
3）专项施工方案的编审和实施
① 专项施工方案的编制要附有安全验算的结果。
② 专项施工方案编制后要经施工单位技术负责人审核签字、加盖单位公章，并由总监理工程师审查签字、加盖执业印章后方可实施。
③ 实施中由施工单位专职安全生产管理人员进行现场监督。
④ 工程中涉及深基坑、地下暗挖工程、高大模板工程、脚手架工程等的专项施工方案，施工单位还应当组织专家进行论证和审查。
（3）安全技术交底
1）工程施工前，负责项目管理的技术人员应当对有关安全施工的技术要求向施工作业班组、作业人员作出详细说明，并有书面资料。
2）交底形式可以是座谈交流、书面告知、模拟演练、样板示范等，以达到交底清楚、措施可靠、有操作性、能排除安全隐患的目的。
3）交底后，交底人与被交底人双方和项目专职安全生产管理人员应共同签字确认，并归档。

3. 危险性较大的分部分项工程的安全管理

（1）有专项的施工方案。
（2）施工方案经审查批准或论证。
（3）有发生事故的应急预案。
（4）应急预案应经事先模拟演练。
（5）方案实施时施工现场有专职安全生产管理人员进行监督。
（6）经常检查（作业前、作业中）安全设施的完好状态，发现问题应停止作业，并对安全设施进行维修整改，直至完好后再进行作业。

4. 临时用电的安全管理规定

在建筑安装工程中，涉及危险性较大的分部分项工程包括起重吊装工程、脚手架工程等，但是其中影响范围最大，影响时间最长的当属临时用电工程，以下简要介绍临时用电工程安全管理规定。

施工现场临时用电安全管理规定可参照《建设工程施工现场供用电安全规范》GB 50194—2014（以下简称《供用电安全规范》）、《施工现场临时用电安全技术规范（附条文说明）》JGJ 46—2005（以下简称《安全技术规范》）执行，需了解临时用电施工组织设计、防雷与接地、电缆线路、配电箱和开关箱、手持式电动工具及照明灯具选用等方面的安全要点。

(1) 用电设备在 5 台及以上或设备总容量在 50kW 及以上须编制临时用电施工组织设计，临时用电组织设计及变更须履行"编、审、批"程序。

(2) 电工必须持国家相关部门颁发的特种作业证书，其他用电人员必须通过相关安全教育培训和技术交底，经考核合格后方可上岗作业。电工作业时必须有人监护，其他用电人员必须按规定使用相应的劳动防护用品。

(3) 在施工现场专用变压器的供电的 TN—S 接零保护系统中，电气设备的金属外壳必须与保护零线（PE 线）连接。

(4) 保护零线（PE 线）上严禁装设开关或熔断器，严禁通过工作电流，且严禁断线。

(5) 保护零线必须在配电系统首末端和中间处各设置不少于 1 处重复接地，电阻值不应大于 10Ω。

(6) 电缆选用须包含所有工作芯线和保护零线，严格按照芯线颜色区分芯线作用，严禁混用。电缆截面、敷设方式和距离应符合《供用电安全规范》和《安全技术规范》的规范要求。

(7) 配电系统应设置配电柜或总配电箱、分配电箱、开关箱，实行三级配电。

(8) 电箱的材质、装设和电气元器件设置须符合《供用电安全规范》和《安全技术规范》的规范要求，并满足现场使用环境。每台用电设备须独立分路，并在末级配电箱设置独立的漏电保护器。

(9) 根据防电击保护措施的不同，手持电动工具可分为Ⅰ类、Ⅱ类、Ⅲ类。不同的工作环境下，应选择不同等级的手持电动工具，具体要求可参照《供用电安全规范》和《安全技术规范》执行。

(10) 一般场所宜选用额定电压为 220V 的照明灯具，隧道、人防工程、有导电灰尘、高温、潮湿场所或锅炉、金属容器内等特殊场所应使用安全电压照明灯具。

(11) 行灯的电源电压不大于 36V，灯体与手柄应坚固、绝缘良好并耐热耐潮湿，灯头不设开关，灯泡外设置金属保护罩，所有金属部件应固定在绝缘部位上。

（二）建筑工程质量管理的规定

本节就工程建设施工活动中有关工程质量检测、见证取样、质量保修等方面的规定作简要介绍。

1. 建设工程专项质量检测、见证取样检测内容的规定

(1) 专项质量检测

1) 目的

① 判断工程产品、建筑原材料质量是否符合规定要求或设计标准。

② 判定工序是否正常，测定工序能力，进而对工序实行质量控制。

2) 对象

检测的对象为建筑工程和建筑构件、制品以及建筑现场所用的有关材料和设备。

3) 机构组成

全国建筑工程质量检测机构由国家级、省级、市（地区）级、县级四级机构组成。

4) 主要任务

① 接受委托，对受检对象进行检测。

② 参加工程质量事故处理和参加仲裁检测工作。

③ 参与建筑新结构、新技术、新产品的科技成果鉴定。

5) 法定效力

检测机构必须是法定的检测单位，其出具的检测报告具有法律效力，国家级检测机构出具的检测报告，在国内为最终裁定，在国外是代表国家的裁定。

(2) 见证取样检测

1) 定义

抽样检查是质量检查的主要方法，样本的采集亦可有多种形式，所谓见证取样即采集样本时要有人监督其正确性和公正性。《建设工程质量管理条例》第三十一条明确规定施工人员对涉及结构安全的试块、试件以及有关材料，应当在建设单位或者工程监理单位监督下现场取样，并送具有相应资质等级的质量检测单位进行检测。

2) 样本

① 建筑工程：涉及结构安全的试块、试件及有关材料。

② 安装工程：同样要以涉及安全为主，属于有关材料的范畴，但具体要在施工组织设计或施工方案或施工技术措施中予以明确，并应符合相关法律法规规定，且征得建设单位或监理单位的同意。

2. 房屋建筑和市政基础设施工程竣工验收备案管理的规定

(1) 管辖

1) 国务院住房和城乡建设主管部门负责全国房屋建筑工程和市政基础设施工程的竣工验收备案管理工作。

2) 县级以上地方人民政府建设行政主管部门负责本行政区域内工程的竣工验收备案管理工作。

(2) 职责

1) 建设单位应自工程竣工验收合格之日起 15 日内，依照《房屋建筑和市政基础设施工程竣工验收备案管理办法》规定，向工程所在地县级以上地方人民政府建设行政主管部门（备案机关）备案。

2) 工程质量监督机构应在工程竣工验收之日起 5 日内，向备案机关提交工程质量监督报告。

(3) 竣工验收

根据《房屋建筑和市政基础设施工程竣工验收规定》（建质〔2013〕171 号），竣工验收时：

1) 工程完工后，施工单位向建设单位提交工程竣工报告，申请工程竣工验收。实行监理的工程，工程竣工报告须经总监理工程师签署意见。

2) 建设单位收到工程竣工报告后，对符合竣工验收要求的工程，组织勘察、设计、施工、监理等单位组成验收组，制定验收方案。对于重大工程和技术复杂工程，根据需要可邀请有关专家参加验收组。

3）建设单位应当在工程竣工验收 7 个工作日前将验收的时间、地点及验收组名单书面通知负责监督该工程的工程质量监督机构。

4）建设单位组织工程竣工验收。

① 建设、勘察、设计、施工、工程监理单位分别汇报工程合同履约情况和在工程建设各个环节执行法律、法规和工程建设强制性标准的情况。建筑工程竣工验收时，有关部门应按照设计单位的设计文件进行验收。

② 审阅建设、勘察、设计、施工、监理单位的工程档案资料。

③ 实地查验工程质量。

④ 对工程勘察、设计、施工、设备安装质量和各管理环节等方面作出全面评价，形成经验收组人员签署的工程竣工验收意见。参与工程竣工验收的建设、勘察、设计、施工、监理等各方不能形成一致意见时，应当协商提出解决的方法，待意见一致后，重新组织工程竣工验收。

（4）竣工验收备案提交的文件

1）工程竣工验收备案表。

2）工程竣工验收报告。包括：

① 工程报建日期。

② 施工许可证号。

③ 施工图设计文件审查意见。

④ 勘察、设计、施工、工程监理等单位分别签署的质量合格文件及验收人员签署的竣工验收原始文件。

⑤ 市政基础设施的有关质量检测和功能性试验资料。

⑥ 备案机关认为需要提供的有关资料。

3）法律、法规规定应当由规划、建设、环保等行政主管部门出具的规划认可、消防验收、环保验收等文件或准许使用文件。

4）施工单位签署的工程质量保修书。

5）法律、规章规定必须提供的其他文件。

6）商品住宅还应提交《住宅质量保证书》和《住宅使用说明书》。

（5）备案机关发现建设单位在竣工验收过程中有违反国家有关建设工程质量管理规定行为的，应在收讫竣工验收备案文件 15 日内，责令停止使用，重新组织竣工验收。

3. 房屋建筑工程质量保修范围、保修期限和违规处罚的规定

（1）定义

房屋工程质量保修是对房屋建筑工程竣工验收后在保修期限内出现的质量缺陷，予以修复。

（2）保修期限

在正常使用情况下，房屋建筑工程的最低保修期限为：

1）地基基础工程和主体结构工程，为设计文件规定的该工程的合理使用年限。

2）屋面防水工程、有防水要求的卫生间、房间和外墙面的防渗漏为 5 年。

3）供热与供冷系统为 2 个采暖期、供冷期。

4）电气管线、给水排水管道、设备安装为 2 年。

5）装修工程为 2 年。

其他项目的保修由建设单位和施工单位约定。

（3）保修程序

1）建设单位或房屋所有人在保修期内发现质量缺陷，向施工单位发出保修通知书。

2）施工单位接保修通知书后到现场核查确认。

3）在保修书约定时间内施工单位实施保修修复。

4）保修完成后，建设单位或房屋所有人进行验收。

5）发生涉及结构安全的质量缺陷，建设单位或者房屋建筑所有人应当立即向当地建设行政主管部门报告，采取安全防范措施；由原设计单位或者具有相应资质等级的设计单位提出保修方案，施工单位实施保修，原工程质量监督机构负责监督。

（4）不属于保修的范围

1）因使用不当或者第三方造成的质量缺陷。

2）不可抗力造成的质量缺陷。

（5）房地产开发企业售出的商品房保修，还应执行《城市房地产开发经营管理条例》和其他有关规定。

（三）建筑与设备安装工程施工质量验收标准和规范

本节以《建筑工程施工质量验收统一标准》GB 50300—2013（以下简称《统一标准》）为主线，对房屋建筑安装工程各专业的施工质量验收规范，作简明的介绍，主要是适用范围、基本结构、强制性条文的比例等，而具体的条款含义已在教材的其他部分有了说明，所以本节仅作概略的介绍。

1. 《统一标准》中关于建筑工程质量验收的划分、合格判定以及质量验收的程序和组织的内容

（1）适用范围

1）《统一标准》适用于建筑工程施工质量的验收。

2）《统一标准》是建筑工程各专业工程施工质量验收规范编制的统一准则。

3）建筑工程各专业施工质量验收规范必须与《统一标准》配合使用。

（2）基本结构

1）总则。说明编制目的及与各专业施工质量验收规范的关系。

2）术语。共 17 条，本标准使用时的专门解释，应该说仅适用于本标准。

3）基本规定。共 10 条，内容包括对施工现场质量体系、质量控制、质量验收要求以及检查验收时抽样方法等。

4）建筑工程质量验收的划分。共 8 条，说明施工质量验收按单位（子单位）工程、分部（子分部）工程、分项工程、检验批四个层次进行，并具体规定了划分的原则和方法。

5）建筑工程质量验收。共 8 条，对检验批、分项工程、分部（子分部）工程、单位

（子单位）工程的验收合格标准作出规定，强调检验批验收合格是基础，同时体现了质量控制资料在单位（子单位）工程验收时的重要作用。同时对验收不符合要求的工程如何处置也作出了规定，以满足安全使用要求是唯一可以验收的准则。

6）建筑工程质量验收程序和组织。共 6 条，对检验批、分项工程、分部（子分部）工程、单位（子单位）工程等的质量验收组织者及参加者分别作出了规定。

(3) 强制性条文的比例

《统一标准》共有条文 53 条，其中强制性条文 5 条，比例为 9%，同时还有 8 个附录，用以统一划分工程和统一检查记录的表式。

2. 建筑给水排水及采暖工程施工质量验收的要求

(1) 检验批、分项工程的验收标准

1）工程质量验收的划分按《统一标准》的规定执行。

2）每个分项工程（检验批）的主控项目、一般项目的质量合格判定按《建筑给水排水与节水通用规范》GB 55020—2021 和《建筑给水排水及采暖工程施工质量验收规范》GB 50242—2002 的规定执行。

(2) 分项工程、分部（子分部）工程的合格判定按《统一标准》的规定执行

(3) 参与单位（子单位）工程验收时应提供的资料

1）给水排水及采暖工程的工程质量控制资料。

2）给水排水及采暖工程的工程安全和功能检验资料及主要功能抽查记录。

3）给水排水及采暖工程的工程观感质量检查记录。

以上资料的详细名录见《统一标准》附录 H。

3. 建筑电气工程施工质量验收的要求

(1) 检验批、分项工程的验收标准

1）工程质量验收的划分按《统一标准》的规定执行。

2）每个分项工程（检验批）的主控项目、一般项目的质量合格判定按《建筑电气工程施工质量验收规范》GB 50303—2015 以及《建筑电气与智能化通用规范》GB 55024—2022 的规定执行。

(2) 分项工程、分部（子分部）工程的合格判定按《统一标准》的规定执行

(3) 参与单位（子单位）工程验收时应提供的资料

1）建筑电气工程的工程质量控制资料。

2）建筑电气工程的工程安全和功能检验资料及主要功能抽查记录。

3）建筑电气工程的工程观感质量检查记录。

以上资料的详细名录见《统一标准》附录 H。

4. 通风与空调工程施工质量验收的要求

(1) 检验批、分项工程的验收标准

1）工程质量验收的划分按《统一标准》的规定执行。

2）每个分项工程（检验批）的主控项目、一般项目的质量合格判定按《通风与空调

工程施工质量验收规范》GB 50243—2016 的规定执行。

（2）分项工程、分部（子分部）工程的合格判定按《统一标准》的规定执行。

（3）参与单位（子单位）工程验收时应提供的资料

1）通风与空调工程的工程质量控制资料。

2）通风与空调工程的工程安全和功能检验资料及主要功能抽查记录。

3）通风与空调工程的工程观感质量检验记录。

以上资料的详细名录见《统一标准》附录 H。

5. 建筑智能化工程施工质量验收的要求

（1）建筑智能化工程的分项、分部（子分部）工程的验收按《智能建筑工程质量验收规范》GB 50339—2013 以及《建筑电气与智能化通用规范》GB 55024—2022 的规定执行。

（2）建筑智能化工程参与单位工程验收应按《统一标准》的规定执行。

6. 自动喷水灭火系统施工质量验收的要求

（1）自动喷水灭火系统工程是一个新的分部工程，其分项工程、分部（子分部）工程的划分按《自动喷水灭火系统施工及验收规范》GB 50261—2017 附录 A 的规定执行。

（2）自动喷水灭系统的分项工程的主控项目、一般项目的质量合格判定按《自动喷水灭火系统施工及验收规范》GB 50261—2017 的规定执行。

（3）自动喷水灭火系统工程的分项工程、分部（子分部）工程的合格判定参照《统一标准》的规定执行。

（4）参加单位（子单位）工程质量验收前已经系统验收合格。

（5）参加单位（子单位）工程验收时自动喷水灭火系统工程应提供的工程质量控制资料见《自动喷水灭火系统施工及验收规范》GB 50261—2017 附录 D。

（四）建筑设备安装工程的管理规定

房屋建筑安装工程中含有特种设备安装和消防工程安装，这两类工程由法律、法规规定的政府专门设置的授权机构实行管辖，在施工许可、质量检验、工程验收等方面的管理与其他安装工程有明显的不同，所以必须掌握。而计量器具的管理影响工程质量，要保证检测的精度和准确性，所以必须了解有关规定而在工作中实施有效管理。设备安装工程同样严格执行强制性标准，所以应对其监督的内容和方式及违规处罚的规定作出介绍。

1. 特种设备施工管理和检验验收的规定

（1）特种设备的定义及分类

依据《中华人民共和国特种设备安全法》（以下简称《特种设备安全法》），特种设备是指对人身和财产安全有较大危险性的锅炉、压力容器（含气瓶）、压力管道、电梯、起重机械、客运索道、大型游乐设施、场（厂）内专用机动车辆，以及法律、行政法规规定适用《特种设备安全法》的其他特种设备。特种设备包括其所用的材料、附属的安全附件、安全保护装置和与安全保护装置相关的设施。

国家对特种设备实行目录管理。特种设备目录由国务院负责特种设备安全监督管理的部门制定，报国务院批准后执行。依据2009年1月24日国务院修订的《特种设备安全监察条例》（国务院令第549号）和2014年10月30日《质检总局关于修订〈特种设备目录〉的公告》（2014年第114号）的规定，特种设备包括锅炉、压力容器（含气瓶）、压力管道、电梯、起重机械、客运索道、大型游乐设施、场（厂）内专用机动车辆等。具体界定为：

1）锅炉，是指利用各种燃料、电或者其他能源，将所盛装的液体加热到一定的参数，并通过对外输出介质的形式提供热能的设备，其范围规定为设计正常水位容积大于或者等于30L，且额定蒸汽压力大于或者等于0.1MPa（表压）的承压蒸汽锅炉；出口水压大于或者等于0.1MPa（表压），且额定功率大于或者等于0.1MW的承压热水锅炉；额定功率大于或者等于0.1MW的有机热载体锅炉。

2）压力容器，是指盛装气体或者液体，承载一定压力的密闭设备，其范围规定为最高工作压力大于或者等于0.1MPa（表压）的气体、液化气体和最高工作温度高于或者等于标准沸点的液体、容积大于或者等于30L且内直径（非圆形截面指截面内边界最大几何尺寸）大于或者等于150mm的固定式容器和移动式容器；盛装公称工作压力大于或者等于0.2MPa（表压），且压力与容积的乘积大于或者等于1.0MPa·L的气体、液化气体和标准沸点等于或者低于60℃液体的气瓶；氧舱。

3）压力管道，是指利用一定的压力，用于输送气体或者液体的管状设备，其范围规定为最高工作压力大于或者等于0.1MPa（表压），介质为气体、液化气体、蒸汽或者可燃、易爆、有毒、有腐蚀性、最高工作温度高于或者等于标准沸点的液体，且公称直径大于或者等于50mm的管道。公称直径小于150mm，且其最高工作压力小于1.6MPa（表压）的输送无毒、不可燃、无腐蚀性气体的管道和设备本体所属管道除外。其中，石油天然气管道的安全监督管理还应按照《安全生产法》《石油天然气管道保护法》等法律法规实施。

4）电梯，是指动力驱动，利用沿刚性导轨运行的箱体或者沿固定线路运行的梯级（踏步），进行升降或者平行运送人、货物的机电设备，包括载人（货）电梯、自动扶梯、自动人行道等。非公共场所安装且仅供单一家庭使用的电梯除外。

5）起重机械，是指用于垂直升降或者垂直升降并水平移动重物的机电设备，其范围规定为额定起重量大于或者等于0.5t的升降机；额定起重量大于或者等于3t（或额定起重力矩大于或者等于40t·m的塔式起重机，或生产率大于或者等于300t/h的装卸桥），且提升高度大于或者等于2m的起重机；层数大于或者等于2层的机械式停车设备。

6）客运索道，是指动力驱动，利用柔性绳索牵引箱体等运载工具运送人员的机电设备，包括客运架空索道、客运缆车、客运拖牵索道等。非公用客运索道和专用于单位内部通勤的客运索道除外。

7）大型游乐设施，是指用于经营目的，承载乘客游乐的设施，其范围规定为设计最大运行线速度大于或者等于2m/s，或者运行高度距地面高于或者等于2m的载人大型游乐设施。用于体育运动、文艺演出和非经营活动的大型游乐设施除外。

8）场（厂）内专用机动车辆，是指除道路交通、农用车辆以外仅在工厂厂区、旅游景区、游乐场所等特定区域使用的专用机动车辆。

(2) 特种设备生产许可实施主体和许可目录

按照《特种设备安全法》规定，特种设备生产是指特种设备的设计、制造、安装、改造、修理等。

1) 特种设备生产许可实施主体

特种设备生产单位许可实施主体是国家市场监督管理总局和省级人民政府负责特种设备安全监督管理的部门，即特种设备生产单位许可的发证机关。

2) 特种设备生产单位许可目录

特种设备生产单位的许可类别、许可项目和子项目、许可参数和级别以及发证机关，按照国家市场监管总局 2021 年 11 月 30 日《关于特种设备行政许可有关事项的公告》(2021 年第 41 号) 中发布的《特种设备生产单位许可目录》执行，许可项目和子项目中的设备种类、类别和品种按照《特种设备目录》执行。其中主要安装改造修理单位的许可级别划分如下：

① 承压类特种设备安装、修理、改造

A. 锅炉安装（含修理、改造）

A 级：额定出口压力大于 2.5MPa 的蒸汽和热水锅炉；

B 级：额定出口压力小于等于 2.5MPa 的蒸汽和热水锅炉、有机热载体锅炉。

注：锅炉安装许可 A 级可覆盖 B 级；具有锅炉制造许可的生产单位可以进行相应级别的锅炉安装和修理。

B. 长输管道安装（含修理、改造）

GA1 级：设计压力大于 4.0MPa（表压）的长输输油输气管道；

GA2 级：除 GA1 级以外的其他长输管道。

注：长输管道安装许可 GA1 级可覆盖 GA2 级。

C. 公用管道安装

GB1 级：燃气管道；

GB2 级：热力管道。

D. 工业管道安装

GC1 级：工艺管道，包括输送《危险化学品目录》中规定的毒性程度为急性毒性类别 1 介质、急性毒性类别 2 气体介质和工作温度高于其标准沸点的急性毒性类别 2 液体介质的工艺管道；输送《石油化工企业设计防火标准（2018 年版）》GB 50160—2008、《建筑设计防火规范（2018 年版）》GB 50016—2014 中规定的火灾危险性为甲、乙类可燃气体或者甲类可燃液体（包括液化烃），并且设计压力大于或者等于 4.0MPa 的工艺管道；输送流体介质，并且设计压力大于或者等于 10.0MPa，或者设计压力大于或者等于 4.0MPa 且设计温度高于或者等于 400℃ 的工艺管道；

GC2 级：GC1 级以外的工艺管道，制冷管道；

GCD 级：动力管道。

注：工业管道安装许可 GC1 级、GCD 级覆盖 GC2 级。具有锅炉安装许可的生产单位可以进行与所安装锅炉直接相连接的压力管道安装。具有压力容器制造许可的生产单位可以进行与所安装压力容器直接相连接的压力管道安装。

E. 压力容器安装

压力容器制造单位可以安装相应制造许可级别的压力容器，锅炉安装、压力管道安装单位，可以安装除氧舱以外所有压力容器。

② 电梯安装（含修理）

A. 曳引驱动乘客电梯（含消防员电梯）

A1 级：额定速度＞6.0m/s；

A2 级：2.5m/s＜额定速度≤6.0m/s；

B 级：额定速度≤2.5m/s。

注：曳引驱动乘客电梯安装许可 A1 级覆盖 A2 和 B 级，A2 级覆盖 B 级。

B. 曳引驱动载货电梯和强制驱动载货电梯（含防爆电梯中的载货电梯）

C. 动扶梯与自动人行道

D. 液压驱动电梯

E. 杂物电梯（含防爆电梯中的杂物电梯）

③ 起重机械安装（含修理）

A. 桥式、门式起重机

A 级：额定起重量 200t 以上；

B 级：额定起重量 200t 及以下。

注：桥式、门式起重机安装许可 A 级覆盖 B 级，岸边集装箱起重机、装卸桥纳入 A 级许可。

B. 流动式起重机

A 级：额定起重量 100t 以上；

B 级：额定起重量 100t 及以下。

注：流动式起重机安装许可 A 级覆盖 B 级。

C. 门座式起重机

A 级：额定起重量 40t 以上；

B 级：额定起重量 40t 及以下。

注：门座式起重机安装许可 A 级覆盖 B 级。

D. 机械式停车设备

E. 塔式起重机、升降机

F. 缆索式起重机

G. 桅杆式起重机

(3) 特种设备生产许可条件

特种设备生产许可的申请单位，应当具有法定资质，具有与许可范围相适应的资源条件，建立并且有效实施与许可范围相适应的质量保证体系、安全管理制度等，具备保障特种设备安全性能的技术能力。

1) 资源条件

申请单位应当具有以下与许可范围相适应，并且满足生产需要的资源条件：

① 人员，包括管理人员、技术人员、检测人员、作业人员等；

② 工作场所，包括场地、厂房、办公场所、仓库等；

③ 设备设施，包括生产设备、工艺装备、检测仪器、试验装置等；

④ 技术资料，包括设计文件、工艺文件、施工方案、检验规程等；
⑤ 法规标准，包括法律、法规、规章、安全技术规范及相关标准。
具体资源条件和要求应符合《特种设备生产和充装单位许可规则》TSG 07—2019 附件 B 至附件 L 的规定。

2) 质量保证体系

申请单位应当按照《特种设备生产和充装单位许可规则》TSG 07—2019 的要求，建立与许可范围相适应的质量保证体系，并且保证有效实施。

3) 技术能力

申请单位应当具备保障特种设备安全性能的技术能力，按照特种设备安全技术规范及相关标准要求进行产品设计、制造、安装、改造、修理等活动。

（4）特种设备的生产

1) 特种设备生产单位具备了生产条件后，还必须经负责特种设备安全监督管理的部门许可，方可从事相应的生产活动。

2) 特种设备生产单位应当保证特种设备生产符合安全技术规范及相关标准的要求，对其生产的特种设备的安全性能负责。不得生产不符合安全性能要求和能效指标以及国家明令淘汰的特种设备。

3) 电梯的安装、改造、修理，必须由电梯制造单位或者其委托的依照《特种设备安全法》取得相应许可的单位进行。电梯制造单位委托其他单位进行电梯安装、改造、修理的，应当对其安装、改造、修理进行安全指导和监控，并按照安全技术规范的要求进行校验和调试。电梯制造单位对电梯安全性能负责。

4) 锅炉、压力容器、压力管道元件等特种设备的制造过程和锅炉、压力容器、压力管道、电梯、起重机械、客运索道、大型游乐设施的安装、改造、重大修理过程，应当经特种设备检验机构按照安全技术规范的要求进行监督检验；未经监督检验或者监督检验不合格的，不得出厂或者交付使用。

（5）特种设备的施工前告知

1) 特种设备安装、改造、修理的施工单位应当在施工前将拟进行的特种设备安装、改造、修理情况书面告知直辖市或者设区的市级人民政府负责特种设备安全监督管理的部门，告知后即可施工。

2) 特种设备安装、改造、修理施工前，施工单位应当向监检机构申请监督检验，监检机构接受申请后，应及时开展监督检验。

（6）特种设备的监督检验

1) 监督检验的概念

监督检验是指特种设备制造、安装、改造、修理施工过程中，在施工单位自检合格的基础上，由国家特种设备监督管理部门核准的检验机构，按照特种设备安全技术规范对制造、安装、改造、修理过程进行的符合性验证。监督检验项目、合格标准、报告格式等已在特种设备安全技术规范中规定，监督检验收费应按照国家行政事业性收费标准执行。

2) 监督检验对象

监督检验对象是指锅炉、压力容器、压力管道元件等特种设备制造过程和锅炉、压力容器、压力管道、电梯、起重机械、客运索道、大型游乐设施的安装、改造、重大修理过程。在电梯、起重机械和客运索道等特种设备投入使用前应按对应产品型式试验规则要求完成型式试验。

3) 承担监督检验的主体

承担监督检验的主体指由国家特种设备安全监督管理部门核准的检验机构。特种设备安装、改造与重大修理的监检由特种设备使用地的监检机构承担。锅炉、压力容器制造的监检一般由特种设备制造地的监检机构承担。现场制造（含分片出厂现场组装）压力容器的监检，由压力容器使用地的监检机构承担。已在工厂内完成大部分制造过程，采用分段运输到使用地完成最终制造过程的压力容器（现场组焊、粘接）的监检，由压力容器原制造地的监检机构或者使用地的监检机构承担。

4) 监督检验的主要工作内容

① 对受检单位基本情况检查；

② 对设计文件、工艺文件核查；

③ 对特种设备制造、安装、改造、重大修理过程监督抽查。如材料、焊接工艺、焊工资格、力学性能、化学成分、无损检测、水压试验、载荷试验、出厂编号和监检钢印等重要项目。

5) 监督检验项目分类

特种设备制造、安装、改造、重大修理监督检验项目一般分为 A 类、B 类和 C 类。

A 类：对特种设备安全性能有重大影响的关键项目，检验人员确认符合要求后，受检单位方可继续施工；

B 类：对特种设备安全性能有较大影响的重点项目，检验人员应当对该项施工的结果进行现场检查确认；

C 类：对特种设备安全环保性能有影响的检验项目，检验人员应当对受检单位相关的自检报告、记录等资料核查确认，必要时进行现场监督、实物检查。

① 监检项目设为 C 或 B 类时，监检人员可以选择 C 类，当其他相关条款或者相关标准、设计文件规定需要现场检查时，监检人员应当选择 B 类。

② 监检过程发现制造、安装、改造、重大修理质量的共性问题，并且监检机构认为有必要时，可以根据实际工作情况对监检项目类别进行调整，调整后的类别应当高于原类别。

6) 监督检验方法

特种设备制造、安装、改造、重大修理监督检验一般采用资料审查、实物检查和现场监督等方法。

① 资料审查，监检人员对受检单位提供的受检资料进行审查，审查其内容是否符合安全技术规范以及相关标准的要求；

② 实物检查，监检人员对受检单位自检合格项目进行复查，验证其结果是否真实、正确，是否符合安全技术规范以及相关标准的要求；

③ 现场监督，监检人员到现场对制造、安装、改造、重大修理活动进行监督，监督制造、安装、改造、重大修理活动是否满足安全技术规范以及相关标准和质量保证体系文件的要求。

7) 监督检验证书及报告

① 监督检验合格后，监检机构应当在规定的时间内出具监督检验证书。锅炉、压力容器等产品，还应当在铭牌上打制造监督检验钢印。

② A级高压以上电站锅炉安装、改造、重大修理监督检验，除出具监督检验证书外，还应当出具监督检验报告。

③ 压力管道监检证书还应当附压力管道数据表和压力管道监督检验报告。

④ 压力管道施工监检，监检人员可以在监检证书和监检报告出具前，先出具《特种设备监督检验意见通知书》，将监检初步结论书面通知建设单位和施工单位。

8）特种设备资料归档要求

特种设备安装、改造、修理竣工后，安装、改造、修理的施工单位应当在验收后30天内将相关技术资料和文件移交特种设备使用单位。高耗能特种设备还应当按照特种设备安全技术规范的要求提交能效测试报告。使用单位应当将其存入该特种设备的安全技术档案。特种设备的安装、改造、修理活动技术资料是说明其活动是否符合国家有关规定的证明材料，也涉及许多设备的安全性能参数，这些资料与设计、制造文件同等重要，必须及时移交使用单位。

2. 消防工程设施建设的规定

（1）城乡规划

1）做规划时应对消防安全布局、消防站、消防供水、消防通信、消防通道、消防装备等内容给以充分考虑，符合法律、法规、技术标准的规定。

2）如消防安全布局不符合消防安全要求的应当调整、改善；公共消防设施、消防装备不足或者不适应实际需要的应当整改，直至符合要求为止。

（2）工程设计

1）建设工程的消防设计必须符合国家工程建设消防技术标准。设计单位对消防设计的质量负责。

2）对按照国家工程建设消防技术标准需要进行消防设计的建设工程，实行建设工程消防设计审查验收制度。

3）国务院住房和城乡建设主管部门规定的特殊建设工程，建设单位应当将消防设计文件报送住房和城乡建设主管部门审查，住房和城乡建设主管部门依法对审查的结果负责。

4）特殊建设工程未经消防设计审查或者审查不合格的，建设单位、施工单位不得施工；其他建设工程，建设单位未提供满足施工需要的消防设计图纸及技术资料的，有关部门不得发放施工许可证或者批准开工报告。

（3）工程施工

1）建设工程的消防施工必须符合国家工程建设消防技术标准。施工单位依法对建设工程的消防施工质量负责。

2）消防工程施工用的产品（材料、设备）必须符合国家标准；没有国家标准的，必须符合行业标准。禁止使用不合格的消防产品以及国家明令淘汰的消防产品。并符合下列规定：

① 依法实行强制性产品认证的消防产品，应经具有法定资质的认证机构按照国家标

准、行业标准的强制性要求认证合格。实行强制性产品认证的消防产品目录，由国务院产品质量监督部门会同国务院应急管理部门制定并公布。

② 新研制的尚未制定国家标准、行业标准的消防产品，应当按照国务院产品质量监督部门会同国务院应急管理部门规定的办法，经技术鉴定符合消防安全要求。经技术鉴定合格的消防产品，由国务院应急管理部门公布。

（4）消防验收

1) 国务院住房和城乡建设主管部门规定应当申请消防验收的建设工程竣工，建设单位应当向住房和城乡建设主管部门申请消防验收。

2) 其他建设工程的消防工程竣工验收后，建设单位应当报住房和城乡建设主管部门备案，住房和城乡建设主管部门应当进行抽查。

3) 消防设计审查验收主管部门应当自受理消防验收申请之日起十五日内出具消防验收意见。

4) 实行规划、土地、消防、人防、档案等事项联合验收的建设工程，消防验收意见由地方人民政府指定的部门统一出具。

5) 依法应当进行消防验收的建设工程，未经消防验收或者消防验收不合格的，禁止投入使用；其他建设工程经依法抽查不合格的，应当停止使用。

6) 消防设计审查验收主管部门应当及时将消防验收、备案和抽查情况告知消防救援机构，并与消防救援机构共享建筑平面图、消防设施平面布置图、消防设施系统图等资料。

（5）工程施工管理

1) 从事建设工程消防施工人员，应当具备相应的专业技术能力，定期参加职业培训。

2) 消防专业安装施工特殊工种必须经国家有关部门培训并经考核合格取得合格证的人员持证上岗，并严格遵守消防安全操作规程实施施工；如电工、电焊、气焊、设备吊装等国家规定的特殊工种。

3) 消防专业施工机具设备及检测设备的配置，必须符合消防工程项目施工内容的需要。

4) 按照建设工程法律法规、国家工程建设消防技术标准，以及经消防设计审查合格或者满足工程需要的消防设计文件组织施工，不得擅自改变消防设计进行施工，降低消防施工质量。

5) 按照消防设计要求、施工技术标准和合同约定检验消防产品和具有防火性能要求的建筑材料、建筑构配件和设备的质量。消防产品进场时必须具备产品质保书、合格证及合格产品检验证明，并报现场监理审核合格后方可使用，保证消防施工质量。

6) 消防工程的施工质量及验收标准必须符合现行消防法规及国家相关技术标准要求。

7) 消防工程施工过程中，必须遵守总包项目部制定的消防安全制度及消防安全生产施工操作规程，严格动火证制度，应主动接受当地公安消防监督机构的监督检查。

8) 消防工程竣工后，施工安装单位必须委托具备资格的建筑消防设施检测单位进行建筑消防设施检测，取得建筑消防设施技术测试报告。

9) 消防安装工程施工单位在消防安装工程保修期内，应主动对运行中的消防设施进行质量回访，及时解决运行中出现的质量问题，对非属施工原因造成的质量问题，施工单位也应积极主动协助建设单位予以帮助解决，确保消防设施运行正常。

3. 计量器具的检定

（1）计量器具的定义

计量器具是指能用以直接或间接测出被测对象量值的装置、仪器仪表、量具和用于统一量值的标准物质，包括计量基准、计量标准和工作计量器具。

1）计量基准器具

计量基准器具简称计量基准，是指用以复现和保存计量单位量值，经国务院计量行政部门批准，作为统一全国量值最高依据的计量器具。通常计量基准分为国家计量基准（主基准）、国家副计量基准和工作计量基准三类。国家计量基准是一个国家内量值溯源的终点，也是量值传递的起点，具有最高的计量学特性。

2）计量标准器具

计量标准器具简称计量标准，是指准确度低于计量基准，用于检定其他计量标准或工作计量器具的计量器具。包括社会公用计量标准、部门计量标准和企事业单位计量标准。计量标准在量值传递中起着承上启下的作用，将计量基准所复现的单位量值，通过检定逐级传递到工作计量器具，从而确保工作计量器具量值的准确可靠，确保全国测量活动达到统一。

3）工作计量器具

工作计量器具是企事业单位进行计量工作时应用的计量器具，即用于施工现场测量而不用于检定工作的计量器具，例如水准仪、经纬仪、万用表、转数表、水表、煤气表、压力表（计）、电能表、长度尺等。

（2）计量器具的检定

检定是指查明和确认测量仪器符合法定要求的程序，它包括检查、加标记和（或）出具检定证书。

计量检定是指为评定计量器具的计量性能，确定其是否合格所进行的全部工作。

按照统一立法、区别管理的原则，检定分为强制检定和非强制检定两种。

强制检定指的是由政府计量行政部门所属的法定计量检定机构或授权的计量检定机构，对社会公用计量标准、部门和企事业单位使用的最高计量标准，以及用于贸易结算、安全防护、医疗卫生、环境监测方面的列入国务院计量行政部门发布的《实行强制管理的计量器具目录》的工作计量器具，由县级以上政府计量行政部门指定的法定计量检定机构或者授权的计量技术机构，实行定点、定期的检定。

强制性表现在以下三个方面：

1）检定由政府计量行政部门强制执行。

2）检定关系固定，定点定期送检。

3）检定必须按检定规程实施。

计量检定应当执行国家计量技术规范。未经计量检定或者计量检定不合格的，不得使用。

使用实行强制检定的工作计量器具的单位和个人，应向当地县（市）级人民政府计量行政部门指定的计量检定机构申请周期检定。当地不能检定的，向上一级人民政府计量行政部门指定的计量检定机构申请周期检定。计量检定工作应符合经济合理、就地就近的原则，不受行政区划和部门管辖的限制。

非强制检定则由计量器具使用单位自己或委托具有社会公用计量标准或授权的计量检定机构进行检定，非强制检定的检定周期，由企业根据计量器具的实际使用情况，本着科学、经济和量值的准确的原则自行确定。

（3）计量器具的校准

校准的定义：在规定的条件下，为确定测量仪器或测量装置所指示的量值，与对应的由标准所复现的量值之间关系的一组操作。

对实行强制管理的计量器具目录外的计量器具，计量器具使用者可以自行校准或者委托具备相应能力的计量技术机构进行计量校准。其中对测量标准的校准，应当由依法设置或者授权的计量技术机构实施。

（4）计量检定工作的管理

1）企事业单位应按照《计量法》《计量法实施细则》《计量标准考核办法》《计量授权管理办法》等法规的要求，配备与生产、科研、经营管理相适应的计量检测设施，制定具体的检定管理办法和规章制度，规定本单位管理的计量器具明细目录及相应的检定周期，保证使用的计量器具定期检定或校准。

根据法规、标准的变更情况，及时更新管理规定。

2021年国家市场监管总局发布《关于推进营商环境创新试点城市企业内部使用的最高计量标准器具管理模式改革工作的通知》，在北京、上海、重庆、杭州、广州、深圳等6个营商环境创新试点城市，取消企业内部使用的最高计量标准器具考核发证及强制检定。企业内部使用的最高计量标准器具调整为企业自主管理，不需计量行政部门考核发证，也不再实行强制检定，但应满足计量溯源性要求。已按照《计量标准考核办法》有关规定取得计量标准考核证书的，在其有效期内证书依然有效。

2）正确应用法定计量单位

施工活动中涉及计量的一切正式场合，都应使用法定计量单位，尤其是书面的计量检测记录。施工企业应规定计量检测数据的管理要求，包括工艺过程控制计量检测数据记录：如试验报告、检定报告、安装记录或其他计量检测数据的记录；能源计量检测数据、大宗物料进出计量检测数据、原材料消耗计量检测数据、质量监督计量检测数据和安全检测记录；工程质量检验记录；环保检测记录；等等。这些检测数据应当准确、真实，填写规范，有关人员签证齐全。各类测量设备使用人员、经营核算人员都被要求正确使用法定计量单位。

3）计量器具的使用，应具备下列条件：经计量检定合格；具有正常工作所需要的环境条件；具有称职的保存、维护、使用人员；具有完善的管理制度。

组织实施企业计量管理标准和有关制度，确保各类计量器具使用在有效期内。

根据计量管理规定，只有通过了确认并且合格的测量设备才能使用。测量设备的确认状态应以适当的方式加以标识。实行周期性确认的测量设备使用非永久性的标识，标识上注明确认日期或有效期。

计量器具管理人员负责测量设备的分类、隔离存放，做好测量设备的借用记录登记，保证正确发放在有效期内的测量设备。

测量设备使用人员应熟悉计量管理程序，熟悉测量设备分类原则和标记种类，领用合适类别的合格测量设备，正确使用测量设备、维护测量设备及标识。

组织实施企业计量管理标准的部门、项目计量管理人员，除了防止计量器具的有效期外的非预期使用外，还要加强检查，发现非法使用计量器具的，有权下令停止使用，并提出处理意见。

4. 实施强制性工程建设规范的监督内容、方式、违规处罚的规定

（1）强制性工程建设规范的实施

强制性工程建设规范具有强制约束力，是保障人民生命财产安全、人身健康、工程安全、生态环境安全、公共权益和公众利益，以及促进能源资源节约利用、满足经济社会管理等方面的控制性底线要求，工程建设项目的勘察、设计、施工、验收、维修、养护、拆除等建设活动全过程中必须严格执行。强制性工程建设标准规范由国务院建设行政主管部门会同国务院有关行政主管部门制定。

（2）监督管理

1）国务院建设行政主管部门负责全国实施强制性工程建设规范的监督管理。

2）国务院有关行政主管部门按照职能分工负责实施强制性工程建设规范的监督管理工作。

3）县级以上地方人民政府建设行政主管部门负责本行政区域实施强制性工程建设规范的监督管理工作。

（3）监督检查内容

1）有关工程技术人员是否熟悉、掌握强制性工程建设规范的规定。

2）工程项目的规划、勘察、设计、施工、验收等是否符合强制性工程建设规范的规定。

3）工程项目采用的新技术、新工艺、新设备、新材料是否符合现行强制性工程建设规范规定，当不符合时，应当由采用单位提供经建设单位组织的、经报批准规范的建设行政主管部门或者国务院有关部门审定的技术论证文件。

4）工程项目的安全、质量是否符合强制性工程建设规范的规定。

5）工程中采用的导则、指南、手册、计算机软件的内容是否符合强制性工程建设规范的规定。

（4）职责和处罚

1）任何单位和个人对违反强制性工程建设规范的行为有权向建设行政主管部门或者有关部门检举、控告、投诉。

2）施工单位违反强制性工程建设规范的，责令改正，处工程合同价款2%以上、4%以下的罚款；造成建设工程质量不符合规定的质量标准的，负责返工修理，并赔偿因此造成的损失，情节严重的，责令停业整顿，降低资质等级或者吊销资质证书。

二、施工组织设计及专项施工方案的编制

本章对施工组织设计和专项施工方案的编制作出介绍。

（一）建筑设备安装工程施工组织设计的内容和编制方法

本节对施工组织设计的内容、编制方法及审批流程作出介绍。

1. 施工组织设计的类型

（1）定义

国家推荐性标准《建筑施工组织设计规范》GB/T 50502—2009 指明：施工组织设计以施工项目为对象编制的，用以指导施工的技术、经济和管理的综合性文件。

（2）作用

对拟建设工程施工的全过程实行科学管理，使履行承包合同约定时能按期、优质、低耗、节能、绿色、环保等各项指标在工程建设中得到有效保证，从而使企业得到良好的经济效益，也可获得被认同的社会效益。

（3）分类

1）施工组织总设计

以若干单位工程组成的群体工程或特大型项目为主要对象编制的施工组织设计，对整个项目的施工过程起统筹规划、重点控制的作用。如住宅小区、体育中心等。

2）单位工程施工组织设计

以单位（子单位）工程为主要对象编制的施工组织设计，对单位（子单位）工程的施工过程起指导和制约作用。如该单位（子单位）工程是属于施工组织总设计中的一个单位工程，则编制时应与施工组织总设计的指导原则保持一致（是施工组织总设计的进一步具体化）。

3）施工方案

以分部（分项）工程或专项工程为主要对象编制的施工技术与组织方案，用以具体指导其施工过程。通常情况下，对于复杂及特殊作业过程，如技术难度大、工艺复杂、质量要求高，新工艺和新产品应用的分部（分项）工程需要编制施工方案。

2. 施工组织设计的内容

施工组织总设计和单位工程施工组织设计编制的内容基本相似，施工组织总设计编制时整个工程项目的建设处于早期阶段，有些资料不够完整，如有的单位工程还处于初步设计中，不能提供施工图纸，是一个框架性的指导文件，要在实施中不断补充完善。单位工程施工组织设计编制时其编制依据和资料基本齐全，编制的文件内容翔实，具有可操作性。以下是对单位工程施工组织设计内容作出介绍。

（1）工程概况，包括工程的性质、规模、地点、建设期限、各专业设计简介，工程所在地的水文地质条件和气象情况，施工环境分析，施工特点或难点分析等。

（2）施工部署，包括确定施工进度、质量和安全目标，确定施工顺序和施工组织管理体系、确定环境保护和降低施工成本措施等。

（3）施工进度计划，统筹确定和安排各项施工活动的过程和顺序、起止时间和相互衔接关系，可用实物工程量或完成造价金额表达，并以横道图或网络图或列表表示。

（4）施工准备与资源配置计划，包括技术准备、物资准备、劳动力配置和施工现场准备等。

（5）主要施工方法，包括主要施工机械的选配、季节性施工的步骤和防风防雨措施、构件配件的加工订货或自行制作的选定、重要分项工程施工工艺及工序的确定以及样板区的选定。

（6）确定各项管理体系的流程和措施，包括技术措施、组织措施、质量保证措施和安全施工措施等。

（7）说明各项技术经济指标。技术经济指标用以衡量组织施工的水平，它是对施工组织设计文件的技术经济效益进行全面评价。

（8）施工总平面布置，施工总平面布置是施工组织设计的一个重要组成部分，是施工方案及施工进度计划在空间上的全面安排。在施工总平面图上需要说明哪些是全局性不随工程进展而变动的部分，哪些要随工程进展而需迁移变动的部分。其内容要求：

1）施工总平面图设计应当紧凑合理、符合总体施工部署和施工流程，方便施工，节约用地、文明整齐，应充分利用社会资源。

2）总体布局科学合理。场地分配与各标段施工任务相适应，方便施工管理，应符合国家防火、工业卫生等有关规定。

3）合理组织交通运输，减少二次搬运。大宗器材或半成品堆置场布设时要分析和选取经济合理的运输半径，使反向运输和二次搬运总量最少。

4）施工区域的划分保持施工均衡、连续、有序。

5）施工现场应符合节能、环保、安全消防和文明施工等相关规定，尽量减少对周围已有设施的影响。

6）尽量减少临时设施。充分利用既有建（构）筑物和既有设施为项目施工服务，降低临时设施的建造费用。

7）遵守当地主管部门和建设单位关于施工现场安全文明施工的相关规定。

8）施工总平面图应随施工组织设计内容一起报批，过程修改应及时并履行相关审批手续。

（9）依据企业管理规章制度结合工程项目实际情况和承包合同约定，指明需补充修正的部分，内容仅适合本工程应用。

（10）主要施工管理计划：包括进度管理计划、质量管理计划、安全管理计划、环境管理计划、成本管理计划以及其他管理计划。（其他管理计划是指绿色施工管理计划、防火保安管理计划、合同管理计划、组织协调管理计划、创优质工程管理计划以及对施工资源的管理计划）。

值得提醒的是，虽然内容有十大类，但工程项目规模有大有小，所以具体编制施工组织设计时，要针对项目特点有所侧重或对有些内容予以忽略。

3. 编制的原则

（1）遵守现行工程建设法律法规、方针政策、标准规范的规定，符合施工合同或招标文件中有关工期、质量、安全、环境保护、文明施工、造价等方面的要求。

（2）积极开发、使用新技术和新工艺，推广应用新材料、新设备、建筑节能环保和绿色施工技术。

（3）坚持科学的施工程序和合理的施工顺序，采用流水施工和网络计划等方法，科学配置资源，合理布置现场，采取季节性施工措施，实现均衡施工，达到合理的经济技术指标。

（4）合理配置资源，综合平衡年度施工密度，改善劳动组织，实现连续均衡施工。

（5）与质量、环境和职业健康安全三个管理体系有效结合。

4. 编制的依据

（1）与工程建设有关的法律、法规和文件。

（2）国家现行有关标准和技术经济指标。

（3）工程所在地行政主管部门的批准文件，建设单位对施工的要求。

（4）工程施工合同或招标投标文件或相关协议。

（5）工程设计文件。

（6）工程施工现场情况调查资料，包括工程地质及水文地质、气象等自然条件。

（7）与工程有关的资源供应情况。

（8）本企业的生产能力、机具设备状况、技术水平等。

（9）其他。

5. 编制的流程

（1）组织编制组，明确负责人（主编）。通常由项目负责人主持编制。

（2）收集整理编制依据，并鉴别其完整性和真实性。

（3）编制组分工，并明确初稿完成时间。

（4）初稿整理后召集企业内部审查。

（5）编制组据初审意见进行修改。

（6）依据企业规章制定报企业负责人审阅。

（7）除投标用施工组织设计外，召集外部人员参加评审会议，拟参评的单位有业主方、监理方、设计方，有的工程还有政府相关监督管理部门参加，如公安消防监督机构、建设工程质量安全监督机构、特种设备安全监督机构、环境保护监督机构以及文物管理部门等。

（8）编制组依据外部评审会议的纪要进一步对施工组织设计进行修改。

（9）修改完成报企业负责人审批，经批准后的施工组织设计即生效进入实施阶段。

（10）实施中因条件变化，发生较大的必须更改，其更改部分需经原批准人审查批复。

6. 施工组织设计的审批

(1) 各类施工组织设计文件在实施前应严格执行编制、审核、审批程序，没有批准的施工组织设计不得实施。

(2) 施工组织总设计、专项施工组织设计的编制，应坚持"谁负责项目的实施，谁组织编制"的原则。对于规模大、工艺复杂的工程、群体工程或分期出图的工程，可分阶段编制和报批。施工组织总设计由施工总承包单位组织编制。当工程没有施工总承包单位时，施工组织总设计应由建设单位负责组织各施工单位编制。专项施工组织设计由施工单位组织编制。

(3) 施工组织设计编制、审核和审批工作实行分级管理制度。施工组织设计编制完成后，由项目部总工程师进行复核，施工组织总设计由总承包单位技术负责人审批后，向监理报批。专项施工组织设计由分包单位完成内部编制、审核、审批程序后，报总承包单位审核、批准，然后由总承包单位项目经理或其授权人签章后向监理报批。当工程没有施工总承包单位时，施工单位完成内部编制、审核、审批程序后，由施工单位项目经理或其授权人签章后向监理报批。

（二）建筑设备安装工程专项施工方案编制的内容和编制方法

本节对建筑设备安装工程施工方案编制的内容及方法作简要介绍。

1. 施工方案编制的指向

建筑设备安装工程的专项施工方案编制的指向主要是指工程规模较大、施工难度较大、施工安全风险较大或采用新材料和新工艺的分部或分项工程。例如：

(1) 给水、排水工程在高层或超高层建筑的管道竖井内就位安装，带有中水处理的工艺设备及其管路安装，大型体育中心主体育场大口径卡箍式连接的供水管网的安装和试压等。

(2) 建筑电气工程在动力中心的变配电设备安装，机场建设的电力电缆敷设，带有35kV的变配电所的调整试验等。

(3) 通风与空调工程在大型体育馆或大型机场航站楼内的吊装，采用不镀锌的大口径空调冷却冷冻水黑铁管网的内壁防腐涂膜处理，新型复合风管的制作及安装，高洁净度的空调系统安装等。

(4) 消防工程在图书馆、电信机房带有气体和水及新型探测器的工程联动报警系统的调试、水雾消防和水灭火及其不锈钢管网安装等。

(5) 建筑智能化工程在大型建筑中的 BA 系统联合调校，安全防范较复杂、新型、全面的系统和效能检测等。

2. 专项施工方案的内容

(1) 工程概况：包括名称、主要工程量、施工的特点、难度和复杂程度、要解决的技术要点、施工作业条件和环境特点。

(2) 确定施工程序和顺序，经比较分析确定施工方法和施工起点及流向。
(3) 明确各类资源配置数量和要求。
(4) 进度计划安排，确定全部施工过程在时间上和空间上的部署。
(5) 质量保证措施，明确标准，制定检测控制点，说明检测器具和方法，提出质量预控措施。
(6) 制定安全保证措施，辨识危险源，提出相应预控措施。
(7) 明确文明施工要点和环境保护措施。

3. 施工方案的编制方法

(1) 明确要求，是指明确工程设计意图、明确业主意向、明确企业资源状况、明确工程进度安排、明确施工及验收规范规定。
(2) 在明确需求的基础上，确定各项目标，即质量、安全、进度、效益，以及环保、节能等目标。
(3) 分析实现目标可能发生的各种影响因素，综合考虑找出可行的多种施工方案。
(4) 对多种方案进行评价对比。
(5) 经评价对比后选择最终优化的施工方案，并形成书面文件。

4. 施工方案的审批

(1) 施工方案由项目技术负责人审批。
(2) 重点、难点分部（分项）工程和专项工程施工方案由施工单位技术部门组织相关专家评审，施工单位技术负责人批准。
(3) 由专业承包单位施工的分部（分项）工程或专项工程的施工方案，由专业承包单位技术负责人或技术负责人授权的技术人员审批，有总承包单位时，由总承包单位项目技术负责人核准备案。
(4) 规模较大的分部（分项）工程和专项工程的施工方案要按单位工程施工组织设计进行编制和审批。
(5) 超过一定规模的危险性较大的分部分项工程的专项施工方案，要按法规规定组织有关专家进行论证，只有论证通过的方案才能实施。

（三）建筑设备安装工程主要技术要求

本节对建筑设备安装各专业的主要技术要求作出介绍。

1. 概述

建筑设备安装工程在按设计图纸施工后，建成各专业建筑设施，这些设施应确保运行安全、功能发挥正常、方便维护检修、与建筑物和谐协调、节省运行成本、全面达到施工规范及标准规定的质量要求，要满足这些要求，就要采取相应技术手段，以下就各专业主要技术要求进行描述。

2. 建筑给水、排水工程的技术要求

（1）要做好土建施工时的预留、预埋配合工作，为日后管道安装创造条件，配合工作的内容除少数预埋在建筑物内的直埋支管外，主要是预埋各种钢制构件、预留各类孔洞，同时要对建筑施工图上较大管道安装用的预留孔位置和尺寸进行复核。

（2）做好施工图的深化设计工作，尤其在管道排布较多的场所或者与其他专业管线共同敷设的场所，如建筑物走廊的顶部、机房等，要作总体安排，防止相互占位碰撞，并尽量采用综合支架（共同支架）进行管道线路的安装固定。

（3）把好材料进场验收关，杜绝把不合格品用于工程实体上。按合同约定做好见证取样检验工作。

（4）做好水泵等运转设备的试运转工作，使运转设备无故障投入日后的运行中。

（5）做好给水管道的水压试验工作和排水管道的灌水试验和通球试验工作，确保（主立管及水平干管）无渗漏现象；试验完成后，给水管道要冲洗干净、排水管道要通水顺畅，做到管道系统既不渗漏又不堵塞的正常工作状态。

（6）给水管道要做好消毒工作，符合现行国家标准《生活饮用水卫生标准》GB 5749—2006 的要求。注意含氯消毒用水的中和排放，避免污染环境。

（7）最终要做好各类管道的色标标识工作，包括用色标区分管道的种类，标识介质的流向，以方便运行操作和维护检修。

（8）提供竣工图的绘制条件，使一个符合实际的工程实体留在建设工程档案管理部门。

3. 建筑电气照明工程的技术要求

（1）要做好土建施工时的预留、预埋配合工作，为日后电气设备固定和导管穿线创造条件。配合工作除预留照明工程需用的孔洞和接地导体的埋设连通外，更多是要正确埋设在地坪、楼板、墙体、梁、柱等建筑结构内的照明线路的导管和开关、插座安装用的盒箱，并在模板拆除后及时对盒箱进行修整清理，除去渗入盒箱内的混凝土砂浆。

（2）做好施工图的深化设计工作，尽量安排照明线路的导管和槽盒与其他管线一起安装在综合支架上，以避免相互之间的碰撞，同时方便日常的维护检修。

（3）把好材料进场验收关，杜绝把不合格品用于工程实体上。按合同约定做好见证取样检验工作。注意光源与灯具的适配性，即光源的功率不大于灯具允许安装的最大功率。

（4）做好大型灯具（质量大于 10kg）的固定装置及悬吊装置的载荷强度试验工作，以保证日后运行中的安全。

（5）做好灯具和线路的电气绝缘检测工作，包括按工艺标准规定的工序交接间的绝缘检测和最终通电试运行前的绝缘检测，确保灯具和线路的绝缘处于良好的状态。

（6）在宾馆饭店的大堂、大型会议室、影剧院等的大型平顶上安装挂式或嵌入式灯具，要与安装在平顶上的其他建筑设备（如自动灭火的洒水喷头和火灾探测器、出风口和散流器、扬声器和摄像头等）进行统一布局，并绘出施工草图或做成局部样板，经业主或监理单位或装饰设计单位认可，或共同认可后方可进入施工，目的是保持平顶设计的艺术风格，避免零乱无序，破坏观感质量。

(7) 按施工规范规定,做好照明通电试运行工作(对设计有照度测试要求的场所,试运行时应检测照度),符合要求后才能投入运行。

(8) 提供竣工图的绘制条件,使一个符合实际的工程实体留在建设工程档案管理部门。

4. 通风与空调工程及消防防排烟工程技术要求

(1) 要做好土建施工时的预留、预埋配合工作,为日后风管及水管和专用设备安装创造条件。

1) 工程中冷媒或热媒水管道和冷却水管道的预留、预埋工作与给水、排水工程的预留、预埋工作在内容上和要求上相一致。

2) 由于风管的尺寸较大,其预留孔的尺寸和位置大多表达在建筑施工图上,且数量较多,有些工程还有水泥风管(风道),所以要对土建施工单位预留的风道位置和尺寸进行复核;同时,工程中有较多各类规格的设备基础,大部分为块状混凝土基础,因而要对其位置、尺寸、标高等复核,对其施工质量要关注。

(2) 做好施工图的深化设计工作,尽量安排风管、水管等管线安装在综合支架上,避免相互间的碰撞,又方便日常的维护检修。

不论风管是自行制作,还是从市场采购,要先进行深化设计,明确风管与建筑物的相对尺寸,确定风管及其附件的连接位置,确定各类支架的类型和固定位置,确定系统中每节风管的规格、长度和数量,作为制作或采购的依据和日后安装施工的重要的指导文件。

(3) 把好材料进场验收关,杜绝把不合格品用于工程实体上,要注意防排烟系统中有的是属于消防专用产品(如防火阀、排烟防火阀等),应验证其认证标识及质保检测资料,防排烟系统中有耐火极限要求的风管及密封,连接构件等必须为不燃材料,其品种、规格、厚度及耐火极限等应符合设计要求和国家现行标准的规定。

(4) 工程中有些设备较重,如冷水机组,有些设备安装高度高,如冷却塔、空调机组,还有整段风管的吊装,均须制订专项施工方案,确保搬运和吊装就位工作安全可靠。

(5) 工程中有较多的绝热(保温、保冷)工程,要保证绝热质量防止发生"冷桥"效应,确保工程的高效节能。

(6) 完善设备单机试运转和系统联合试运转方案,包括组织分工、技术措施、检测方法及仪器仪表准备、安全防范措施、合格评定标准、技术记录表式等各个方面。

(7) 联合试运转完成,要对风管系统经风阀的开度整定,使各项指标达到设计要求的预定指标,即利用仪器仪表对通风系统的风量、风压、含尘浓度等进行测定和调整;对空调系统的温度、湿度、调节速度等进行测定和调整;对防排烟系统的正压送风处的风压、防烟分区内的排烟口风速等都进行测定和调整,使参数值符合设计规定。

(8) 如果建筑智能化工程设有建筑设备自动监控系统(BAS),则通风与空调工程及消防防排烟工程与(BAS)的接口间要做到接口的符合性和安全性。

(9) 提供竣工图的绘制条件,使一个符合实际的工程实体留在建设工程档案管理部门。

5. 消火栓和自动喷水灭火消防工程的技术要求

（1）要做好土建施工时的预留、预埋配合工作，为日后消防管网及相关设备安装创造条件。

1）嵌入式安装的室内消火栓箱，要按箱体的结构和型号在墙体上留好适配的孔洞。

2）室外消火栓系统要注意管网与消防水池等构筑物的管道接口预留孔洞，确保位置、尺寸正确性和防渗性能。

3）自动喷水灭火消防工程与土建工程的配合与建筑物内给水工程基本相同，但安装在平顶上的洒水喷头定位时要与建筑协调，布置有序。

（2）做好施工图的深化设计工作，室内消防管网的干管尽量安排在综合管架上安装定位。

（3）把好材料进场验收关，杜绝不合格品和明令淘汰的消防专用产品用于工程实体上，对消防专用产品应验证其强制认证标识。按合同约定做好见证取样工作。

（4）按施工规范规定做好管网试压冲洗工作，合格后才能安装自动喷水灭火系统的洒水喷头。闭式洒水喷头安装时要注意其玻璃色标与最高使用环境温度的适配性。

（5）要做好消防水泵的单机试运转工作，先手动控制，后自动控制，只有手动控制单机试运转合格，才能将消防水泵投入到消防联动控制系统中。

（6）消火栓要按施工规范规定的位置，进行试射试验；自动喷水灭火系统要在试水装置处放水，放水流量大于规定值时，湿式报警阀应及时启动，水力警铃在规定时间内发出报警铃声，压力开关动作反馈信号。

（7）提供竣工图的绘制条件，使一个符合实际的工程实体留在建设工程档案管理部门。

三、施工进度计划的编制

本章介绍施工进度计划的分类、编制方法和控制检查及调整的原则,通过学习增强对进度计划重要性的认识提高控制进度的能力。

(一)施工进度计划的类型及作用

本节对不同类别的施工进度计划及其作用作简要的介绍,通过学习,加深理解计划的分类和应用场合。

1. 概述

(1)施工进度计划

1)定义

是指在施工过程中各个工序的安排与时间顺序,以及各个工序的进度。

① 施工进度计划是根据已批准的建设文件或签订的承发包合同,将工程项目的建设进度做出周密的安排,施工进度计划是把预期施工完成的工作按时间坐标序列表达出来的书面文件。

② 拟完成的工作可以用实物工程量表示,如给水排水工程管道的长度米数、建筑电气工程安装的灯具套数,也可用拟完成的产值金额数表示。前者称为实物形象进度计划,后者称为完成投资额度计划。

③ 时间坐标可以是年、季、月、旬(周)、日,按不同的需要选定。

2)施工工期

施工工期指工程从正式开工起,至完成承包合同规定的全部内容,达到竣工验收标准所经历的时间,以所用的实际天数表示,有明确的起止年月日。可以分为定额工期、计算工期与合同工期。

① 定额工期是指在平均建设管理水平、施工工艺和机械装备水平及正常的建设条件(自然的、社会经济的)下,工程从开工至竣工所经历的时间。

② 计算工期指根据项目方案具体的工艺、组织和管理等方面,排定网络计划后,根据网络计算的工期。

③ 合同工期是在定额工期的指导下,由工程建设的承发包双方根据项目建设的具体情况,经招标投标或协商一致后,在承包合同书中确认的建设工期。合同工期一经签订,对合同双方都具有强制性约束作用,受到国家经济合同法的保护和制约。

(2)影响进度的因素分析

影响安装工程进度的因素有建设项目内部和外部两个方面。

1)建设项目内部

① 土建工期的延误。不论工业或民用安装项目,土建工程先行是一个客观规律,土

建工程包括装饰工程在内，只要工期延误，必然影响安装工程如期完成。

② 业主资金不到位。资金不足，不能确保工程设备、材料的如期供给，也延误合同约定的工程款支付，影响进度的正常推进。

③ 施工方法失误。由于施工方案中的施工方法不当，会导致返工重做，如性质严重，造成质量事故或安全事故，也会影响进度计划的执行。

④ 施工组织管理不力。施工组织不合理、规划不善、管理混乱、资源得不到科学调度、施工中发现的问题不能及时处置，必然使施工进度失去有效控制。

⑤ 各专业分包单位不能如期履行分包合同。一个安装工程项目往往由安装总包单位带领多个专业分包单位共同完成工程建设，只要其中一个专业分包单位违约耽误工期，就无法组织工程总体验收，导致总工期目标无法实现，所以加强总包对专业分包的管理至关重要。

2) 建设项目外部

① 政府对建设的宏观调控。政府基于宏观考虑，依法对有些项目发出放缓进度的指令，有的要停建或缓建。

② 供应商违约，设备、材料没有按计划送达施工现场，或者送达后验收不合格。

③ 水、电、气等能源供给单位不能如期接通供应，或供给不能满足需要，导致试运转无法按计划执行。

④ 施工图纸。提供不及时或图纸修改，造成工程停工或返工。

⑤ 意外事件的出现。主要指自然灾害，如水灾、风灾、暴雨、地震等对工程建设的侵害而造成进度的延误。

(3) 施工进度计划的类型

1) 按工程项目分类：有总进度计划、单位工程进度计划、分部分项工程施工进度计划等。

2) 按计划周期分类：有年度施工进度计划、季度施工进度计划、月度施工进度计划、旬施工进度计划和周作业进度计划。

3) 按机电工程专业分类：有给水排水工程施工进度计划、建筑电气工程施工进度计划、通风与空调工程施工进度计划、建筑智能化工程施工进度计划、自动喷水灭火系统工程施工进度计划等。

4) 按作用不同分类：有控制性进度计划和实施性进度计划等。

2. 控制性进度计划的作用

(1) 项目由多个单位工程组成或工期较长需跨多个年度才能建成的工程需进行编制。

1) 施工总进度计划描述的对象是单位工程的开、竣工时间，是对整个项目工期目标实行宏观控制，因而计划的时间坐标是年、季、月为主，属于控制性计划论证施工总进度目标。

2) 单位工程进度计划编制的工期目标应符合施工总进度计划时间节点的安排，在总进度计划作出调整后，新开工的单位工程进度计划才能与原总进度计划的安排有差异，这是计划安排严肃性的体现。

3) 在实施过程中经常检查实际进度是否按计划要求进行，对出现的偏差分析原因，采取措施或调整、修改原计划,直至工程竣工,交付使用是施工进度动态控制的依据。

(2) 单位工程施工进度计划对跨多年度的工程因其规模庞大具有控制性作用外,大多是与作业计划一样均为实施性计划。

房屋建筑安装工程的单位工程施工进度计划应表达所有专业(分部)的施工内容。是编制该工程各专业的施工进度计划的依据。

3. 实施性施工进度计划的作用

(1) 实施性的计划编制时对生产资源情况、作业条件状况、作业环境分析等均做了充分的了解,因而计划的实施具有较强的可操作性。

(2) 实施性施工进度计划的作用

1) 确定施工作业的具体安排。

2) 确定(或据此可计算)一个月度或旬的人工需求(工种和相应的数量)。

3) 确定(或据此可计算)一个月度或旬的施工机械的需求(机械名称和数量)。

4) 确定(或据此可计算)一个月度或旬的建筑材料(包括成品、半成品和辅助材料等)的需求(建筑材料的名称和数量)。

5) 确定(或据此可计算)一个月度或旬的资金需求等。

(二) 施工进度计划的表达方法

1. 施工组织

常用的施工组织方式有依次施工、平行施工和流水施工等三种,只要不是应急抢险工程,正常情况下依据具体情况(指生产资源供给的能力状态)基本上都选择上述三种之一的施工组织模式。而这三种组织模式都要对施工区域划区分段。

(1) 依次施工又叫顺序施工,是将拟建工程划分为若干个施工过程,每个施工过程按施工工艺流程顺次进行施工,前一个施工过程完成后,后一个施工过程才开始施工。

它是一种最基本的、最原始的施工组织方式。

(2) 平行施工组织方式是:在拟建工程任务十分紧迫、工作面允许以及资源保证供应的条件下,将几个相同的施工过程,分别组织几个相同的工作队,在同一时间、不同的空间上平行进行施工。

特点:工期短、资源强度大、存在交叉作业、有逻辑关系的施工过程之间不能组织平行施工。

组织方式:将拟建工程在竖直方向上划分施工层,在平面上划分施工段,然后按施工工艺的分解组建相应的专业施工队,按施工顺序的先后进行各施工层、施工段的施工。

(3) 流水施工。

优点:各工作队可以实行专业化施工,因而为工人提高技术熟练程度以及改进操作方法和生产工具创造了有利条件,可充分提高劳动生产率。劳动生产率得到提高,相应可以减少工人人数和临时设施数量,从而可以节约投资,降低成本;同时专业化施工,有助于保证工程质量。

（4）工程施工中，可以采用依次施工、平行施工和流水施工等组织方式。对于相同的施工对象，当采用不同的作业组织方法时，其效果也各不相同。

2. 施工进度计划表示方法

用文字说明、列出表格、以流水作业图表、画横道图或网络图都能表示安装工程进度计划，但图示的进度计划直观清晰。横道图和网络图适用于项目的总进度计划或单位工程、分部、分项工程进度计划的描述，根据工作内容划分的粗细，可用年、季、月、旬、周、日等时段来反映计划的进展程度，而流水作业图表适用于组织流水施工的安装工程作业计划的安排，以周、日时段表示为宜。

（1）横道图进度计划的编制方法

横道图是反映施工与时间关系的进度图表，其特点是简单、明了、容易掌握，便于检查和计算生产要素（资源）需求状况，由美国人甘特（H·L·Cantt）首创后一直沿用至今，因而横道图又称甘特图。

1) 绘制步骤

① 分析安装对象的性质，以专业或工序划分工作内容。

② 依据安装工艺规律确定各专业或工序的前后衔接关系。

③ 在总工期或上一级进度计划（譬如月计划要服从年或季计划安排）控制下，安排各工作内容的完成时间，从而作为生产要素（资源）配置数量的依据。

④ 绘制横道图。

2) 绘制举例

① 案例背景

有一大楼的低压配电间，共有 20 台配电柜，其安装工序为盘柜组立、硬母线安装、内部接线检查、外部接线、试验整定、通电试运行共 6 个工序，作横道图计划如下。

② 作图如图 3-1 所示。

工作序号	工作名称	工作时间（天）	施工进度																
			1	2	3	4	5	6	7	8	9	10	11	12	13	14	15	16	17	18
1	盘柜组立	3																		
2	硬母线安装	3																		
3	内部接线检查	4																		
4	外部接线	2																		
5	试验整定	2																		
6	通电试运行	2																		

图 3-1 低压配电间电气施工作业计划

③ 说明

该计划的安排要与单位工程施工进度计划相衔接，即符合其总体计划要求。作业计划是按依次作业安排的，如资源供给充实，还可安排成有搭接作业的计划，以缩短工期。

(2) 网络计划的基本概念与识读

网络计划有单代号网络计划、双代号网络计划、单代号搭接网络计划、双代号时标网络计划等，其基本原理称统筹法。统筹法是应用网络图形来表达一项工程建设计划各项工作的开展顺序及其相互间的关系，通过时间参数计算，找出关键工作和关键线路，并通过优化，寻找计划的最佳方案，同时网络计划也便于在执行中对计划的监督，保证合理地使用人力、物力和财力，以最小的消耗取得最大的经济效果。目前已有不少计算机软件在工程建设领域推广网络计划的绘制和执行中的控制，使网络计划不便于计算资源消耗量的缺点得以日益改进和克服。现以双代号网络计划为例介绍施工进度计划的编制和识读方法。

1) 网络图的三要素：双代号网络图由工作、节点、线路三个基本要素组成。

① 工作（也称作业、活动、工序）

工作就是按计划安排的粗细程度来划分的施工活动。例如安装工程总体网络图（较粗的计划）把机械设备安装、管道安装、通风与空调安装各看作为一个工作，而作业计划的网络图（较细的计划）把电气工程中配管、穿线、装开关、装灯具各自看作为一个工作。工作是要消耗时间和资源的。在网络图中工作用箭线表示，箭线的两端有节点，箭尾的节

图 3-2 工作的表示

点表示工作开始、箭头的节点表示工作完成。箭线的上方标注工作名称，下方标注持续时间，如图 3-2 所示。

工作通常分为两种，要占用时间和消耗资源或仅占用时间的工作称实工作，用实箭线表示；既不占用时间又不消耗资源仅表示相邻工作间的前后逻辑关系的工作称虚设工作，用虚箭线表示。

② 节点

除前述工作两端都有节点的含义外，网络图中各项工作的交汇处都有节点，用圆圈表示，只有该节点前面工作都结束后，才可能使该节点后面的工作开始，节点仅是一个时间的瞬间，不占用时间和消耗资源。在一个网络图中只有一个仅发出箭线不接受箭线的开始（起始）节点，也只有一个仅接受箭线不发出箭线的完成（终点）节点。节点有编号，编号可用数字、字码、天干、地支等，但有一个原则，网络图节点的编号顺序应从小到大，可不连续，但不允许重复。

③ 线路

是指自网络图起始节点开始，沿箭头方向顺序，通过一系列箭线和节点，最后到达终点节点的通路（有着多种路径），称为线路，费时最长的线路称为关键线路，关键线路上的工作称为关键工作。要注意一张网络计划图上不仅只有一条关键线路，有可能有多条关键线路。

④ 网络图中工作之间的关系

紧邻工作箭尾节点前的工作，称为该工作的紧前工作。

紧邻工作箭头节点后的工作，称为该工作的紧后工作。

有着共同箭尾节点的工作，称为平行工作。如图 3-3 所示。

工作 $i\text{-}j$ 是工作 $j\text{-}x$、$j\text{-}k$、$j\text{-}y$ 的紧前工作。

工作 $j\text{-}k$ 是工作 $k\text{-}l$ 的紧前工作。

工作 $j\text{-}x$、$j\text{-}k$、$j\text{-}y$ 是工作 $i\text{-}j$ 的紧后工作。

工作 $k\text{-}l$ 是工作 $j\text{-}k$ 的紧后工作。

工作 $j\text{-}x$、$j\text{-}k$、$j\text{-}y$ 简称平行工作。

⑤ 网络图时间参数相关概念包括：各项工作的最早开始时间、最迟开始时间、最早完成时间、最迟完成时间、节点的最早时间及工作的时差（总时差、自由时差）。

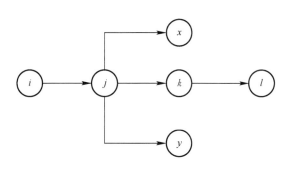

图 3-3　工作之间的关系

总时差（用 $TF_{i\text{-}j}$ 表示），指一项工作在不影响总工期的前提下可以利用的机动时间。用工作的最迟开始时间 $LS_{i\text{-}j}$ 与最早开始时间 $ES_{i\text{-}j}$ 之差或最迟完成时间 $LF_{i\text{-}j}$ 与最早完成时间 $EF_{i\text{-}j}$ 之差表示。

自由时差（用 $FF_{i\text{-}j}$ 表示），指一项工作在不影响其紧后工作最早开始的前提下可以利用的机动时间。用紧后工作的最早开始时间与该工作的最早完成时间之差表示。

总时差＝最迟完成时间－尚需完成时间。计算结果若大于 0，则不影响总工期。若小于 0 则影响总工期。

拖延时间＝总时差＋受影响工期，与自由时差无关。

自由时差＝紧后最早开始时间－本工作最早完成时间。

2）绘制原则

① 正确地表达工作之间的相互依赖和相互制约关系，即逻辑关系要正确。

例1：有 A、B、C 三项工作，只有工作 A 完成后，工作 B 和 C 才能开始，表示为如图 3-4 所示。

例2：有 A、B、C、三项工作，只有工作 A 和 B 完成后，工作 C 才能开始，表示为如图 3-5 所示。

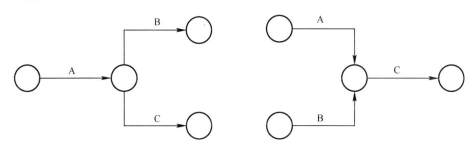

图 3-4　绘制原则 1　　　　　　图 3-5　绘制原则 2

例3：有 A、B、C、D、E 五项工作，只有工作 A、B、C 完成后，工作 D 才能开始；只有工作 B、C 完成后，工作 E 才能开始，表示为如图 3-6 所示。

这里可以看出虚设工作（虚箭线）的作用，因工作 E 与工作 A 间无制约关系，而工作 B、C 与工作 D 间有制约关系，用虚箭线隔断，则使逻辑关系符合要求，所以这种方法称为断路法。

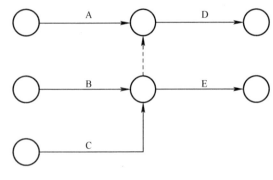

图 3-6　绘制原则 3

② 网络图中不允许出现循环回路，即从图中任何一个节点出发，沿箭线前进，经若干个节点和箭线，不应回到出发的节点。

③ 在网络图中不能出现重复编号的节点和工作。

④ 在网络图中不能出现无箭尾节点或无箭头节点的箭线，在节点之间不能出现带双向箭头或无箭头的连线。

3）网络图绘制图面要求

① 注意图面布局清楚合理、重点突出，尽量把关键线路布置在图的中心位置，尽量减少斜箭线，多采用水平箭线，避免交叉箭线的出现。

② 出现不可避免的交叉箭线时，以图 3-7 所示的方法处理。

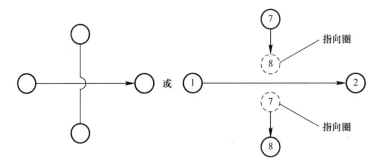

图 3-7　箭线交叉的表示方法

4）网络图的绘制步骤

① 分析安装对象的性质，列出工作内容。

② 确定各工作之间的相互制约和相互依赖关系。

③ 计算每件工作所需工作天数。

一张完整的网络计划如图 3-8 所示，双线的线路表示关键线路。

5）网络计划图绘制后，可以进行时间参数计算和优化，以及在实施中进行检查和调整，可以参阅我国现行行业标准《工程网络计划技术规程》JGJ/T 121—2015。

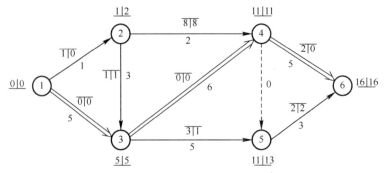

图 3-8　典型的网络图

(三) 施工进度计划的检查与调整

本节对进度控制的原理和基本方法作出介绍,并对横道图计划和网络图计划在实施中的检查要点以及发现进度偏差后的处置原则作出说明。

1. 进度控制的基本原理和方法

(1) 基本原理

进度控制的目的是在进度计划预期目标引导下,对实际进度进行合理调节,以使实际进度符合目标要求,因此进度控制受以下原理支配。

1) 动态控制原理。按计划进度执行的结果就是实际进度,而整个执行过程中,计划与实际两者有时吻合,有时偏离,是一个动态过程。所以对进度的控制也要随着偏离不断出现而及时调节的一个动态过程,尽量使实际进度的全程演变与计划进度基本吻合。

2) 系统原理。进度计划由项目的总进度计划、单位工程进度计划,分部分项工程进度计划,辅之以年、季、月、旬和周作业计划等组成一个完整的计划系统。而实施进度计划的施工活动又涉及由项目领导层、项目管理层(包括专业岗位管理人员在内的各级管理人员),以及作业队组的作业人员等组成的一个完整的组织系统。同样,进度控制也是由各个层面的人员负责不同层次的进度控制而形成一个进度控制的组织系统。而实施进度控制必然会涉及人力资源、工程设备、材料、施工机械、施工技术、资金组成的资源系统的调节。客观存在的系统,就要求用系统原理来实施控制进度,不能只顾某一环节而失去全局控制。

3) 信息反馈原理。信息反馈原理就是把实际进度和计划进度间的偏离正确反映出来,这种偏离可能是零可能是正或负,要根据需要实时或定时反馈给各个层面的进度控制责任人员,直至项目领导层,以供分析比较,做出调节的决策,使进度目标符合预期要求。没有正确及时的信息反馈,则无法进行进度控制。

4) 弹性原理。施工项目工期长、影响进度的因素多,而影响因素中含有不被掌握的成分,所以制定进度目标时有一定的风险,为了规避风险,制定计划进度时要留有余地,使计划进度具有弹性。进度控制时要充分利用这些弹性,缩短某些工作的施工时间,减少进度计划执行的偏离程度,使之符合预期目标,这就是进度控制中弹性原理的应用。

5) 循环原理。进度控制就是进行计划、实施、检查、比较分析、确定调整措施、再进行计划的一个循环过程,这个过程属于闭环控制过程,使计划执行的偏离降至最低程度。

(2) 基本方法

基本方法是对基本原理的全面应用。

1) 应用循环原理进行进度计划的编制、实施、检查和调整。PDCA循环是全面进度管理应遵循的科学程序,一个循环完了,解决一些问题,未解决的问题进入下一个循环,这样呈阶梯式上升。即循环的周期从总进度计划始至年、季、月、旬或周计划止,是越来越短,唯有这样,才能保证工期目标的实现。

2) 应用系统原理落实项目部各个层面的管理人员和作业人员对进度计划编制、实施、检查和调整的责任，做到层层落实，不留空隙，使进度在有效控制下向前推进。同时为了准确合理地纠正计划与实际的进度偏离，在调整时要启动资源的科学配置。

3）应用动态控制原理和信息反馈原理展开进度计划执行状况的检查，即检查要与实施同步进行，检查的结果要有实时性，反馈的信息要有正确性，这样可以防止发生进度计划执行的重大偏离现象，也可避免项目领导层调整进度计划决策的失误或调整的时延过长。

4）应用弹性原理将进度计划中盈余时间充分利用，调整工序间可调整的搭接关系或加大工作面上资源投放强度，以充分发挥计划弹性的作用。在编制某个工作或工序的作业计划时，该工作或工序所耗用的日历天尽量不要迫近其工艺所允许的最少时间，如混凝土凝固时间、油漆干燥时间、试运转规定时间、管道系统试压时排气时间、风管的漏光检测时间等，这样安排可使计划更富有弹性。

2. 施工进度计划的检查方法

（1）计划执行中的跟踪检查

在网络计划的执行过程中，必须建立相应的检查制度，定时定期地对计划的实际执行情况进行跟踪检查，收集反映实际进度的有关数据。

（2）收集数据的加工处理

收集反映实际进度的原始数据量大面广，必须对其进行整理、统计和分析，形成与计划进度具有可比性的数据，以便在网络图上进行记录。根据记录的结果可以分析判断进度的实际状况，及时发现进度偏差，为网络图的调整提供信息。

（3）实际进度检查记录的方式

1）当采用时标网络计划时，可采用实际进度前锋线记录计划实际执行状况，进行实际进度与计划进度的比较。

2）当采用无时标网络计划时，可在图上直接用文字、数字、适当符号或列表记录计划的实际执行状况，进行实际进度与计划进度的比较。

3. 施工项目进度控制的方法和措施

（1）施工项目进度控制方法

施工项目进度控制方法主要是规划、控制和协调。规划是指确定施工项目总进度控制目标和分进度控制目标，并编制进度计划。控制是指在施工项目实施的全过程中，进行施工实际进度与施工计划进度的比较，出现偏差及时采取措施调整。协调是指协调与施工进度有关的单位、部门和工作班组之间的进度关系。

1）行政方法：项目经理部适当地利用行政方法，通过发布进度指令，利用激励（奖、惩、表扬、批评等）、监督、督促等方式进行进度控制。在使用行政方法时，也要提倡科学性，防止主观、武断、片面地瞎指挥。

2）经济方法：作为工程的总承包单位，更多地利用经济控制的施工进度，对施工班组，按照多劳多得的原则，实行效益工资。对管理人员，同样要根据个人工作与工程进度的关联程度，制定针对工作进度的考核办法，将管理人员的奖金收入与工作进度挂钩。

3）管理技术方法：通过各种计划的编制、优化、实施和调整，从实际进度控制的方法，主要包括：流水作业、科学排列方法、网络计划方法、滚动计划方法和电子计算机辅助进度管理等。

（2）施工项目进度控制的措施

施工项目进度控制的主要措施有组织措施、技术措施、合同措施、经济措施等。

1）组织措施：确定工程施工进度目标，建立进度目标控制体系，明确现场进度控制人员的任务和责任；建立工程进度报告制度及进度信息沟通网络；建立进度计划审核制度和进度计划实施中的检查分析制度；建立施工进度协调会议制度；建立工程图纸审查、工程变更和设计变更管理制度。

2）技术措施：优化施工方案，分析改变施工技术、施工方法和施工机械的可能性；审查分包商提交的进度计划，使分包商能在满足总进度计划的状态下施工；编制施工进度控制工作细则，指导项目部人员实施进度控制；采用网络计划技术，结合计算机应用，对工程进度实施动态控制。

3）合同措施：合同中充分考虑风险因素及其对进度的影响，以及相应处理方法；与分包单位签订施工合同，规定完工日期及不能按期完成的惩罚措施；合同中要有专用条款，防止因资金问题而影响施工进度；严格审查各方提出的工程变更和设计变更；加强索赔管理，公正处理索赔。

4）经济措施：在工程预算中考虑加快施工进度所需的资金，满足资金供给，保证施工进度目标所需的工程费用；施工中及时办理工程预付款及工程进度款支付手续；对应急赶工给予优厚的赶工费用，对工期提前给予奖励，对工程延误收取误期损失赔偿金。

4. 施工进度计划偏差的纠正办法

在工程项目实施过程中，当通过实际进度与计划进度的比较，发现有进度偏差时，需要分析该偏差对后续工作及总工期的影响，从而采取相应的调整措施对原进度计划进行调整，以确保工期目标的顺利实现。进度偏差的大小及其所处的位置不同，对后续工作和总工期的影响程度是不同的，分析时需要利用网络计划中工作总时差和自由时差的概念进行判断。

（1）发现进度差异后，先要识别差异的程度和性质，若差异不大，不涉及生产资源的调整，且作业班组在后续施工中能自行纠正差异，则施工员就不必进行干预。如差异较大，不论差异的方向是正向或负向，均已影响整个进度计划均衡向前推进，且不调整生产资源配置，单靠作业班组已无法纠正，则施工员要干预进度差异的纠正。

（2）施工员决定对进度计划与实际的差异进行干预前，要认真分析出现差异的原因，尤其对实际进度落后于计划进度的原因要判断准确，才能采取有效的措施进行调整；以消除差异。虽然本节对影响进度的因素进行了分析，可以参照判断，但事物是复杂的，不要忽视例外原则。

（3）如进度差异的成因是客观条件发生非预期的变化，例如施工设计作出重大修改，土建工程进度推迟导致安装工程无法全面开工等，唯有对进度计划在保证总工期的前提下作出一定范围内的调整，如由于生产资源配置不足造成进度延误滞后，施工员先要在授权范围内平衡调度，力求使作业班组的后续施工中把进度赶上来，若仍不能满足需要应即时向项目领导层反映，取得支持使进度差异顺利得到纠正。

（4）如由于安装各专业间协调不当，尤其是主导专业与公用专业间的衔接脱节导致施工进度延误滞后，则先应在相关专业施工员间互相协调，妥善处理，使之合理地消除进度差异。若各专业施工员间在协商中对纠正进度差异的措施不能达成共识，应共同即时向项目的领导层反映，谋求裁定，不使延误的进度失去纠正的最佳时机和措施。这里所说主导专业是指水、电、风专业作业，公用专业是指起重吊装、焊接、油漆绝热等专业作业。

四、环境与职业健康安全管理的基本知识

本章对建筑设备安装工程施工现场的环境与职业健康安全管理、文明施工与现场环境保护管理、施工安全危险源的识别及安全防范和发生安全生产事故后的处理等作出介绍，以供学习者在工作中参考应用。

（一）建筑设备安装工程施工环境与职业健康安全管理的目标与特点

本节对建筑设备安装工程施工中的施工环境与职业健康管理的目标和特点作出介绍，供学习者在实际工作中参考应用。

1. 施工环境与职业健康安全管理的目标

（1）目标的制定

1）要依据法律法规的规定制定管理目标。

2）要按施工现场周围实际情况制定管理目标的具体数字指标，并符合当地政府有关行政主管部门的要求。

3）如在投标过程中书面承诺有管理目标的内容，则在制定目标时应给予兑现。

4）职业健康安全管理目标的制定还应结合预估的施工过程中可能发生的危害职业健康安全因素。

5）还可参阅企业同类型工程施工中的经验或者教训。

（2）目标的实施

1）项目经理是职业健康安全环境风险管理组的第一责任人，负有建立管理体系、提出目标或确定目标，建立完善体系（程序）文件的责任，并在实施中进行持续改进。

2）在管理实施中坚持"以人为本、风险化减、全员参与、管理者承诺、持续改进"的理念。

3）把目标和承诺依靠组织结构体系分解成层层可操作的活动，并用书面文件说明操作的程序和预期的结果。

2. 施工环境与职业健康安全管理特点

（1）施工环境管理特点

以建筑设备安装施工过程中可能产生的对环境有影响的有害物质为主线说明其管理对象及特点。

1）水污染源

① 生活污水：包括食堂、浴池、厕所等产生的污水。

② 施工生产污水：包括给水管道消毒用污水，管道冲洗污水，锅炉煮炉污水，管道

内防腐涂膜污水，机械设备试运转油水混合污水等。

2）大气污染源

① 电焊的烟气。

② 气焊、气割烟气。

③ 施工产生的粉尘（剔凿建筑物产生）。

④ 金属除锈的粉尘。

⑤ 保温或保冷作业产生的纤维状粉尘。

⑥ 施工用燃油机械的尾气等。

3）噪声污染源

施工机械的噪声：包括空压机、风机、电锯、砂轮切割机、角向磨光机、除锈机、冲击钻等产生的噪声。

4）光污染源

① 电焊的弧光。

② 夜间施工的强光照明。

5）固体废物污染源

其主要指施工中产生的废料或不能再用的零料等。

6）放射性污染源施工现场

其主要是探伤作业

上述六类主要污染源在不同工程项目中发生的量是不同的，施工项目经理部要进行识别后制定方案并采取有针对性的措施予以防治。

(2) 施工环境因素防治措施

1）水污染防治

① 现场应办理排污许可手续。排放物应符合相关行业标准要求。

② 场地内应设置排水沟、隔油池、沉淀池，施工污水经沉淀后方可排入场外市政污水管网。严禁未经处理直接排入场外河流和市政污水管网中。

③ 有毒有害液体应采用专用容器集中存放，存放处地面应做好防渗漏处理。废弃的有毒有害液体应集中处理，不得随意倾倒。

④ 施工机械设备应定期维护、检修，控制油料污染。

2）大气污染防治

① 施工现场大门口应设置冲洗车辆设施。施工现场车辆进出必须冲洗车辆，行车路面要经常淋水清扫，控制扬尘。

② 施工现场主要道路应根据用途进行硬化处理，非硬化路面及场区应采取洒水、绿化等措施，保持湿润无扬尘产生。

③ 为电焊工提供专用电焊面具、口罩等安全防护用具。

3）噪声污染防治

① 施工过程宜采用低噪声、低振动的施工机械设备，必要的时候对机械设备采取隔离措施。

② 施工现场应对噪声进行实时监测，白天不应超过70dB（A），夜间不应超过55dB（A）。根据有关规定，在居民密集区进行强噪声施工作业时，夜间作业时间不得超过22

时，施工现场早晨作业时间不得早于6时。

③ 为工人提供耳塞等降噪用品。

4）光污染防治

① 夜间室外施工照明应加设灯罩，光照方向应避免直射居民区。

② 电焊作业应采取防光外泄措施，加设遮光板等措施。

5）固体废物污染源防治

① 建筑垃圾应分类存放，有毒有害废弃物应单独存放，并设置明显标识。

② 施工现场禁止焚烧建筑垃圾、生活垃圾和其他可能产生有毒有害其他的物质。

6）放射性污染防治

按照国家安全和防护标准的要求划出安全防护区域，设置明显的警戒标志，必要时设专人警戒。

施工现场产生固体废弃物、污水，主要是对环境造成破坏，而产生的噪声、粉尘、光照等污染，对人体健康和环境污染都影响较大。通过上述防治措施，能够有效减少施工环境产生污染源，进一步保护人身健康和环境清洁。

(3) 施工职业健康安全管理特点

1）施工现场的平面布置

① 易燃易爆的油料和油漆仓库的设置应符合规定要求，并有明显标识。

② 氧气、乙炔瓶等气瓶存贮位置应符合相关规定。

③ 现场加工场地的机床或加工机械布置要有规定的安全距离，并留有检修维护空间。

④ 配置必要的消防设施，保持其器材处于完好状态。

⑤ 施工用电的布设要符合相关规范的规定。

2）施工作业的安全管理重点

① 高空作业

要从人员身体健康状况、劳动防护用品配备、安全防护措施落实情况等方面入手加强安全管理。

② 施工机械机具的操作

要从机械设备完好性、特种作业人员持证上岗、安全操作规程等方面入手加强安全管理。

③ 起重吊装作业

要从机械器具完好性、特种作业人员持证上岗、施工方案审定等方面入手加强安全管理。

④ 动火作业

要从消防器材配备、特种作业人员持证上岗、作业票办理、气体检测、动火监护等方面入手加强安全管理。

⑤ 受限空间作业

要从劳动防护用品配备、作业票办理、气体检测、安全电压、安全监护等方面入手加强安全管理。

⑥ 带电调试作业

要从劳动防护用品配备、特种作业人员持证上岗、作业票办理、防触电措施、安全监护等方面入手加强安全管理。

⑦ 无损探伤作业

要从特种作业人员持证上岗、作业票办理、作业时间安排、防护警戒等方面入手加强安全管理。

⑧ 管道、设备的试压、冲洗、消毒作业

要从劳动防护用品配备、防护警戒、施工方案审定、指示仪表完好等方面入手加强安全管理。

⑨ 单机试运转和联动试运转

要从方案审定、责任分工、应急管理等方面入手加强安全管理。

（二）建筑设备安装工程文明施工与现场环境保护的要求

本节从管理角度出发，对属于通用知识的项目管理章节所述施工现场的文明施工和环境保护原则作进一步的阐述，希冀加深理解。

1. 文明施工的要求

（1）公示标牌

1）大门口应设置公示标牌，主要内容包括：工程概况牌、消防保卫牌、安全生产牌、文明施工牌、管理人员名单及监督电话牌、施工现场总平面图。

2）标牌应规范、整齐、统一。

3）施工现场应有安全标语；应有宣传栏、读报栏、黑板报。

（2）施工场地

1）施工现场的主要道路及材料加工区地面应进行硬化处理；道路畅通，路面应平整坚实。

2）施工现场应有防止扬尘措施；应设置排水设施，且排水通畅无积水。

3）施工现场应有防止泥浆、污水、废水污染环境的措施。

4）施工现场应设置专门的吸烟处，严禁随意吸烟；温暖季节应有绿化布置。

（3）现场围挡

1）市区主要路段的工地应设置高度不小于 2.5m 的封闭围挡。

2）一般路段的工地应设置高度不小于 1.8m 的封闭围挡。

3）围挡应坚固、稳定、整洁、美观。

（4）材料管理

1）建筑材料、构件、料具应按总平面布局进行码放。

2）材料应码放整齐，并应标明名称、规格等。

3）施工现场材料码放应采取防火、防腐蚀、防雨等措施。

4）建筑物内施工垃圾的清运，应采用器具或管道运输，严禁随意抛掷。

5）易燃易爆品物品应分类储藏在专用库房内，并应制定防火措施。

（5）现场防火

1）施工现场应建立消防安全管理制度，制定消防措施。

2）施工现场临时用房和作业场所的防火设计应符合规范要求。

3）施工现场应设置消防通道、消防水源，并应符合规范要求。

4）施工现场灭火器材应保证可靠有效，布局配置应符合规范要求。

5）明火作业应履行动火审批手续，配备动火监护人员。

2. 施工现场环境保护的措施

在对房屋建筑安装工程中产生的环境污染源识别后，应按以下程序采取措施。

（1）对确定的重要环境因素制定目标、指标及管理方案。

（2）明确相关岗位人员和管理人员的职责。

（3）建立对施工现场环境保护的制度。

（4）按照有关标准要求实施对重要环境因素的预防和控制。

（5）建立应急准备与相应的管理制度。

（6）对分包方及其他相关方提出保护环境的要求及控制措施。

（7）实行施工中环境保护要求的交底，可以与技术交底同时进行。

（8）建立环境保护信息沟通渠道，实施有效监督，做到施工全过程监控，鼓励社会监督。

3. 施工现场环境事故的处理

（1）环境事故的形成，是指非预期的，因施工发生事故或者其他突发事件，造成或者可能造成污染的事故，如饮用水给水管道消毒中发生消毒水大量泄露或使用的氯气钢瓶氯气外溢等。

（2）发生事故后的处置：

1）迅速控制危险源，组织抢救遇险人员；

2）根据事故危害程度，组织现场人员撤离或者采取可能的应急措施后撤离；

3）及时通知可能受到事故影响的单位和人员；

4）采取必要措施，防止事故危害扩大和次生、衍生灾害发生；

5）根据需要请求邻近的应急救援队伍参加救援，并向参加救援的应急救援队伍提供相关技术资料、信息和处置方法；

6）维护事故现场秩序，保护事故现场和相关证据；

7）法律、法规规定的其他应急救援措施。

（三）建筑设备安装工程施工安全危险源的识别和安全防范的重点

本节对建筑设备安装施工现场安全危险源的分类和安全危险源防范重点的确定作出介绍，供学习者参考应用。

1. 施工安全危险源的分类

（1）施工现场危险源的范围

1）工作场所（包括临时的和永久性两类）。

2）所进入施工现场人员（包括外来人员）的活动。

3）项目部使用的和相关方使用的施工机械设备。
4）临时用电设施和消防设施等。
5）作业环境。
6）作业人员的劳动强度。
7）其他特殊的作业状况。

(2) 危险源的种类

1）第一类，是指施工过程中存在的可能发生意外能量释放（如爆炸、火灾、触电、辐射）而造成伤亡事故的能量和危险物质。包括机械伤害、电能伤害、热能伤害、光能伤害、化学物质伤害、放射和生物伤害等。

2）第二类，是指导致能量或危险物质的约束或限制措施被破坏或失效的各种因素，其中包括机械设备、装置、原件、部件等性能退化而低下不能实现预定功能，即发生物的不安全状态；也包括人的偏离标准要求的不安全行为；还包括由于环境问题促使人的失误或物的故障发生。设备安装工程的施工工地绝大部分危险和有害因素属第二类危险源。

2. 施工现场安全危险源辨识

危险源辨识就是识别危险源并确定其特性的过程。危险源辨识不但包括对危险源的识别，而且必须对其性质加以判断。

危险源辨识的方法：

(1) 安全检查表法（SLC）。安全检查表法是将一系列项目列出检查表进行分析，以确定系统、场所的状态是否符合安全要求，通过检查发现系统中存在的安全隐患，提出改进措施的一种方法。

(2) 预先危险性分析（PHA）。预先危险性分析也称初始危险分析，是在每项生产活动之前，特别是在设计的开始阶段，对系统存在危险类别、出现条件、事故后果等进行概略地分析，尽可能评价出潜在的危险性。

(3) 危险与可操作性分析（HAZOP）。危险与可操作性分析是一种用于辨识设计缺陷、工艺工程危害及操作性问题的结构化分析方法。该方法能够预取分析、发现问题，将危险消灭在最初阶段。

(4) 故障树分析法（FTA）。故障树分析又称事故树分析，从一个可能的事故开始，自上而下、一层层地寻找直接原因和间接原因事件，直到基本原因事件，并用逻辑图把这些事件之间的逻辑关系表达出来。

(5) 作业条件危险性评价法（LEC）。该方法用与系统风险有关的三种因素指标值的乘积来评价操作人员伤亡风险大小，这三种因素分别是：L（Likelihood，事故发生的可能性）、E（Exposure，人员暴露于危险环境中的频繁程度）和 C（Consequence，一旦发生事故可能造成的后果）。给三种因素的不同等级分别确定不同的分值，再以三个分值的乘积 D（Danger，危险性）来评价作业条件危险性的大小。

(四) 建筑设备安装工程生产安全事故分类与处理

本节对生产安全事故的分类和发生生产安全事故后的报告及调查处理工作作出介绍，

供学习者在实践中参考应用。

1. 生产安全事故分类

生产安全事故是指生产经营单位在生产经营活动（包括与生产经营有关的活动）中突然发生的，伤害人身安全和健康，或者损坏设备设施，或者造成经济损失的，导致原生产经营活动（包括与生产经营活动有关的活动）暂时中止或永远终止的意外事件。按照《企业职工伤亡事故分类》GB 6441—1986 规定将事故分为 20 类：

（1）物体打击指物体在外力或重力作用下运动，打击人体造成的伤害。不包括主体机械设备、车辆、起重机械、坍塌等引发的伤害。

（2）车辆伤害指企业机动车辆引起的伤害。不包括起重设备提升、牵引车辆和车辆停驶时发生的事故。

（3）机械伤害指机械设备、工具、工件直接与人体接触造成的伤害。不包括车辆、起重机械引起的各类伤害。

（4）起重伤害指进行各种起重作业（包括起重机安装、检修、试验）中发生挤压、坠落、（吊具、吊物等）物体打击和触电事故的伤害。

（5）灼烫指火烧伤、高温烫伤、光灼伤以及化学物质作用于体表的急性损伤，包括酸、碱及其他化学品烧伤。

（6）火灾指由于火灾引起的烧伤、窒息、中毒等伤害。

（7）触电指电流通过人体或带电体与人体间发生放电造成的伤害。

（8）淹溺指人体落入水中造成的伤害。矿山、井下透水除外。

（9）高处坠落指高处作业中发生坠落造成的伤害。

（10）坍塌指物体在外力或重力作用下，超过自身稳定极限，或因结构稳定性破坏造成的伤害。

（11）冒顶片帮指矿井工作面、巷道侧壁由于支护不当、压力过大造成的坍塌伤害。侧壁塌落为片帮，顶板垮落为冒顶，二者同时发生为冒顶片帮。

（12）透水指采矿中地表水或地下水突然涌入矿井、坑道造成的伤害。不适用于地面水害事故。

（13）放炮指施工时，爆破作业引起的伤害。

（14）火药爆炸指火药、炸药及其制品在生产、加工、运输、储存、使用、销毁过程中引起的爆炸伤害事故，爆破工程除外。

（15）瓦斯爆炸指井下瓦斯浓度超限引起的爆炸伤害。

（16）锅炉爆炸指锅炉等发生压力急剧释放、冲击波和物体（残片）作用于人体所造成的伤害。

（17）容器爆炸指压力容器发生压力急剧释放、冲击波和物体（残片）作用于人体所造成的伤害。

（18）其他爆炸指可燃性气体、粉尘等与空气混合形成爆炸性混合物，接触引爆能源（包括电气火花）发生爆炸的危险。

（19）中毒和窒息指化学品、有毒有害物质进入人体导致急性中毒、窒息性中毒或缺氧窒息性伤害。

(20) 其他伤害指不属于上述伤害事故的伤害。如冻伤、摔伤、扭伤、挫伤、动物咬伤、非机动车碰伤、中暑等。

起因物是指导致事故发生的物体和物质，致害物是指直接引起伤害及中毒的物体或物质。事故类别是根据导致事故发生的起因物来确定的，而不是依据致害物来确定的。例如，某企业贮存氯气的容器爆炸，氯气外泄而导致一起中毒事故，在这起事故中导致事故发生的起因物是容器爆炸，直接引起中毒的致害物是氯气，这起事故的事故类别应当统计为容器爆炸，而不能归于中毒。又如，某企业的一台砂轮机防护罩不全、砂轮破碎、砂轮碎片将一人击死。这起事故之所以能死人，是由于砂轮破碎，碎片飞出击中人体。但砂轮碎片只是施害物，而造成事故的主要原因是砂轮机护罩不全，砂轮破碎（均属机械范畴）。所以在统计时，这起事故的事故类别只能定为机械伤害，而不能定为物体打击。再如，某设备安装工程施工中，在主吊机提吊过程时，臂架系统发生斜向倾倒，吊臂及所吊塔体向一侧的钢结构和平台倾倒，这起事故的事故类别应当统计为起重伤害，而不是坍塌。

房屋建筑设备安装施工中常见的安全事故类别为物体打击、机械伤害、起重伤害、灼烫、触电伤害、高处坠落、坍塌、火灾、中毒和窒息等。

2. 生产安全事故报告和调查处理

（1）事故等级分类

1）一般事故：是指造成 3 人以下死亡，或者 10 人以下重伤，或者 1000 万元以下直接经济损失的事故；

2）较大事故：是指造成 3 人以上 10 人以下死亡，或者 10 人以上 50 人以下重伤，或者 1000 万元以上 5000 万元以下直接经济损失的事故；

3）重大事故：是指造成 10 人以上 30 人以下死亡，或者 50 人以上 100 人以下重伤，或者 5000 万元以上 1 亿元以下直接经济损失的事故；

4）特别重大事故：是指造成 30 人以上死亡，或者 100 人以上重伤（包括急性工业中毒，上同），或者 1 亿元以上直接经济损失的事故；

本条所称的"以上"包括本数，所称的"以下"不包括本数。

（2）事故报告

1）事故发生后，事故现场有关人员应当立即向本单位负责人报告；单位负责人接到报告后，应当于 1h 内向事故发生地县级以上人民政府安全生产监督管理部门和负有安全生产监督管理职责的有关部门报告。安全生产监督管理部门和负有安全生产监督管理职责的有关部门逐级上报事故情况，每级上报的时间不得超过 2h。

2）情况紧急时，事故现场有关人员可以直接向事故发生地县级以上人民政府安全生产监督管理部门和负有安全生产监督管理职责的有关部门报告。

3）事故报告应当包括下列内容：事故发生单位概况；事故发生的时间、地点以及事故现场情况；事故的简要经过；事故已经造成或者可能造成的伤亡人数（包括下落不明的人数）和初步估计的直接经济损失；已经采取的措施；其他应当报告的情况。

4）事故发生单位负责人接到事故报告后，应当立即启动事故相应应急预案，或者采取有效措施，组织抢救，防止事故扩大，减少人员伤亡和财产损失。事故发生地有关地方人民政府、安全生产监督管理部门和负有安全生产监督管理职责的有关部门接到事故报告后，其负责人应当立即赶赴事故现场，组织事故救援。

5) 事故发生后，有关单位和人员应当妥善保护事故现场以及相关证据，任何单位和个人不得破坏事故现场、毁灭相关证据。因抢救人员、防止事故扩大以及疏通交通等原因，需要移动事故现场物件的，应当做出标志，绘制现场简图并做出书面记录，妥善保存现场重要痕迹、物证。

6) 事故报告后出现新情况的，应当及时补报。自事故发生之日起 30 日内，事故造成的伤亡人数发生变化的，应当及时补报。道路交通事故、火灾事故自发生之日起 7 日内，事故造成的伤亡人数发生变化的，应当及时补报。

（3）事故调查处理

1) 特别重大事故由国务院或者国务院授权有关部门组织事故调查组进行调查。重大事故、较大事故、一般事故分别由事故发生地省级人民政府、设区的市级人民政府、县级人民政府负责调查。省级人民政府、设区的市级人民政府、县级人民政府可以直接组织事故调查组进行调查，也可以授权或者委托有关部门组织事故调查组进行调查。

2) 事故调查组履行下列职责：查明事故发生的经过、原因、人员伤亡情况及直接经济损失；认定事故的性质和事故责任；提出对事故责任者的处理建议；总结事故教训，提出防范和整改措施；提交事故调查报告。

3) 事故调查报告报送负责事故调查的人民政府后，事故调查工作即告结束。事故调查的有关资料应当归档保存。负责事故调查的人民政府应当自收到事故调查报告之日起 15 日内做出批复；特别重大事故，30 日内做出批复，特殊情况下，批复时间可以适当延长，但延长的时间最长不超过 30 日。

4) 事故发生单位应当按照负责事故调查的人民政府的批复，对本单位负有事故责任的人员进行处理。负有事故责任的人员涉嫌犯罪的，依法追究刑事责任。事故发生单位应当认真吸取事故教训，落实防范和整改措施，防止事故再次发生。防范和整改措施的落实情况应当接受工会和职工的监督。

5) 事故处理的情况由负责事故调查的人民政府或者其授权的有关部门、机构向社会公布，依法应当保密的除外。

五、工程质量管理的基本知识

本章对建筑设备安装工程质量管理的特点、施工质量的控制和质量问题的处理作出介绍。

（一）建筑设备安装工程质量管理

本节对工程质量管理特点和影响工程质量的因素及质量管理的原则作出介绍。

1. 工程质量管理的特点

（1）影响质量的因素多。如设计、材料、机械、地形、地质、水文、气象、施工工艺、操作方法、技术措施、管理制度等，均直接影响施工项目的质量。

（2）容易产生质量变异。

（3）易产生第一、第二判断错误。

（4）质量检查不能解体、拆卸。

（5）质量易受投资、进度制约。

2. 施工质量的影响因素及质量管理原则

（1）影响施工质量的因素

影响施工项目质量的因素主要有五大方面，即 4M1E，指人（Man）、材料（Material）、机械（Machine）、方法（Method）和环境（Environment）。

1）人的因素：这里讲的"人"，是指直接参与施工的决策者、管理者和作业者。施工质量控制应以控制人的因素为基本出发点。作为控制对象，人的工作应避免失误；作为控制动力，应充分调动人的积极性，发挥人的主导作用。在工程项目质量管理中，人的因素起决定性的作用。

2）材料（含设备）的因素：材料包括工程材料和施工用料，又包括原材料、半成品、成品、构配件和周转材料等。设备是指工程设备，是组成工程实体的工艺设备和各类机具。

3）机械的因素：机械主要是指施工机械和各类工器具，包括施工过程中使用的运输设备、吊装设备、操作工具、测量仪器、计量器具等。

4）方法的因素：施工方法包括施工技术方案、施工工艺、工法和施工技术措施等。

5）环境的因素：环境的因素主要包括现场自然环境因素、施工质量管理环境因素和施工作业环境因素。环境因素对工程质量的影响，具有复杂多变和不确定性的特点。

（2）质量管理的原则

在进行施工质量管理过程中，应遵循以下几个原则：

1）坚持质量第一，用户至上。

2）以人为核心。人是质量的创造者，质量控制必须"以人为核心"，充分调动人的积极性、创造性,增强人的责任感,树立"质量第一"观念,提高人的素质,避免人的失误,以人的工作质量保工序质量、保工程质量。

3)以预防为主。预防为主,就是要从对质量的事后检查把关,转向对质量的事前控制、事中控制,从对产品质量的检查,转向对工作质量的检查,对工序质量的检查,对中间产品的质量检查。这是确保施工项目质量的有效措施。

4)坚持质量标准、严格检查,一切用数据说话。

5)贯彻科学、公正、守法的职业规范。

(二)建筑设备安装工程施工质量控制

本节对建筑设备安装工程施工质量控制的内容和要求及基本程序、方法、质量控制点的确定作出介绍。

1. 施工质量控制的基本内容和要求

通过对施工质量控制目标的细化分解并对其进行控制,便是施工工序的质量控制,工序质量控制的方法一般有质量预控、工序分析、工序质量检验三种,以质量预控为主。质量预控方案一般包括:工序名称、可能出现的质量问题、提出质量预控措施等三部分内容。质量预控的重点是生产要素的预控,也就是对影响工程质量因素的控制,其依据为有关质量管理方面的法律法规、施工验收规范和质量验收规范等,其基本内容和要求如下:

(1)施工人员的控制

根据施工合同、工程特点和技术要求编制人员需求计划,建立人员资格控制台账;对关键、特殊过程施工人员的资格进行设定和控制,施工前对有持证要求的岗位人员进行操作技能考核测试;施工前组织业务培训和技术交底,明确技术质量要求;施工过程中对人员的工作质量、产品质量进行跟踪抽检及数据监测,及时采取措施;对人员的质量意识、职业道德等进行过程监督评价,实施质量奖惩制度。

(2)工程材料、设备的控制

审核材料计划和供应商的营业执照、资质证书、供货能力等,明确产品生产标准及特殊要求;对材料设备采购合同进行评审,确定满足工程需要;对进场材料和设备进行检查验收,建立登记台账,报验手续齐全;制定材料储存、发放制度,对材料进行标识及可追溯性控制。

(3)施工机具设备的控制

编制适用于工程实际所需的机具设备计划,确定数量和性能要求;对进场机具设备进行验收,建立管理台账;保证机具设备处于完好状态,定期保养、及时维修,并做好维保记录;验证检测仪器设备的检定、校准状态,保证满足所需精度要求;制定机具设备操作规程,并监督其正确使用。

(4)施工方法的控制

论证施工组织设计、施工方案、作业指导书的可行性,确定质量控制点设置及检验批、分项、分部、单位工程划分的准确性;掌控关键特殊工程和分包商的施工能力,制定预防措施;对施工图纸进行会审,控制设计变更;采用BIM技术进行三维碰撞分析。

（5）施工环境的控制

对影响工程质量的自然条件，包括风、雨、温度、湿度、粉尘等，采取有效的控制措施；合理规划施工现场，施工场地照明、通风、排水、交通运输、安全防护等条件良好。

2. 施工过程质量控制的基本程序、方法、质量控制点的确定

（1）基本程序

工程质量控制过程分为事前、事中和事后三个阶段。

1）事前质量控制

事前质量控制是指在正式施工前进行的事前主动质量控制，其控制重点是做好施工准备工作，且施工准备工作要贯穿于施工全过程中。

① 施工准备的范围

施工准备的范围包括单位工程施工准备、分项（部）工程施工准备、项目开工前的施工准备和项目开工后的施工准备等。

② 施工准备的内容

A. 技术准备：

包括项目初步设计方案的审查，熟悉和审查项目的施工图纸，项目建设地点自然条件、技术经济条件调查分析，编制项目施工图预算和施工预算，编制项目施工组织设计等。

B. 设计交底和图纸会审：

设计图纸是质量控制的重要依据，为使施工单位熟悉有关设计图纸，充分了解拟建项目的特点、设计意图和工艺与质量要求，最大程度减少图纸的差错，并消灭施工图纸中可能存在的质量隐患，必须做好设计交底和图纸会审工作。设计交底及图纸会审后，应对各有关单位提出的图纸上存在的问题和疑点，明确提出需要解决的技术难题，各单位针对问题进行研究与协调，制定解决办法。

a. 设计交底的内容主要有：

施工图设计依据：初步设计文件，规划、环境等要求，设计规范。

建筑物的功能、特点与设计意图。

施工注意事项及过程控制要求。

b. 图纸会审的主要内容有：

施工图与国家现行有关标准、经济政策的符合性。

施工的技术设备条件能否满足设计要求；当采取特殊的施工技术措施时，现有的技术力量及现场条件有无困难，能否保证工程质量和安全施工的要求。

有关特殊技术或新材料的要求，其品种、规格、数量能否满足需要及工艺规定要求。

建筑结构与安装工程的设备与管线的接合部位是否符合技术要求。

安装工程各分项专业之间有无重大矛盾。

图纸的份数及说明是否齐全、清楚、明确，图纸上标注的尺寸、坐标、标高及地上地下工程和道路交汇点等有无遗漏和矛盾。

C. 物资准备：

包括建筑材料准备，构配件和制品加工准备，施工机具准备，生产工艺设备的准备等。采购质量控制主要包括对采购产品及其供方的控制，制定采购要求和验证采购产品。

建设项目中的工程分包，也应符合规定的采购要求。

a. 物资采购：采购物资应符合设计文件、标准、规范、相关法规及承包合同要求，如果项目部另有附加的质量要求，也应予以满足。

b. 分包服务：对各种分包服务选用的控制应根据其规模、对它控制的复杂程度区别对待。一般通过分包合同，对分包服务进行动态控制。

c. 采购要求：采购要求是采购产品控制的重要内容，采购要求的形式可以是合同、订单、技术协议、询价单及采购计划等。

d. 采购产品验证：建筑工程采用的主要材料、半成品、成品、建筑构配件、器具和设备应进行现场验收。凡涉及安全、功能的有关产品应按各专业工程质量验收规范规定进行复检，并经监理工程师检查认可。

D. 组织准备：

包括建立项目组织机构，集结施工队伍，对施工人员进行入场教育等。

E. 施工现场准备：

包括控制网、水准点、标桩的测量，"五通一平"，生产、生活临时设施等的准备，组织机具、材料进场，拟定有关试验、试制和技术进步项目计划，编制季节性施工措施，制定施工现场管理制度等。

2）事中质量控制

事中质量控制也称作业活动控制质量控制，指在施工质量形成过程中，对影响施工质量的各种因素进行全面的动态控制，包括质量活动主体的自我控制和他人监控的控制方式。事中质量控制的策略是：全面控制施工过程，重点控制工序质量。具体措施是：工序交接有检查，质量预控有对策，施工项目有方案，技术措施有交底，图纸会审有记录，设备材料有检验，隐蔽工程有验收，计量器具校正有复核，设计变更有手续，材料代换有制度，质量处理有复查，成品保护有措施，行使质控有否决（发现质量异常、隐蔽工程未经验收、质量问题未处理、擅自变更设计图纸、擅自代换材料、无证上岗等，均应对质量予以否决）；质量文件有档案（凡是与质量有关的技术文件，如图纸会审记录、材料合格证明、试验报告、施工记录、隐蔽工程记录、设计变更记录、调试/试压运行记录、试车运转记录、竣工图等都要编目建档）。

3）事后质量控制

事后质量控制也称为事后质量把关，包括对质量活动结果的评价、认定，对工序质量偏差的纠正，对不合格产品进行整改和处理。控制的重点是发现施工质量方面的缺陷，并通过分析提出施工质量改进的措施，保证质量处于受控状态。其具体工作内容有：

① 组织试运行和联动试车。

② 整理竣工验收资料，组织自检和初步验收。

③ 按规定的质量评定标准和办法，对完成的分项、分部工程、单位工程进行质量评定。

④ 组织竣工验收，其标准是：

A. 按设计文件规定的内容和合同规定的内容完成施工，质量达到国家质量标准及合同的约定，能满足生产或使用的要求；

B. 主要生产工艺设备已安装配套，联动负荷试车合格，达到设计生产或使用能力；

C. 交工验收的建筑物窗明、地净、水通、灯亮、气来、采暖通风设备运转正常；

D. 交工验收的工程内净外洁，施工中的残余物料运离现场，灰坑填平，临时工程拆除，地坪整洁；

E. 技术档案资料齐全。

（2）基本方法

施工项目质量控制的方法，主要是审核有关技术文件、报告和直接进行现场检查或必要的试验等。

1）审核有关技术文件、报告、报表或记录

对技术文件、报告、报表、记录的审核，是对工程质量进行全面控制的重要手段，具体内容有：

① 技术资质证明文件；

② 开工报告，并经现场核实；

③ 施工组织设计和技术措施；

④ 有关材料、半成品的质量检验报告；

⑤ 工序质量动态的统计资料或控制图表；

⑥ 设计变更、修改图纸和技术核定书；

⑦ 有关质量问题的处理报告；

⑧ 有关应用新工艺、新材料、新技术、新设备的技术鉴定书；

⑨ 有关工序交接检查，分项、分部工程质量检查报告；

⑩ 现场有关技术签证、文件等。

2）现场质量检查

① 现场质量检查的内容

A. 开工前检查。目的是检查是否具备开工条件，开工后能否能够保持连续正常施工，能否保证工程质量。

B. 工序交接检查。对于重要的工序或对工程质量有重大影响的工序，在自检、互检的基础上，还要组织专职人员进行工序交接检查。

C. 隐蔽工程检查。隐蔽工程在隐蔽前应由施工单位通知有关单位进行验收，并形成验收文件，隐蔽工程验收合格后方能掩盖。

D. 停工后复工前的检查。因处理质量问题或某种原因停工后需复工时，应经检查认可后方能复工。

E. 分项、分部工程完工后的检查，应经检查认可，签署验收记录，才能进行下一工程的施工。

F. 成品保护检查。检查成品有无防护、包裹、覆盖、封闭等保护措施，或保护措施是否可靠。

此外，还应经常深入现场，对施工操作质量进行巡视检查。必要时，还应进行跟班或追踪检查。

② 现场质量检查的方法

现场进行质量检查的方法有目测法、实测法和试验法三种。

A. 目测法。其手段可归纳为看、摸、敲、照四个字。

B. 实测法。实测检查法的手段，可归纳为靠、吊、量、套四个字。

C. 试验法。指必须通过试验手段，对质量进行判断的检查方法，主要包括理化试验和无损检测。

3）实行闭环控制

每一个质量控制的具体方法本身也有一个持续改进的课题，这就要用计划、实施、检查、处置（P、D、C、A）循环原理，在实践中使质量控制得到有效地、不断地提高。

① P（Plan）实施，包括质量方针和目标的确定，以及实现质量目标的活动方案的制定。

② D（Do）实施，根据已知的信息，设计具体的方法、方案和计划布局；再根据设计和布局，进行具体运作，实现计划中的内容。

③ C（Check）检查，指对计划实施过程进行各种检查，包括作业者的自检、互检和专职管理者专检。一是检查是否严格执行了计划，二是检查计划执行结果。

④ A（Action）处置，对检查的结果进行处理，分为纠偏和预防改进两个方面，对成功的经验加以肯定，并予以标准化；对于失败的教训也要总结，引起重视。对于没有解决的问题，应提交给下一个 PDCA 循环中去解决。

以上四个过程不是运行一次就结束，而是周而复始地进行，一个循环完了，解决一些问题，未解决的问题进入下一个循环，这样阶梯式上升的。PDCA 循环是全面质量管理所应遵循的科学程序。全面质量管理活动的全部过程，就是每个循环都围绕着实现预期的目标，进行计划、实施、检查和处置活动，随着对存在问题的解决和改进，在一次一次的循环中逐步上升，不断增强质量管理能力，不断提高质量水平。

（3）质量控制点的确定

1）质量控制点的定义

质量控制点是指为了保证工序质量而需要进行控制的重点、关键部位或薄弱环节，以便在一定时期内、一定条件下进行强化管理，使工序处于良好的受控状态。

2）质量控制点的动态性

从定义可知，关键部位是对工程实体而言，薄弱环节主要指作业行为或施工方法，前者较稳定、变异小，比如管道的连接处，电气的对地安全间隙，通风机转子平衡检查等，后者因企业而异，有着不断完善改进的空间，因而便有了一定时期内、一定条件下的限制性提法，也就说明了质量控制点对某一具体的工程或企业不是一成不变的，而是动态变化的。

3）检查点的概念

① 建筑设备安装工程施工过程中质量检查实行三检制，是指作业人员的"自检""互检"和专职质量员的"专检"相结合的检验制度，是确保施工质量行之有效的检验方法。

② 自检是作业人员对自己的施工作业或已完成的分项工程的质量实行自我检验，是自我约束、自我把关的表现，以防止不合品进入下道工序作业。

③ 互检是指作业人员之间对已完成的作业或分项工程质量进行相互检查，起到复核确认作用，其形式可以是同一作业班组人员间的相互检查，也可以是作业班组兼职的质量员对本组作业质量的检查，还可以是下道作业对上道作业质量的检查，亦称为交接检。

④ 专检是指质量员对分项、分部工程质量的检验，以弥补自检、互检的不足。一般情况下，自检互检要全数检查，专检可以用抽检的形式。原材料进场验收以质量员的专检

为主，生产过程中的实体质量检验以自检、互检为主。

⑤ 质量检查点即质量检查的部位及检查内容，依施工质量验收规范的规定为准，其中主控项目为主，一般项目为辅，黑体字表达的强制性条文的规定必须严格执行，也是重要的检查点所在的部位。

4）停止点的概念

① 所有控制点、检查点、停止点等的"点"的称谓，本质上是施工过程中的某一个工序，一个工序完成一个作业内容，只有完成该工序的作业内容，才能开始下一个作业内容，即进入下道工序。

② 停止点是个特殊的点，即这道工序未作检验，并尚未断定合格与否，是不得进行下道工序的，只有得出结论为合格者可进入下道工序。比如保温的管道，只有试压、严密性试验合格才能进行保温，又如只有电气工程交接试验合格才能进行通电试运行，前者称为管道工程施工过程中的一个停止点（试压和严密性试验）；后者称为电气工程施工过程中的一个停止点（电气交接试验）。

(4) 特殊过程和关键过程

特殊过程和关键过程直接影响到施工质量的好坏，因此，应在施工组织设计中予以明确，过程中进行严格控制，方能获得较好的质量。

1）特殊过程

特殊过程是指某些加工质量不易或不能通过其后的检验或试验而得到充分验证的过程（工序）。

典型的特殊过程有：承压件的焊接、热处理、高强度螺栓连接、电镀、涂漆、铸造、锻造、压铸、粘结等。这种特殊过程加工的产品质量不能完全依靠检验来验证，需要进行连续的参数监控，以确保过程质量的稳定。

2）关键过程

关键过程是对成品质量起决定性作用的过程。这样的过程必然是与关键件、重要件有关的过程以及加工质量不稳定的过程。关键过程包括：

① 通过加工形成关键、重要特性的过程；

② 加工难度大、质量不稳定的过程；

③ 外购的关键、重要件验收过程。

机电安装工程中典型的关键过程有：大型设备吊装、设备解体安装、高压设备或高压管道耐压严密性试验、炉管胀接、球罐组对、电气调试等。

（三）施工质量问题的处理方法

本节从施工质量问题类别入手对质量事故的处理程序和处理方式作出介绍。

1. 施工质量问题的分类

（1）工程质量事故

工程质量事故是指在工程建设过程中或交付使用后，对工程结构安全、使用功能和外形观感影响较大，损失较大的质量损伤。如住宅阳台、雨篷倾覆，桥梁结构坍塌，大体积混凝土强度不足，管道、容器爆裂使气体或液体严重泄漏等。它的特点是：

1) 经济损失达到较大的金额。
2) 有时造成人员伤亡。
3) 后果严重，影响结构安全。
4) 无法降级使用，难以修复时，必须推倒重建。
5) 根据住房和城乡建设部《关于做好房屋建筑和市政基础设施工程质量事故报告和调查处理工作的通知》（建质〔2010〕111 号），工程质量事故造成的人员伤亡或者直接经济损失，工程质量事故分为 4 个等级：

① 特别重大事故，是指造成 30 人以上死亡，或者 100 人以上重伤，或者 1 亿元以上直接经济损失的事故；

② 重大事故，是指造成 10 人以上 30 人以下死亡，或者 50 人以上 100 人以下重伤，或者 5000 万元以上 1 亿元以下直接经济损失的事故；

③ 较大事故，是指造成 3 人以上 10 人以下死亡，或者 10 人以上 50 人以下重伤，或者 1000 万元以上 5000 万元以下直接经济损失的事故；

④ 一般事故，是指造成 3 人以下死亡，或者 10 人以下重伤，或者 100 万元以上 1000 万元以下直接经济损失的事故。

等级划分所称的"以上"包括本数，所称的"以下"不包括本数。

6) 工程质量事故按事故责任分为三类：

① 指导责任事故：指由于工程实施指导或领导失误而造成的质量事故。例如，由于工程负责人片面追求施工进度，放松或不按质量标准进行控制和检验，降低施工质量标准等。

② 操作责任事故：指在施工过程中，由于实施操作者不按规程和标准实施操作，而造成的质量事故。例如，浇筑混凝土时随意加水，或振捣疏漏造成混凝土质量事故等。

③ 自然灾害事故：指由于突发的严重自然灾害等不可抗力造成的质量事故。例如地震、台风、暴雨、雷电、洪水等对工程造成破坏甚至倒塌。这类事故虽然不是人为责任直接造成，但灾害事故造成的损失程度也往往与人们是否在事前采取了有效的预防措施有关，相关责任人员也可能负有一定责任。

(2) 质量缺陷

工程质量问题一般分为工程质量缺陷、工程质量通病、工程质量事故。

1) 工程质量缺陷

工程质量缺陷是指工程达不到技术标准允许的技术指标的现象。

2) 工程质量通病

工程质量通病是指各类影响工程结构、使用功能和外形观感的常见性质量损伤，犹如"多发病"一样，而称为质量通病。目前建筑安装工程最常见的质量通病主要有以下几类：

① 基础不均匀下沉，墙开裂。
② 现浇钢筋混凝土工程出现蜂窝、麻面、露筋。
③ 现浇钢筋混凝土阳台、雨篷根部开裂或倾覆、坍塌。
④ 砂浆、混凝土配合比控制不严，任意加水，强度得不到保证。
⑤ 屋面、厨房渗水、漏水。
⑥ 墙面抹灰起壳、裂缝、起麻点、不平整。

⑦ 地面及楼面起砂、起壳、开裂。
⑧ 门窗变形、缝隙过大、密封不严。
⑨ 水暖电卫安装粗糙,不符合使用要求。
⑩ 结构吊装就位偏差过大。
⑪ 预制构件裂缝,预埋件移位,预应力张拉不足。
⑫ 砖墙接槎或预留脚手眼不符合规范要求。
⑬ 金属栏杆、管道、配件锈蚀。
⑭ 墙纸粘贴不牢、空鼓、折皱、压平起光。
⑮ 饰面板、饰面砖拼缝不平、不直、空鼓、脱落。
⑯ 喷浆不均匀,脱色,掉粉等。

项目部应针对容易发生质量通病的分部分项工程编制作业指导书、进行技术交底、必要时先行样板施工。分部分项工程开工前,项目总工应组织施工员(专业工程师)编制工程质量通病预防措施,质量预防措施可单独编制,也可编制在施工组织设计或施工方案中。项目施工员在对施工班组进行施工技术交底时,要详细说明预防质量通病的具体措施。质量员监督工程质量预防措施的落实情况,并对质量通病的预防效果进行检验。

2. 施工质量问题产生的原因

发生质量事故基本上是违反了施工质量验收规范的主控项目的规定,而一般的质量缺陷基本上是违反了施工质量验收规范中的一般项目的有关观感的规定。

3. 施工质量事故的处理方法

(1) 处理程序

1) 事故报告

由施工负责人(项目经理)按规定时间和程序及时向企业报告,并提供事故发生的初步调查文件及证据。

2) 现场保护

要做好现场应急保护措施,防止因质量事故而引发更严重次生灾害而扩大损失,待有事故结论后进行处理。

3) 事故调查

调查内容包括现场调查和收集资料,调查的组织由施工企业管理制度依据法规规定作出决定。

4) 编写质量事故调查报告

5) 形成事故处理报告

(2) 处理方法

1) 返修处理:当工程某部分的质量未达到规范、标准或设计要求,存在一定缺陷,但经过修补等措施后可以达到要求的质量标准,又不影响使用功能或外观的要求时,可以采取返修处理的方法。

2) 加固处理:主要是针对危及结构承载力的质量缺陷处理,通过加固处理,使建筑结构恢复或提高承载力,重新满足结构安全性和可靠性要求。

3）返工处理：当工程质量缺陷经过返修、加固处理后仍不能满足规定的质量标准要求，或不具备补救可能性，必须采取重新制作、重新施工的返工处理。

4）限制使用：当工程质量缺陷按修补方法处理后无法保证达到规定的使用要求和安全要求，而又无法返工处理的情况下，不得已作出限制使用的决定。

5）不作处理：某些工程质量问题达不到规定的要求或标准，但情况不严重，对结构安全或使用功能影响很小，经过分析、论证、法定检测单位鉴定和设计单位等认可后可不作专门处理。

6）报废处理：出现质量事故的项目，经过分析或检测，采取上述处理方法后仍不能满足规定的质量要求或标准，必须予以报废处理。

六、工程成本管理的基本知识

本章对房屋建筑设备安装工程成本的构成及其影响因素、施工成本控制的内容和要求和施工过程成本控制的方法作出介绍，供学习者在工作中参考应用。

（一）建筑设备安装工程成本的构成和影响因素

本节对工程成本的构成及管理特点和施工成本的影响因素作出介绍，供学习者参考应用。

1. 工程成本的构成及管理特点

（1）根据施工企业成本运行规律，企业的成本管理责任体系包括两个层面，一是企业管理层，其管理从投标始止于结算全过程，着眼于体现效益中心的管理职能。二是项目管理层，其管理以企业确定的施工成本为目标，体现现场生产成本控制中心（利润中心）的管理职能。前者所指的成本是指企业成本，后者所指的成本是指施工成本，施工项目成本是指建筑企业以施工项目作为成本核算对象的施工过程中所消耗的生产资料转移价值和劳动者的必要劳动所创造价值的数字形式。

（2）施工成本的构成

施工成本是指在工程项目施工过程中所发生的全部生产费用的总和，包括：

1) 消耗的原材料、辅助材料、购配件等的费用，包括材料运杂费、运输损耗费、采购保管费和检验试验费，也包括周转材料的摊销费或租赁费。

2) 施工机械的台班费或租赁费。

3) 支付给生产工人的工资、奖金、工资性津贴等。

4) 因组织施工而发生的组织和管理费用。

（3）直接成本与间接成本

1) 直接成本是指施工过程中耗费的为构成工程实体或有助于工程实体形成的各项费用支出的和，包括人工费、材料费、施工机械使用费和施工措施费等。

2) 间接成本是指为施工准备、组织管理施工作业而发生的费用支出，是非直接用于也无法直接计入工程对象，但为进行工程施工所必须发生的费用，包括管理人员的工资、奖金和津贴、办公费、交通费等。

（4）成本管理的特点

1) 管理目的：在保证工期、质量、安全的前提下，采取相应管理措施，把成本控制在计划范围内，并进一步寻求最大程度的成本降低途径，力争成本费用最小化，也就是所谓的"短工期、高质量、低成本"。

2) 管理措施：主要有组织措施、经济措施、技术措施、合同措施等四个方面。

3) 管理环节：主要有施工成本预测、施工成本计划、施工成本控制、施工成本核算、施工成本分析和施工成本考核等六个环节或任务。

4）造价构成与成本构成的关系：

从图 6-1 可知，建筑安装工程费用是由二十八个基本科目组成，这些科目说明造价即销售收入可从这些方面去计取，当然还应计入期权利润和依法缴纳的税金。同时二十八个科目也表明生产费用的支出应纳入什么样的成本科目，以利于成本管理有条不紊，但必须注意两点：

图 6-1 建筑安装费用科目表

① 费用摊入成本的哪类科目，要受政府法规政策规定的约束，要依法而行，不得弄虚作假。

② 施工成本是企业成本的主要部分，但不能全部代表企业成本的组成，所以成本的摊入还要按照企业的规章制度或工程项目承包合同的约定来办。

2. 施工成本的影响因素

（1）物的方面

从成本的构成可知，直接成本中的材料费、机械使用费和人工费的单价价格如与预测时不一致，必然会使成本发生较大的波动。

（2）组织管理方面

1）缺乏科学组织的施工管理，必然会延误工期，导致增大固定成本；质量管理不力，会造成返工而增大费用开支；更不用说安全管理的疏漏，安全事故频发，其对成本的增大更为难以考量。

2）现场管理方面

非生产人员配备比重大，增大间接成本；资源管理不善，造成物资浪费严重，形成消耗过大而增加开支。

（二）建筑设备安装工程施工成本控制的基本内容和要求

本节对施工成本控制的基本内容和基本要求作出介绍，供学习者参考应用。

1. 成本控制的基本内容

（1）目的

成本控制的目的是指在施工过程中对影响施工成本的各种因素加强管理，并采取各种有效措施，将施工中发生的各项支出控制在成本计划范围之内，计算实际成本与计划成本之差异，进行分析，消弭超过计划支出的原因，消除施工中浪费现象，使施工成本从施工准备开始直至竣工验收为止全过程处于有效控制之中。

（2）依据

1）工程的承包合同，主要指预算收入为基本控制目标。

2）施工成本计划，是成本控制的指导性文件，它包括从开工到竣工所必需的施工成本，而施工项目成本计划是施工筹备阶段编制的项目经理部对项目施工成本进行计划管理的指导性文件。

3）进度统计报告，能提供工程实际完成量及工程款实际支付情况，是实际成本发生的重要信息来源，是对比分析的关键资料。

4）工程变更，施工中工程变更是很难避免的，一般包括设计变更、进度计划变更、施工条件变更、技术标准规范变更、工程数量变更等，各类变更的出现必然使成本发生变化，因而成本控制的目标值也相应改动，所以成本控制要密切注意工程变更情况，及时掌握这些施工成本控制过程中的动态资料。

2. 成本控制的基本要求

（1）要按照计划成本目标值来控制物资采购价格，并做好物资进场验收工作，确保质量。

（2）要以施工任务书、限额领料单等的管理，控制人工、机械、材料的使用效率和消耗水平。特别是材料用量的控制,这是施工成本的材料费控制的主要内容。同时要加强成本风险分析,出现异常有应急措施相应作出处置。

(3) 注意工程变更等的动态因素影响。
(4) 增强项目管理人员和全体员工的成本意识和控制能力。
(5) 健全财务制度,使项目资金的使用纳入正规渠道,使结算支付有章可循。
(6) 施工成本控制应贯穿项目从投标开始到工程竣工验收的全过程。
(7) 施工成本控制需按动态控制原理对实际施工成本的发生过程进行有效控制。

(三) 建筑设备安装工程成本控制的方法

本节对成本控制(管理)的基本程序和施工过程成本控制的主要方法及步骤作出介绍,供学习者参考应用。

1. 施工过程成本控制(管理)的基本程序

成本管理的基本程序就是宏观上成本控制必须做的六个环节或称六个任务。

(1) 成本预测

成本预测目的是在工程施工前,在满足工程承包合同约定的前提下,对该工程未来的成本水平及其发展趋势用科学的方法作出估算,以利制定该工程的成本计划,通过预测可以发现薄弱环节,使在工程施工中有针对性地强化成本控制,以利提高成本控制的预见性,克服盲目性。

(2) 成本计划

施工成本计划的编制以成本预测为基础,关键是确定目标成本。成本计划是以货币形式编制的在工程施工计划期内的生产费用、成本水平和成本降低率,以及为降低成本采取的主要措施和规划的书面文件,是该工程降低成本的指导性文件,是进行成本控制活动的基础。

成本计划又包括直接成本计划和间接成本计划,直接成本计划主要反映项目直接成本的预算成本、计划降低额及计划降低率;间接成本计划反映间接成本的计划数及降低额,在计划制定中,成本项目与会计核算中间接成本项目的内容一致。特别注意的是,在确定目标成本时,人工、材料、机械的价格均按市场价取定。

施工总成本目标确定之后,还需通过编制详细的实施性施工成本计划,把目标成本层层分解,落实到施工过程的每个环节,有效地进行成本控制。施工成本计划的编制方式有:按施工成本组成编制施工成本计划;按施工项目组成编制施工成本计划;按施工进度编制施工成本计划三类。

1) 按施工成本组成编制施工成本计划的方法

按照成本组成要素划分,建筑安装工程费由人工费、材料(包含工程设备)费、施工机具使用费、企业管理费、利润、规费和税金组成。其中人工费、材料费、施工机具使用费、企业管理费和利润包含在分部分项工程费、措施项目费、其他项目费中。

2) 按施工项目组成编制施工成本计划的方法

大中型工程项目通常是由若干单项工程构成的,而每个单项工程包括了多个单位工程,每个单位工程又是由若干个分部分项工程所构成。因此，首先要把项目总施工成本分解到单项工程和单位工程中，再进一步分解到分部工程和分项工程中。在完成施工项目成本目标分解之后，具体分配成本，就可以编制分项工程的成本支出计划，形成详细的成本计划表。

3) 按施工进度编制施工成本计划的方法

按施工进度编制施工成本计划，通常可利用控制项目进度的网络图进一步扩充而得。即在建立网络图时，一方面确定完成各项工作所需花费的时间；另一方面确定完成这一工作的合适的施工成本支出计划。在实践中，将工程项目分解为既能方便地表示时间，又能方便地表示施工成本支出计划的工作是不容易的，通常如果项目分解程度对时间控制合适的话，则对施工成本支出计划可能分解过细，以至于不可能对每项工作确定其施工成本支出计划，反之亦然。因此在编制网络计划时，应在充分考虑进度控制对项目划分要求的同时，还要考虑确定施工成本支出计划对项目划分的要求，做到二者兼顾。

通过对施工成本目标按时间进行分解，在网络计划基础上，可获得项目进度计划的横道图，并在此基础上编制成本计划。其表示方式有两种：一种是在时间网络图上按月编制的成本计划；另一种是利用时间-成本累积曲线表示。

(3) 成本控制

成本控制是指在施工活动中对影响成本的因素进行控制与管理。施工成本控制又可分为事前、事中（过程）、事后控制。

(4) 成本核算

成本核算就是把生产费用正确地归集到承担的客体，也就是说把费用归集到核算的对象账上，以反映实际发生的施工费用额度。成本核算的结果则反映了成本控制的效果。

(5) 成本分析

成本分析即根据成本核算、业务核算、会计核算等所提供的资料，对工程施工成本形成过程和影响成本升降的因素进行分析，以寻求进一步降低成本的途径，也说明成本控制活动的各环节的成效情况。

(6) 成本考核

成本考核的目的在于贯彻落实责权利相结合原则，根据成本控制活动的业绩给予责任者奖励或处罚，促进企业成本管理、成本控制健康发展。

2. 施工过程的成本控制

(1) 施工成本的过程控制内容及方法

施工阶段是项目成本发生的主要阶段，也是成本控制的重点阶段，控制的对象及方法包括：

1) 通过劳务合同进行人工费的控制。
2) 通过定额管理和计量管理进行材料用量的控制。
3) 通过掌握市场信息，采用招标、询价等方式控制材料、设备的采购价格。
4) 通过合理编制施工方案，布置安排施工机械，加强调度提高机械的利用率，加强维修保养提高机械的完好率，做好机械操作者与使用者的协调配合，以增加机械的台班产量。
5) 通过订立平等互利的分包合同，建立稳定的分包网络，加强分包工程的验收和结算，控制分包费用。

(2) 赢得值（挣值）分析法

到目前为止国际上先进的工程公司已普遍采用赢得值法进行工程项目的费用、进度综合分析控制。

1) 赢得值法的三个基本参数

① 已完工作预算费用 BCWP（Budgeted Cost for Work Performed）

已完工作预算费用 BCWP（Budgeted Cost for Work Performed）是指在某一时间已经完成的工作（或部分工作），以批准认可的预算为标准所需要的资金总额，由于发包人正是根据这个值为承包人完成的工作量支付相应的费用，也就是承包人获得（挣得）的金额，故称为赢得值或挣值。

已完工作预算费用（BCWP）＝已完成工作量×预算单价

② 计划工作预算费用 BCWS（Budgeted Cost for Work Scheduled）

计划工作预算费用，简称 BCWS，即根据进度计划，在某一时刻应该完成的工作，以预算为标准所需要的资金总额，一般来说，除非合同有变更，BCWS 在工程实施过程中应保持不变。

计划工作预算费用（BCWS）＝计划工作量×预算单价

③ 已完工作实际费用 ACWP（Actual Cost for Work Performed）

已完成工作实际费用，简称 ACWP，即到某一时刻为止，已完成的工作所实际花费的总金额。

已完工作实际费用（ACWP）＝已完成工作量×实际单价

2) 赢得值法的四个评价指标

① 费用偏差 CV（Cost Variance）

费用偏差＝已完工作预算费用－已完工作实际费用

当费用偏差为负值时，即表示项目运行超出预算费用；反之，则表示实际费用没有超出预算费用。

② 进度偏差 SV（Schedule Variance）

进度偏差＝已完工作预算费用－计划工作预算费用

当进度偏差为负值时，表示进度延误，即实际进度落后于计划进度；

当进度偏差为正值时，表示进度提前，即实际进度快于计划进度。

③ 费用绩效指数 CPI

费用绩效指数＝已完工作预算费用/已完工作实际费用

当费用绩效指数＜1 时，表示超支，即实际费用高于预算费用；

当费用绩效指数＞1 时，表示节支，即实际费用低于预算费用。

④ 进度绩效指数 SPI

进度绩效指数＝已完工作预算费用/计划工作预算费

当进度绩效指数＜1 时，表示进度延误，即实际进度比计划进度落后；

当进度绩效指数＞1 时，表示进度延误，即实际进度比计划进度快。

费用（进度）偏差反映的是绝对偏差，结果很直观，有助于费用管理人员了解项目费用出现偏差的绝对数额，并以此采取一定措施，制定或调整费用支出计划和资金筹措计划。但是，绝对偏差有其不容忽视的局限性。如同样是 20 万元的费用偏差，对于总费用

1000万元的项目和总费用1亿元的项目而言,其严重性显然是不同的。因此,费用(进度)偏差仅适用于对同一项目做偏差分析。费用(进度)绩效指数反映的是相对偏差,它不受项目层次的限制,也不受项目实施时间的限制,因而在同一项目和不同项目比较中均可应用。

3. 施工过程中成本控制的步骤

施工成本控制的五个步骤

(1) 比较

按照某种确定的方式将施工成本的计划值和实际值逐项进行比较,以发现施工成本是否已超支。

(2) 分析

在比较的基础上,对比较的结果进行分析,以确定偏差的严重性及偏差产生的原因。这一步是施工成本控制工作的核心,其主要目的在于找出产生偏差的原因,从而采用有针对性的措施,避免或减少相同原因的再次发生或减少由此造成的损失。

(3) 预测

根据项目实施情况估算整个项目完成时的施工成本。预测的目的在于为决策提供支持。

(4) 纠偏

当工程项目的实际施工成本出现偏差,应当根据工程的具体情况、偏差分析和预测的结果,采用适当的措施,以期达到使施工成本偏差尽可能小的目的。纠偏是施工成本控制中最具实质性的一步。只有通过纠偏,才能最终达到有效控制施工成本的目的。

(5) 检查

对工程的进展进行跟踪和检查,及时了解工程进展状况以及纠偏措施的执行情况和效果,为今后的工作积累经验。

七、常用施工机械机具

本章主要介绍垂直运输常用机械和建筑安装工程常用施工机械、机具,供学习者参考应用。

(一)垂直运输常用机械

本节对施工用电梯和自行式起重机的结构、性能和使用要点作出介绍。

1. 施工升降机(施工电梯)

(1)施工升降机的构造和性能

施工升降机是用吊笼载人、载物沿导轨上下运输的施工机械,按其传动形式可分为三类,即齿轮齿条式、钢丝绳式和混合式三种,现以常见的齿轮齿条式驱动的施工升降机为例进行介绍。

该施工升降机均通过平面包络环面蜗杆减速器带动小齿轮转动,再由传动小齿轮和导轨架上的齿条啮合,通过小齿轮的转动带动吊笼升降,外形如图 7-1 所示。

1)型号举例

齿轮齿条式施工升降机,双吊笼有对重,一个吊笼的额定载重量为 2000kg,另一个吊笼的额定载重量为 2500kg,导轨架横截面矩形,则施工升降机的型号表示为 SCD200/250。

2)组成

施工升降机一般由金属结构、传动机构、安全装置和控制系统四部分组成。

图 7-1 齿轮齿条式施工升降机

① 金属结构,主要有导轨架、防护围栏、吊笼、附墙架和楼层门等。其中:

A. 导轨架的作用,支承和引导吊笼、对重等装置运行,使运行方向保持垂直。

B. 吊笼的作用,是用以运载人员或货物,并有驾驶室,内设操控系统。

C. 防护围栏的作用,是为防止吊笼离开底层基础平台后,有人和物进入基础平台,所以防护围栏设在地面一层处。

D. 附墙架的作用,是按一定间距连接导轨架与建筑物或其他固定结构,用以支撑导轨架,使导轨架直立、可靠、稳固。

② 传动机构,由导轨架的齿条和吊笼内的电动机、减速器和传动齿轮组成。为了保证传动方式安全有效,首先应使传动齿轮与齿条的啮合良好可靠,因而在齿条的背面设置二套背轮,通过调节背轮,使传动齿轮和齿条的啮合间隙符合要求,如图 7-2 所示。背轮随吊笼一起升降,要调整啮合间隙,只需将背轮的偏心轴转一角度即可。

③ 安全装置

A. 防坠安全器

非人为控制的，当吊笼或对重一旦出现失速、坠落情况时，能在设置的距离、速度内使吊笼安全停止。根据其特点，分为渐进式和瞬时式两种形式。渐进式制动距离较长、制动平稳、冲击小，瞬时式则制动距离短、制动不平稳、冲击力大。

B. 电气安全开关

主要有行程安全控制开关，包括上下行程限位开关、减速开关和极限开关。还有安全装置联锁开关和门安全控制开关。

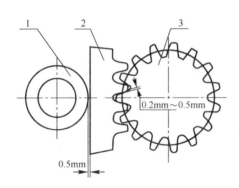

图 7-2 齿轮、齿条和背轮装配示意图
1—背轮；2—齿条；3—齿轮

C. 安全装置还有机械门锁、吊笼门的机械联锁装置、缓冲装置、安全钩、齿条挡块、电气错相断相保护器和超载保护装置等。

④ 控制系统，主要指电气控制系统，由三部分电路组成。

A. 主电路主要由电动机、断路器、热继电器、电磁制动器和相序断相保护器等组成。

B. 主控制电路主要由分断路器、按钮、交流接触器、控制变压器、安全开关、急停按钮和照明灯具等组成。

C. 辅助电路一般由加节、坠落试验和吊杆等控制电路组成。

典型的控制电路如图 7-3 和表 7-1 所示。

施工升降机电器符号、名称表　　　　　表 7-1

序号	符号	名称	备注
1	QF1	空气开关	
2	QS1	三相极限开关	
3	LD	电铃	≈220V
4	JXD	相序和断相保护器	
5	QF2	断路器	
6	QF3　QF4	断路器	
7	FR1　FR2	热继电器	
8	M1　M2	电动机	YZEJ132M-4
9	ZD1　ZD2	电磁制动器	
10	QS2	按钮	灯开关
11	V1	整流桥	
12	R1	压敏电阻	
13	SA1	急停按钮	
14	SA3	按钮	上升按钮
15	SA4	按钮	下降按钮
16	SA5	按钮盒	坠落试验
17	SA6	电铃按钮	
18	H1	信号灯	≈220V
19	SQ1	安全开关	吊笼门

续表

序号	符号	名称	备注
20	SQ2	安全开关	吊笼门
21	SQ3	安全开关	天窗门
22	SQ4	安全开关	防护围栏门
23	SQ5	安全开关	上限位
24	SQ6	安全开关	下限位
25	SQ7	安全开关	安全器
26	EL	防潮顶灯	≈220V
27	K1、K2、K3、K4	交流接触器	≈220V
28	T1	控制变压器	380V/220V
29	T2	控制变压器	380V/220V

图 7-3　双驱施工升降机电气原理图
(a) 主电路；(b) 主控制电路

a. 加节控制电路由插座、按钮和操纵盒等电器元件组成；

b. 坠落试验控制电路由插座、按钮和操纵盒等电器元件组成；

c. 吊杆控制电路主要由插座、熔断器、按钮、吊杆操纵盒和盘式电动机等电器元件组成。

(2) 施工升降机使用注意事项

1) 施工升降机组立就位后、使用前应经调试，尤其是各种安全装置经试验证实良好有效，办理安装验收手续后，才能投入使用。

2) 施工升降机的司机应经培训合格持证上岗。

3) 项目部要对施工升降机的使用建立相关的管理制度，包括司机的岗位责任制、交接班制度、维护保养检查制度等。

4) 建立完善的符合要求的安全使用操作规程。

5) 每班作业完毕后，施工升降机停驶，应将吊笼停靠至地面层站，做好清洁保养后切断电源，锁好吊笼门和防护围栏门。

6) 如施工升降机顶部装有空中（航空）障碍灯时，夜间应打开障碍灯。

2. 常用自行式起重机的种类和性能

近年来，施工企业的机械化装备水平迅速提高，自行式起重机得以广泛应用，从而大大加快了工程进度。在设备安装工程中常用的自行式起重机有汽车式起重机、履带式起重机、轮胎式起重机三种。

(1) 汽车式起重机（见图7-4）

图7-4 8t汽车式起重机（单位：mm）

1) 汽车式起重机的起重机构和回转台是安装在载重汽车底盘上的。起重机的动力装置及操纵室和汽车的动力装置及驾驶室是独立的、分开的。为了增加起重机的稳定性，底盘两侧增设四个支腿，以扩大支承点。液压式汽车起重机全部采用液压传动来完成起吊、回转、变幅、吊臂伸缩及支腿收放等动作，故操作灵活，起吊平稳。

2）汽车式起重机具有机动性能好、运行速度快、转移方便等优点，在完成较分散的起重作业时工作效率突出。常用于跟随运输车辆装卸设备及构件。它的缺点是要求有较好路面、稳定性能差、起重能力有限。

常用的汽车起重机技术规格见表7-2。

汽车式起重机的技术规格　　　　表7-2

型号	Q51	Q82	Q2-5H	Q2-6.5	Q2-7	Q2-8	Q2-12	Q2-16	Q2-16	Q2-32
最大起重量/t	5	8	5	6.5	7	8	12	16	16	32
起重臂长/m	—	12	—	10.98	10.98	11.7	13.2	20	21	30
起升高度/m	6.5	11.4	6.5	11.3	11.3	12	12.8	20	20.3	29.5
车身长度/m	8740	10500	7748	8740	8700	8600	10350	8700	11640	1290
车身宽度/m	2420	2520	2299	2300	2300	2450	2400	2300	2560	2600
车身高度/m	3400	3500	2400	3070	3280	3200	3300	3280	3250	3500
总质量（质量）/t	7.5	14	9	8.45	10.5	15	17.3	—	21.5	32

注：车身长度中包括吊臂长。

3）汽车式起重机使用注意事项：

① 严格按起重机的性能范围使用。

② 作业前须检查起重机工作场地是否平整、坚实，当支腿下方不平时应用枕木等垫平。

③ 每次作业前要进行试吊，把重物吊离地面200mm左右，试验制动器是否可靠，支腿是否牢靠，确认安全后方可起吊。作业时，应垂直起吊，不准斜吊、横吊。

④ 起重机负重工作时，吊臂的左右旋转角度都不能超过45°，回转速度要缓慢。

⑤ 不准使用起重机吊拔埋在地下的钢桩或不明物，以免超负荷。

⑥ 雨雪天作业，起重机制动器容易失灵，故吊钩起落要缓慢，如遇六级以上大风应停止吊装作业。

（2）轮胎式起重机（见图7-5）

图7-5　越野型轮胎起重机

轮胎式起重机是装在特制的轮胎底盘上的起重机，车身行驶也依靠同一动力装置来驱动，它的底盘紧固牢靠，采用大尺寸的14层尼龙轮胎，车轮的间距较大，这是与汽车式起重机的不同之处。它的行驶速度较慢，一般在35km/h以下，它没有外伸支腿，所以起重量较大，稳定性较好，可以用来吊装 50～500t 的设备，但也要求有较好路面。轮胎式起重机采用液压传动来完成起吊、回转、变幅、吊臂伸缩及支腿收放等主要功能，操作灵活、起动平稳（表 7-3）。

常用的轮胎式起重机的技术规格　　　　　　表 7-3

型号		QLD-3/5	QL2-8	HG-10	Q-161	QL3-16	QL3-253	QL3-40
最大起重量/t		6	8	10	15	16	25/3.5	40/4
起重臂长/m		13	7	16	15	20	32	42
最大起升高度/m		12	—	15.7	13.5	18.4	—	37.4
起重幅度范围/m		4～10	—	2.3～14.8	3.4～15.5	3.4～20	4～21	4.5～25
外形尺寸（行驶状态）/mm	长 带吊臂	16500	8552	—	14650	14650	17600	21600
	无吊臂	—	5285	5025	—	5380	6820	9600
	宽	3500	2500	3000	3200	3176	3200	3500
	高	4000	2865	3875	3500	3480	3430	3900
（重量）质量/t		16	12	20	23	22	29	53.7

（3）履带式起重机（见图 7-6）

1）履带式起重机由回转台和履带行走机构两部分组成。在回转台上装有起重臂、动力装置、绞车和操作室，其尾部装有平衡重。回转台能绕中心枢轴作 360°旋转。履带架既是行车机构，也是起重机的支座。

2）履带式起重机的动力装置一般采用内燃机驱动，操作灵活，使用方便，在一般平整和坚实的道路上均可行驶和吊装作业，对地面承压要求较低。履带式起重机的起重量是自行式起重机之冠，可达 1000t，是目前设备安装施工中特别是大型设备安装中常用的起重机械，只是它的稳定性差，行驶速度

图 7-6　履带式起重机
1—吊钩；2—起升钢丝绳；3—变幅钢丝绳；
4—起重臂；5—主机房；6—履带行走装置

慢，自重大，对路面有破坏作用，在作远距离转移时，要靠大型平板车拖运。

3）履带式起重机使用的注意事项

① 严格按起重机特性曲线使用。

② 作业前应对起重机进行一次试运转，确认各机件运转无异常，制动灵敏可靠，才能正式开始起重工作。

③ 满负荷起吊时，应先将重物吊离地面 200mm 左右，对设备做一次全面检查，确认

安全可靠后，方可起吊。

④ 起吊过程中要密切注意重物的起落，切勿让吊钩提升到吊臂顶点，同时要避免将吊臂回转到与履带吊纵向轴线成垂直角度的位置，此时极易使设备失稳翻车。

⑤ 在满负荷起吊时，起重机不得行走。如在起吊中需作短距离行走时，其吊物荷载不得超过起重机允许最大负荷的70%，且所吊重物要在行车的正前方，并应系好溜绳，重物离地面不超过200mm，缓慢地行驶。

(4) 常用自行式起重机的选用原则

1) 自行式起重机起重量特性曲线

自行式起重机是一种间歇动作的机械，工作是周期性的，选择起重机主要是被吊设备的几何尺寸、安装部位（包括基础的形式和高度）来确定起升高度（H）和幅度（R），从而确定吊臂的长度（L）和仰角（α），再根据设备重量（Q）选择起重机的起重力，这些均需符合起重机特性曲线。

自行式起重机特性曲线表，一是反映起重重量随着臂长和幅度的变化而变化的规律；二是反映起重机的起升高度随着臂长、幅度变化而变化的规律曲线，为使用方便，把特性曲线给予量化形成表格形式。如图7-7称之为特性曲线表。起重机特性曲线表规定了起重机在各种状态下允许吊装的载荷，可以看到起重机在各种状态下能够达到的最大起升高度，它是选择和使用起重机的依据，每台起重机都有自己的特性曲线。

图7-7所示为Q_2—8型汽车式起重机特性曲线表。特性曲线表包括起重量特性曲线（Q—R变化曲线）和起升高度曲线（R—H变化曲线）。该特性曲线图上有三条曲线，曲

图 7-7 Q_2—8 型起重机起重量特性曲线

1—起升高度曲线（臂长6.95m）；2—起重量特性曲线；3—起升高度曲线（臂长11.7m）

线 1 为臂长 6.95m 时吊钩起升高度曲线；曲线 2 为起重量特性曲线；曲线 3 为臂长 11.7m 时吊钩起升高度曲线。也就是说曲线 1 和曲线 3 是吊钩处于最低和最高两个极限位置的轨迹，曲线 2 则表示了 Q—8 型吊车的起重量 Q 与幅度 R。起升高度 H 之间的关系，可以通过查图方法，知道该吊车的起重性能和特点。从图中可以看出起重机随着幅度的增大，起重量将降低。

2）自行式起重机选用原则

选择自行式起重机必须按照特性曲线，具体步骤如下：

① 首先根据作业现场的实际情况确定被吊设备或构件的位置和起重机要站的位置，这样幅度 R 即被确定；

② 再根据被吊设备或构件的体积大小、外形尺寸、吊装高度等即可确定吊装的臂长 L；

③ 根据已确定的幅度 R、臂长 L，可在特性曲线表上确定起重机能够吊装的荷重 Q；

④ 倘若得知起重机能够吊装的载荷大于被吊的设备或构件的重量，则说明起重机选择合格，否则应重选。

（二）建筑设备安装工程常用施工机械、机具

本节对建筑设备安装工程中水、电、风各专业常用的施工机械、机具作出介绍，以方便选用。

1. 手拉葫芦、千斤顶、卷扬机的性能

（1）手拉葫芦种类及使用注意事项

手拉葫芦又称链式起重机，是一种自重轻、携带方便、使用简便，应用广泛的手动起重机械，使用时只要 1~2 人即可操作。适用于小型设备和构件的吊装和短距离运输，还可以用来控制起重溜绳和缆风绳的张紧等辅助工作，尤其适用于流动性大和无电源的地带。手拉葫芦的起重能力一般不超过 10t，起重高度一般不超过 6m。

1）手拉葫芦种类

手拉葫芦按结构不同，可分为蜗杆传动的和圆柱齿轮传动的两种。手拉葫芦由链轮、手拉链、起重链、传动机构及上下吊钩等几部分组成，图 7-8 为目前常用的 HS 手拉葫芦，其规格见表 7-4。

2）手拉葫芦使用注意事项

① 使用前应检查传动、制动部分动作是否灵活可靠，传动部分要保持良好润滑，链条完好无损，无卡涩现象，销子牢固可靠。

② 葫芦吊挂必须牢靠，按额定起重能力使用，严禁超载。发现吊钩磨损量超过 10% 时，必须更换。

图 7-8 手拉葫芦
（手动链式起重机）

1—手拉链；2—链轮；3—棘轮圈；
4—链轮轴；5—圆盘；6—摩擦片；
7—吊钩；8—齿圈；9—齿轮；
10—齿轮轴；11—起重链轮；12—齿轮；
13—驱动机构；14—起重链子

HS 手拉葫芦技术性能及规格　　　　　　　　　　　　　　　　表 7-4

型号	HS$\frac{1}{2}$	HS1	HS1$\frac{1}{2}$	HS2	HS2$\frac{1}{2}$	HS3	HS5	HS7$\frac{1}{2}$	HS10	HS15	HS20
起重量/t	0.5	1	1.5	2	2.5	3	5	7.5	10	15	20
标准起升高度/m	2.5	2.5	2.5	2.5	2.5	3	3	3	3	3	3
满载链拉力/N	195	310	350	320	390	350	390	395	400	415	400
净重/N	70	100	150	140	250	240	360	480	680	1050	1500

③ 使用时要避免手链跳槽和起重链打扭，在倾斜和水平使用时，拉链方向和链轮方向一致，防止卡链和掉链。

④ 当吊装的物件需停留一段时间时，必须将手链拴在起重链上，以防止时间过久自锁失灵，此时操作人员不得离开。

⑤ 操作时，待链条张紧后，应检查各部分有无异常，挂钩是否牢靠，若出现拉不动时，要查明原因，不得用增加人数强拉硬拽。

⑥ 使用三个月以上的手拉葫芦，应进行一次拆卸清洗，检查和注油。

（2）千斤顶的种类及使用注意事项

千斤顶又叫举重器、顶重机，是一种可用较小的力量把重物顶升、降低或移动的简单、方便的起重工具。在起重吊装作业和设备安装中应用广泛，特别适用于已就位设备的安装找正、调整标高和方位等作业，也常用于管道工程中的顶管作业、制作弧形管道等，还可用于型钢的调直。

1）千斤顶的种类

按照千斤顶的结构不同，可分为螺旋千斤顶、液压千斤顶、齿条千斤顶三种，前两种应用广泛。

① 螺旋千斤顶

A. 结构

螺旋千斤顶由壳体、底座、螺杆、伞齿轮、铜螺母、升降套筒、推力轴承、棘轮组等主要零件组成，如图 7-9 所示。

B. 工作原理

往复扳动手柄时，小伞齿轮带动大伞齿轮，使螺

图 7-9　Q 型螺旋千斤顶
1—摇把；2—导向键；3—棘轮组；
4—小圆锥齿轮；5—升降套筒；
6—丝杆；7—铜螺母；8—大圆锥齿轮；
9—单向推力球轴承；10—壳体；
11—底座

杆旋转，带动铜螺母旋转，通过铜螺母带动套筒升降，达到提升或下降重物的目的。它是利用螺纹的升角小于螺杆与螺母间的摩擦角而具有自锁作用，故在重力作用下不会自行下落。主要零件均经过热处理，强度高、耐磨性好，采用特制推力轴承，转动灵活，操作简便，经久耐用。国产螺旋千斤顶最大起重量 50t，最大举升高度 400mm，技术规格见表 7-5。

移动式螺旋式千斤顶技术规格　　表7-5

起重量/kN	顶起高度/mm	螺杆落下最小高度/mm	水平移动距离/mm	自重/kN
80	250	510	175	400
100	280	540	300	800
125	300	660	300	850
150	345	660	300	1000
200	360	680	360	1450
250	360	690	370	1650
300	360	730	370	2250

C. 螺旋千斤顶起重力计算

$$Q = P \frac{2\pi L}{t} \eta \tag{7-1}$$

式中：Q——起重能力（kN）；

P——加子手柄上的力（kN）；

L——手柄长度（mm）；

t——螺纹节距（mm）；

η——效率，一般取 $\eta=0.3\sim0.4$。

② 液压千斤顶

液压千斤顶，如图 7-10 所示。

A. 结构

液压千斤顶由油缸、起重活塞、液压泵、回油阀、摇柄等几部分组成。

B. 工作原理

利用液压原理，以手掀液压泵将油压入起重活塞底部使其升起，从而达到升重之目的。

C. 特点

体积小、自重轻、油压升程高、起重速度快、工作平稳，具有自锁作用，并在活塞上端加了额定起重高度的限位装置，起重安全，使用寿命长，结构紧凑，携带方便，维护简单。

D. 起重能力与举升高度

目前国产油压千斤顶最大起重能力可达 500t，最大举升高度 200mm。国产液压千斤顶技术性能见表7-6。

图 7-10　液压千斤顶
1—工作液压缸；2—液压泵；3—液体
4—活塞；5—摇把；6—回液阀

国产 YQ_1 型液压千斤顶技术性能　　表7-6

型号	起重量/kN	起升高度/mm	最低高度/mm	公称压力/kPa	手柄长度/mm	手柄作用力/N	自重/N
$YQ_1$1.5	15	90	164	33	450	270	25
$YQ_1$3	30	130	200	42.5	550	290	35
$YQ_1$5	50	160	235	52	620	320	51

续表

型号	起重量/kN	起升高度/mm	最低高度/mm	公称压力/kPa	手柄长度/mm	手柄作用力/N	自重/N
YQ$_1$10	100	160	245	60.2	700	320	86
YQ$_1$20	200	180	285	70.7	1000	280	180
YQ$_1$32	320	180	290	72.4	1000	310	260
YQ$_1$50	500	180	305	78.6	1000	310	400
YQ$_1$100	1000	180	350	75.4	1000	310×2	970
YQ$_1$200	2000	200	400	70.6	1000	400×2	2430
YQ$_1$320	3200	200	450	70.7	1000	400×2	4160

E. 起重能力计算公式

计算公式为

$$Q = P\frac{L}{e}\frac{D^2}{d^2}\eta \qquad (7\text{-}2)$$

式中：Q——起重能力（kN）；

P——作用于摇把末端的力（kN）；

L——摇把长度（mm）；

D——起重活塞直径（mm）；

d——液压泵活塞直径（mm）；

η——液压千斤顶的效率，一般取 0.7～0.75。

③ 齿条千斤顶（见图 7-11）

A. 结构

齿条千斤顶由齿条、齿轮和棘轮、棘爪、手柄等组成。

B. 工作原理

转动千斤顶的手柄，带动齿轮传动齿条，利用齿条移动提升重物，停止操作，靠棘轮和棘爪自锁。设备下降时，放松齿条即可，但不可使棘爪脱开棘轮而突然下降，要控制手柄缓慢逆向转动，以防因设备重力驱动手柄而飞速回转造成事故。

2）使用千斤顶的注意事项

① 无论哪种千斤顶都不准超负荷使用，以免发生人身或设备事故。每次顶升高度不得超过套筒或活塞上的标志线，无标志线的千斤顶，其顶升高度不得超过螺杆螺纹或活塞总高的 3/4，以避免将套筒或活塞顶脱，酿成事故。

图 7-11 齿条式千斤顶
1—齿条；2—连接螺钉；3—棘爪；4—棘轮

② 千斤顶使用前，应检查升降螺杆、活塞和其他动作部件是否灵活可靠，有否损坏，液压千斤顶的阀门、皮碗是否完好，油液是否干净。

③ 使用时，千斤顶应放在平整坚实的地面上，如地面松软应加铺垫板或枕木等以扩

大承压面积。要正确选择千斤顶的着力点，防止打滑，顶升时，要随物件的上升，在其下面及时放入保险垫，脱空距离应控制在50mm以内，防止千斤顶倾斜或突然回油造成事故。

④ 多台千斤顶同时使用时，动作要保持一致，做到同步顶升和下落。

⑤ 螺旋千斤顶和齿条千斤顶，要对工作部位涂以防锈油，以减少磨损和防止锈蚀；液压千斤顶在降落时，应微开回油阀使活塞缓慢下降，防止开启过大时，造成突然下降，会酿成事故和损坏零件。

(3) 卷扬机的种类、构造及使用注意事项

电动卷扬机具有牵引力大、结构紧凑、体积小、操作简便等优点，是起重吊装搬运作业中经常使用的牵引设备。

1) 电动卷扬机的种类、构造与技术规格

① 电动卷扬机的种类很多，按卷筒形式分有单筒、双筒两种；按传动形式分有可逆减速箱式和摩擦离合器式；按起重量分有 0.5t、1t、2t、3t、5t、10t、20t、32t 等。

② 卷扬机的构造

电动卷扬机构造主要由电动机、减速箱、卷筒、电磁式制动器、可逆控制器和底座等部件组成，如图7-12所示。

图 7-12 可逆式电动卷扬机
1—卷筒；2—电动机；3—电磁式闸瓦制动器；4—减速箱；
5—控制开关；6—电阻箱

电动卷扬机牵引力大小与电动机功率、钢丝绳有关，其计算公式为：

$$S = 1020 \frac{N}{V} \eta \tag{7-3}$$

式中：S——牵引力（N）；

N——电动机功率（kW）；

1kW=1020N·m/s；

V——钢丝绳牵引速度（m/s）；

η——总机械效率，一般取 0.65～0.70。

③ 电动卷扬机技术规格见表7-7

常用电动卷扬机技术规格　　　　　　　　　　　　表 7-7

类型	起重能力/t	卷筒直径×长度/mm	平均绳速/m/min	缠绳量/m/绳径	电动机功率/kW
单卷筒	1	φ200×350	36	200/φ12.5	7
单卷筒	3	φ340×500	7	110/φ12.5	7.5
单卷筒	5	φ400×840	8.7	190/φ24	11
双卷筒	3	φ325×500	27.5	300/φ16	28
双卷筒	5	φ220×600	32	500/φ22	40
单卷筒	7	φ800×1050	6	1000/φ31	20
单卷筒	10	φ750×1312	6.5	1000/φ31	22
单卷筒	20	φ850×1324	10	600/φ42	55

2）电动卷扬机的使用注意事项

电动卷扬机的设置

① 电动卷扬机设置的好与坏，直接影响到设备的安全使用、吊装搬运的可靠性。安装时，其位置要选在视野开阔，便于操作和指挥者易于观察到的部位。

② 配合桅杆使用时，电动卷扬机的位置距离桅杆不能小于桅杆高度。

③ 电动卷扬机的固定方法非常重要，应达到作业时防止卷扬机倾覆与滑动的目的。固定法一般有以下三种。

A. 平衡重法

是将电动卷扬机固定在方木上，前面设置木桩以防滑动，后面加压重量 Q，如图 7-13 所示。

B. 固定基础法

将电动卷扬机放在混凝土基础上，用地脚螺栓将其底座固定，如图 7-14 所示，这种方法适用于长期使用的情况。

图 7-13　平衡重法

图 7-14　固定基础

C. 地锚法

地锚又叫地龙，在起重作业中应用比较普遍，通常有卧式立式之分。如图 7-15 和图 7-16 所示。

图 7-15　卧式地锚

图 7-16　立式地锚

电动卷扬使用注意事项

① 电动卷扬机是重要的起重机械，使用前要做安全性检查，用手盘动传动系统，检查各部件转动是否灵活，有无异常，特别是制动装置是否可靠。

② 电动卷扬机应设置防雨篷，以防电气装置受潮。

③ 电动卷扬机的操作人员应持有上岗证，并做到专机专人操作。

④ 卷扬机使用前应要先空转作空载正、反转试验5次。

⑤ 电动卷扬机所用钢丝绳直径应与套筒直径相匹配，一般卷筒直径应为钢丝绳直径的16~25倍，还要做到钢丝绳捻向与卷筒卷绕方向一致。操作时，卷筒上的钢丝绳全部放出时应留有不少于3圈。

⑥ 钢丝绳应保持水平状态从卷筒下面进入并尽量与卷筒轴线方向垂直，以防钢丝绳在卷筒上缠绕时排列错叠和挤压，必要时可在卷扬机正前方设置导向滑轮，导向滑轮与卷筒保持适当距离，使钢丝绳在卷筒上缠绕时最大偏离角不超过2°。

⑦ 用多台电动卷扬机吊装设备时，其牵引速度和起重能力应相同，并做到统一指挥、统一行动、同步操作。必要时，应设专人监护卷扬机的运行情况。

⑧ 电动卷扬机在使用中如发现卷筒壁减薄10%、卷筒裂纹和变形、筒轴磨损、制动器制动力不足时，必须进行修理和更换。

⑨ 作业中停电或休息时，应切断电源、将提升物体或吊笼降至地面。将控制器拨到零位、用保险闸自动刹紧并使跑绳放松。

⑩ 定期做好保养维修工作。

2. 麻绳、尼龙绳、涤纶绳及钢丝绳的性能和选用

（1）起重用麻绳的性能和选用

1）麻绳的性能

麻绳是起重作业中常用的索具之一，它具有轻便、容易携带、捆绑方便等优点。因强度关系，只能用来捆绑吊运500kg以内的物体或用作平衡绳、溜绳和受力不大的缆风绳。

2）麻绳的种类

① 麻绳是用麻类植物的纤维捻制的，先捻成线股，再由线股捻制成绳索，一般有三股、四股和九股三种，麻绳按原料的不同，常用的分为白棕绳、混合麻绳和线麻绳三种，其中以白棕绳的质量为优，使用较为普遍。

② 白棕绳有浸油和不浸油之分，浸油后不易腐烂，但质地较硬，不易弯曲，强度比不浸油者低10%~20%，不浸油的白棕绳受潮后易腐烂，使用寿命短。

③ 麻绳的拉力计算

为保证使用时的安全，使用麻绳时，必须作一定的强度储备，其允许拉力按下式计算：

$$S = \frac{P}{K} \tag{7-4}$$

式中：S——麻绳许用拉力（kN）；

K——麻绳安全系数见表7-8；

P——麻绳的破断拉力（kN）见表7-9。

七、常用施工机械机具

麻绳的安全系数　　　　　　　　　　　　　　　　　　　　　表 7-8

工作性质	混合麻绳	白棕绳
地面水平运输设备、作溜绳	5	3
高空系挂设备或吊装设备	8	>5
慢速机械操作吊人绳	不准用	10

麻绳技术性能　　　　　　　　　　　　　　　　　　　　　　表 7-9

直径/mm	圆周/mm	每卷质量/kg 200m	破断拉力/kN
6	19	6.5	2.0
8	25	10.5	3.2
11	32	17	5.7
13	38	23.5	8.0
14	44	32	9.5
16	51	41	11.5
19	57	52.5	13
20	63	60	15
22	70	70	18.5
25	76	90	24
29	83	120	26
33	101	165	29
38	114	200	35

3）麻绳的选用

① 如果与滑轮配合使用，滑轮直径应大于绳径 7~10 倍；

② 截断后的棕绳，断口处应用铁丝或线绳扎牢，防止绳头松散；

③ 麻绳使用时，易局部触伤和机械磨损，故在使用前应仔细检查，发现问题应降级使用或停止使用；

④ 麻绳在打结使用时，其强度会降低 50% 以上，故其连接应采用编结法；

⑤ 麻绳禁止用于摩擦大、速度快的吊装场合，禁止用于机动牵引上；

⑥ 麻绳容易受潮，使用完毕应晾干，卷成圆盘平放在通风干燥木板上。

（2）尼龙绳和涤纶绳的性能和选用

1）尼龙绳和涤纶绳的物理性能

为便于起吊设备，有时可用棉帆布或尼龙帆布做成带状吊具见图 7-17，一般带状吊

图 7-17　带状吊具

具有单层的和多至八层的尼龙帆布的，表 7-10 为我国生产的尼龙绳及增强尼龙绳的物理机械性能。

尼龙绳及增强尼龙绳的物理机械性能　　　　表 7-10

性能	尼龙 6	尼龙 66	尼龙 610	尼龙 1010	尼龙 1010 5%石墨	尼龙 1010 30%玻纤
重度/g/cm³	1.13	1.15	1.09～1.13	1.05	>2	1.32
吸水率/%	10.9	10.0	1～3	2	>2	0.05
延伸率/%	200	10～100	100～150	200	<200	—
开始可塑温度/℃	160	220	—	150～170	170	190
软化温度/℃	170	235	—	180	185	200
熔点/℃	215	256	215～225	200	200	200
脆化温度/℃	−30～−20	−30～−25	—	−60	−60	−60
马丁氏耐热性/℃	40～50	50～60	60	45	52	90
比热/cal/g·℃	0.4～0.5	0.4～0.5	0.5	—	—	—
膨胀系数/1/℃	11～14×10⁻⁵	11～15×10⁻⁵	5～7×10⁻⁵	—	—	—
导热系数/kcal/m·h·℃	0.18～0.29	0.22～0.29	0.21～0.25	—	—	—
抗拉强度/kg/cm²	700	750	600	550	550	690
抗弯强度/kg/cm²	700～1000	1000～1100	700～1000	370	870	1100
冲击值/kg·cm/cm²	—	—	40～50	100	45～51	41.7
抗压强度/kg/cm²	600～900	460	700～900	790	—	1100
磨耗/cm²/10000rad/min	0.24	—	0.014	0.0035	0.0055	—

2）尼龙绳和涤纶绳的选用

尼龙绳和涤纶绳的优点是体轻、质地柔软、耐油、耐酸、耐腐蚀，并具有弹性，可减少冲击，不怕虫蛀，不会引起细菌繁殖，它们的抗水性能达到 96%～99%。在起运和吊装表面光洁零件、软金属制品，磨光的轴销或其他表面不允许磨损的设备时，必须使用尼龙绳、涤纶绳等非金属绳索。

(3) 起重用钢丝绳的种类和选用

钢丝绳是起重作业中必备的重要部件，可用作起重、牵引、捆扎、张拉和缆风绳等。钢丝绳是由多根钢丝拧成的股绳与一根绳芯捻制而成。钢丝绳具有强度高、有挠性（可卷绕成盘）、在高速下运转平稳、噪声小、破断前有断丝预兆。

国产钢丝绳已标准化，一般用途钢丝绳直径范围为 0.6～60mm，所用钢丝直径为 0.15～4.4mm，钢丝绳强度级别分为 1470MPa、1570MPa、1670MPa、1770MPa、1870MPa 五个级别。

1）钢丝绳的分类和标记

① 钢丝绳的分类

钢丝绳的种类很多,起重作业中都用圆股钢丝绳,本教材按照《一般用途钢丝绳》GB/T 20118—2017 进行分类。通常使用的普通钢丝绳一般由六股等径钢丝和一根含油绳芯捻制而成,这是起重吊装中用得最多的钢丝绳,其中每股有 19 根钢丝、37 根钢丝和 61 根钢丝之分。

A. 钢丝绳按其股数和股外层钢丝的数目分类,见表 7-11。

钢丝绳分类　　　　　　表 7-11

级别	类别	分类原则	典型结构 钢丝绳	典型结构 股	直径范围 /mm
1	单股钢丝绳	1 个圆股,每股外层丝可到 18 根,中心丝外捻制 1~3 层钢丝	1×7 1×19 1×37	(1+6) (1+6+12) (1+6+12+18)	0.6~12 1~16 1.4~22.5
2	6×7	6 个圆股,每股外层丝可到 7 根,中心丝(或无)外捻制 1~2 层钢丝,钢丝等捻距	6×7 6×9W	(1+6) (3+3/3)	1.8~36 14~36
3	6×19(a)	6 个圆股,每股外层丝 8~12 根,中心丝外捻制 2~3 层钢丝,钢丝等捻距	6×19S 6×19W 6×25Fi 6×26WS 6×31WS	(1+9+9) (1+6+6/6) (1+6+6F+12) (1+5+5/5+10) (1+6+6/6+12)	6~36 6~40 8~44 13~40 12~46
	6×19(b)	6 个圆股,每股外层丝 12 根,中心丝外捻制 2 层钢丝	6×19	(1+6+12)	3~46
4	6×37(a)	6 个圆股,每股外层丝 14~18 根,中心丝外捻制 3~4 层钢丝,钢丝等捻距	6×29Fi 6×36WS 6×37S(点线接触) 6×41WS 6×49SWS 6×55SWS	(1+7+7F+14) (1+7+7/7+14) (1+6+15+15) (1+8+8/8+16) (1+8+8/8/8+16) (1+9+9+9/9+18)	10~44 12~60 10~60 32~60 36~60 36~60
	6×37(b)	6 个圆股,每股外层丝 18 根,中心丝外捻制 3 层钢丝	6×37	(1+6+12+18)	5~60
5	6×61	6 个圆股,每股外层丝 24 根,中心丝外捻制 4 层钢丝	6×61	(1+6+12+18+24)	40~60
6	8×19	8 个圆股,每股外层丝 8~12 根,中心丝外捻制 2~3 层钢丝,钢丝等捻距	8×19S 8×19W 8×25Fi 8×26WS 8×31WS	(1+9+9) (1+6+6/6) (1+6+6F+12) (1+5+5/5+10) (1+6+6/6+12)	11~44 10~48 18~52 16~48 14~56
7	8×37	8 个圆股,每股外层丝 14~18 根,中心丝外捻制 3~4 层钢丝,钢丝等捻距	8×36WS 8×41WS 8×49SWS 8×55SWS	(1+7+7/7+14) (1+8+8/8+16) (1+8+8/8/8+16) (1+9+9+9/9+18)	14~60 40~60 44~60 44~60

续表

级别	类别	分类原则	典型结构		直径范围/mm
			钢丝绳	股	
8	18×7	钢丝绳中有17或18个圆股，在纤维芯或钢芯外捻制2层股，外层10~12个股，每股外层丝4~7根，中心丝外捻制一层钢丝	17×7 18×7	(1+6) (1+6)	6~44 6~44
9	18×19	钢丝绳中有17或18个圆股，在纤维芯或钢芯外捻制2层股，外层10~12个股，每股外层丝8~12根，中心丝外捻制2~3层钢丝	18×19W 18×19S 18×19	(1+6+6/6) (1+9+9) (1+6+12)	14~44 14~44 10~44
10	34×7	钢丝绳中有34~36个圆股，在纤维芯或钢芯外捻制3层股，外层17~18个股，每股外层丝4~8根，中心丝外捻制一层钢丝	34×7 36×7	(1+6) (1+6)	16~44 16~44
11	35W×7	钢丝绳中有24~40个圆股，在钢芯外捻制2~3层股，外层12~18个股，每股外层丝4~8根，中心丝外捻制一层钢丝	34×7 36×7 35W×7 24W×7	(1+6) (1+6) (1+6) (1+6)	16~44 16~44 12~50 12~50
12	6×12	6个圆股，每股外层丝12根，股纤维芯外捻制一层钢丝	6×12	(FC+12)	8~32
13	6×24	6个圆股，每股外层丝12~16根，股纤维芯外捻制2层钢丝	6×24 6×24S 6×24W	(FC+9+15) (FC+12+12) (FC+8+8/8)	8~40 10~44 10~44
14	6×15	6个圆股，每股外层丝15根，股纤维芯外捻制一层钢丝	6×15	(FC+15)	10~32
15	4×19	4个圆股，每股外层丝8~12根，中心丝外捻制2~3层钢丝，钢丝等捻距	4×19S 4×25Fi 4×26WS 4×31WS	(1+9+9) (1+6+6F+12) (1+5+5/5+10) (1+6+6/6+12)	8~28 12~34 12~31 12~36
16	4×37	4个圆股，每股外层丝14~18根，中心丝外捻制3~4层钢丝，钢丝等捻距	4×36WS 4×41WS	(1+7+7/7+14) (1+8+8/8+16)	14~42 26~46

注：1. 3组和4组内推荐用（a）类钢丝绳。
2. 12组~14组仅为纤维芯，其余组别的钢丝绳可由需方指定纤维芯或钢芯。
3. （a）为线接触，（b）为点接触。

B. 钢丝绳按捻法分为右交互捻（ZS），左交互捻（SZ），右同向捻（ZZ）和左同向捻（SS）四种如图7-18所示。

图 7-18　钢丝绳分类

C. 钢丝绳按绳芯不同分为纤维芯和钢芯。纤维芯钢丝绳较柔软，挠性好，易弯曲，纤维芯可浸油作润滑，既能防止内部钢丝生锈又能减轻钢丝间的摩擦；金属芯的钢丝绳强度高，能在高温环境下工作，耐重压，硬度大，挠性差。

② 钢丝绳的标记

根据国家标准《钢丝绳　术语、标记和分类》GB/T 8706—2017 钢丝绳标记格式，如图 7-19 所示。

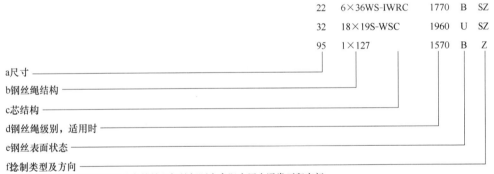

图 7-19　标记系列示例

2）钢丝绳的选用

① 钢丝绳选用原则

A. 必须有产品出厂合格证；

B. 根据用途选择相应的钢丝绳规格；

C. 用在滑轮中穿绕的钢丝绳应选用质地软有挠性的；

D. 钢丝绳能承受要求的拉力，是指通过计算求出的允许拉力；

E. 起重作业中不能发生钢丝绳扭转、打结等现象；

F. 有较好的耐磨性、耐疲劳，能承受滑轮、卷筒的反复弯曲；

G. 与使用环境相适应。高温和卷筒用的场合宜选用金属芯；高温和有腐蚀的场合宜选用石棉芯。

② 钢丝绳的安全系数

在选择钢丝绳和对其进行计算时，考虑到负荷计算不准，受力分析不精确，材料的不均匀性和施工环境较复杂及施工作业的安全等一系列因素，应让钢丝绳有一定的储备能力，即钢丝绳的最小破断力除以大于1的系数，这个系数就叫安全系数。起重作业用的钢丝绳必须留有足够安全系数。在确定安全系数时，应考虑以下因素：

A. 钢丝绳在使用过程中，受拉、压、弯复杂多变应力，难以准确计算的影响；

B. 钢丝绳工作中经受磨损、锈蚀、疲劳、被绳卡损伤以及经过滑轮槽时的摩擦阻力等所带来的影响；

C. 在吊装设备过程中经常发生冲击和振动情况，如突然停车和启动，使钢丝绳由松弛状态突然成为紧张状态这种由静负荷变为动负荷的影响；

D. 工作中的超载、超负荷的影响；

E. 钢丝绳质量缺陷的影响等。

③ 钢丝绳的受力计算

钢丝绳安全系数 K 值见表 7-12。

钢丝绳安全系数 K 值　　　　　　表 7-12

使用情况	安全系数 K	使用情况	安全系数 K
缆风绳	3.5	用于吊索无弯曲	6
手动起重设备	4.5	用于绑扎吊索	8～10
机动起重设备	5.5	用于载人升降机	14

钢丝绳允许拉力是钢丝绳实际使用中所允许的承载能力，允许拉力与钢丝绳的最小破断力和安全系数的关系式为：

$$[P] = \frac{S_b}{K} \tag{7-5}$$

式中　$[P]$——钢丝绳允许拉力（kN）；

　　　S_b——钢丝绳最小破断力（kN）；

　　　K——钢丝绳的安全系数。

④ 钢丝绳选用

A. 当钢丝绳从卷盘或绳卷展开时，应采取各种措施避免绳的扭转或降低钢丝绳的扭转程度；

B. 钢丝绳的端部要用铁丝绑扎牢，也可以用低焊点金属焊牢或用气焊熔化凝固；

C. 钢丝绳使用时严防与导电线路接触，禁止与电焊把线、接地线触碰；

D. 使用钢丝绳时不能产生锐角曲折、扭结或压成扁平；

E. 钢丝绳在卷扬机上使用时要注意选择捻向与卷筒卷绕方向一致的钢丝绳，即要根据钢丝是右捻还是左捻，卷筒是正转还是反转而采用不同的缠绕方式；

F. 穿钢丝绳的滑轮边缘不得有破裂，以防损坏钢丝绳。滑轮绳槽直径应比绳径大1～2mm，绳槽直径过大，绳易被拉扁，过小则易磨损；

G. 钢丝绳与设备、构件及建筑物棱角接触时，应加垫木块、麻布；

H. 起吊中禁止出现急剧改变升降速度，以免产生冲击载荷，破坏钢丝绳的使用性能；

I. 钢丝绳较短的使用寿命源于缺乏维护保养,因此,做好维护保养尤为重要,应在钢丝绳显示干燥或锈蚀之前进行涂油保养,钢丝绳涂的润滑油(脂)应与钢丝绳制造商使用的原始润滑油(脂)一致;

J. 当钢丝绳在断丝、磨损、腐蚀和变形达到报废标准后应立即停止使用。

⑤ 钢丝绳的力学性能见表7-13。

力 学 性 能　　　　　　　　　　　　　　表7-13

钢丝绳公称直径/mm	参考重量/(kg/100m)			钢丝绳公称抗拉强度/MPa							
				1570		1670		1770		1870	
				钢丝绳最小破断拉力/kN							
	天然纤维芯钢丝绳	合成纤维芯钢线绳	钢芯钢线绳	纤维芯钢丝绳	钢芯钢丝绳	纤维芯钢丝绳	钢芯钢丝绳	纤维芯钢丝绳	钢芯钢丝绳	纤维芯钢丝绳	钢芯钢丝绳
3	3.16	3.10	3.60	4.34	4.69	4.61	4.99	4.89	5.29	5.17	5.59
4	5.62	5.50	6.40	7.71	8.34	8.20	8.87	8.69	9.40	9.19	9.93
5	8.78	8.60	10.0	12.0	13.0	12.8	13.9	13.6	14.7	14.4	15.5
6	12.6	12.4	14.4	17.4	18.8	18.5	20.0	19.6	21.2	20.7	22.4
7	17.2	16.9	19.6	23.6	25.5	25.1	27.2	26.6	28.8	28.1	30.4
8	22.5	22.0	25.6	30.8	33.4	32.8	35.5	34.8	37.6	36.7	39.7
9	28.4	27.9	32.4	39.0	42.2	41.6	44.9	44.0	47.6	46.5	50.3
10	35.1	34.4	40.0	48.2	52.1	51.3	55.4	54.4	58.8	57.4	62.1
11	42.5	41.6	48.4	58.3	63.1	62.0	67.1	65.8	71.1	69.5	75.1
12	50.5	50.0	57.6	69.4	75.1	73.8	79.8	78.2	84.6	82.7	89.4
13	59.3	58.1	67.6	81.5	88.1	86.6	93.7	91.8	99.3	97.0	105
14	68.8	67.4	78.4	94.5	102	100	109	107	115	113	122
16	89.9	88.1	102	123	133	131	142	139	150	147	159
18	114	111	130	156	169	166	180	176	190	186	201
20	140	138	160	193	208	205	222	217	235	230	248
22	170	166	194	233	252	248	268	263	284	278	300
24	202	198	230	278	300	295	319	313	338	331	358
26	237	233	270	326	352	346	375	367	397	388	420
28	275	270	314	378	409	402	435	426	461	450	487
30	316	310	360	434	469	461	499	489	529	517	559
32	359	352	410	494	534	525	568	557	602	588	636
34	406	398	462	557	603	593	641	628	679	664	718
36	455	446	518	625	676	664	719	704	762	744	805
38	507	497	578	696	753	740	801	785	849	829	896
40	562	550	640	771	834	820	887	869	940	919	993
42	619	607	706	850	919	904	978	959	1040	1010	1100
44	680	666	774	933	1010	993	1070	1050	1140	1110	1200
45	743	728	846	1020	1100	1080	1170	1150	1240	1210	1310

注:最小钢丝破断拉力总和=钢丝绳最小破断拉力×1.226(纤维芯)或1.321(钢芯)。

3. 滑轮的分类、选配原则和使用要求

起重吊装作业中，滑轮及滑轮组是不可缺少的起重工具之一。配合卷扬机、桅杆、吊机、吊具、索具等进行设备的运输和吊装工作。

（1）滑轮的构造和分类

1）滑轮的构造草图如图 7-20 所示，这是一支定滑轮，它由吊钩（吊环）、滑轮、中央枢轴、横杆和夹板等组成。滑轮在轴上可以自由转动，在滑轮的外缘上制有环形半圆形槽，作为钢丝绳的导向槽，钢丝绳安装在半圆形槽中，滑轮槽尺寸应保证钢丝绳顺利通过，并使钢丝绳与绳槽的接触尽可能大，因钢丝绳绕过滑轮时要产生变形，故滑轮槽底半径应稍大于钢丝绳直径，一般为 1~2mm。

2）滑轮的分类

① 按制作材质分有木滑轮和钢滑轮。

② 按使用方法分有定滑轮、动滑轮以及动、定滑轮组成的滑轮组。

③ 按滑轮数量多少分有单滑轮、双滑轮、三轮、四轮以及多轮等多种。

④ 按其作用分有导向滑轮、平衡滑轮。

⑤ 按连接方式分有吊钩型、链环型、吊环型和吊梁型等，如图 7-20 所示。

图 7-20 滑轮

(a) 单门开口吊钩型；(b) 双门闭口链环型；(c) 三门闭口吊环型；(d) 三门吊梁型
1—吊钩；2—拉杆；3—轴；4—滑轮；5—夹板；6—链环；7—吊环；8—吊梁

（2）滑轮的作用

1）定滑轮是用作支持绳索运动的，通常作为导向滑轮和平衡滑轮使用，它能改变绳索的受力方向，而不能改变绳索的速度，也不能省力。

2）使用动滑轮时，因设备或构件由两根绳索分担，所以每根钢丝绳所分担的力，只是设备或构件等重物质量的 50%。

3）导向滑轮也叫开门滑轮，它同定滑轮一样，既不省力，也不能改变速度，只能改变钢丝绳的走向。这种滑轮的夹板可以开启，使用时，将钢丝绳的中间部分从开口处放进去，导向滑轮通常用在起重桅杆的底脚处和卷扬机的卷筒前方。

4）滑轮组是由一定数量的动滑轮、定滑轮通过钢丝绳穿绕组成。它具有动、定两种滑轮的特点，可改变力的方向，又能省力。利用滑轮组这一特点可用较小的牵引力起吊重量很大的设备。

（3）滑轮的材质和系列

1）滑轮的材质

① 滑轮的材质有铸铁、球墨铸铁和铸钢等。

② 铸铁滑轮，加工比较容易，对钢丝绳磨损较小，但强度低、脆性大，滑轮，特别是轮缘易损坏。

③ 球磨铸铁，滑轮强度高、加工性能好、有韧性、不易破损。

④ 铸钢滑轮主要用于吊装大型设备等起重量大的情况，它韧性好、强度高，但表面硬度高、对钢丝绳磨损较大、制作成本也高。

2）滑轮系列

H 型系列是常用的滑轮系列，其起重量符合国家标准的规定，该系列有 14 种吨位，11 种直径，17 种结构形式，共 103 个规格，具体见表 7-14。

H 系列滑轮代号一览表　　　　　表 7-14

滑轮型式			滑轮代号 / 滑轮吨位												
			0.5	1	2	3	5	8	10	16	20	32	50	80	100	140
单轮	开口	桃型 吊环	H0.5× 1K$_B$G	H1× 1K$_B$G	H2× 1K$_B$G	H3× 1K$_B$G	H5× 1K$_B$G	H8× 1K$_B$G	H10× 1K$_B$G	H16× 1K$_B$G	H20× 1K$_B$G	—	—	—	—	—
		桃型 链环	H0.5× 1K$_B$L	H1× 1K$_B$L	H2× 1K$_B$L	H3× 1K$_B$L	H5× 1K$_B$L	H8× 1K$_B$L	H10× 1K$_B$L	H16× 1K$_B$L	H20× 1K$_B$L	—	—	—	—	—
	闭口	吊环	H0.5 ×1G	H1 ×1G	H2 ×1G	H3 ×1G	H5 ×1G	H8 ×1G	H10 ×1G	H16 ×1G	H20 ×1G	—	—	—	—	—
		链环	H0.5 ×1L	H1 ×1L	H2 ×1L	H3 ×1L	H5 ×1L	H8 ×1L	H10 ×1L	H16 ×1L	H20 ×1L	—	—	—	—	—
双轮	闭口	吊钩	—	H1 ×2G	H2 ×2G	H3 ×2G	H5 ×2G	H8 ×2G	H10 ×2G	H16 ×2G	H20 ×2G	—	—	—	—	—
		链环	—	H1 ×2L	H2 ×2L	H3 ×2L	H5 ×2L	H8 ×2L	H10 ×2L	H16 ×2L	H20 ×2L	—	—	—	—	—
		吊环	—	H1 ×2D	H2 ×2D	H3 ×2D	H5 ×2D	H8 ×2D	H10 ×2D	H16 ×2D	H20 ×2D	H32 ×2D	—	—	—	—
三轮	闭口	吊钩	—	—	—	H3 ×3G	H5 ×3G	H8 ×3G	H10 ×3G	H16 ×3G	H20 ×3G	—	—	—	—	—
		链环	—	—	—	H3 ×3L	H5 ×3L	H8 ×3L	H10 ×3L	H16 ×3L	H20 ×3L	—	—	—	—	—
		吊环	—	—	—	H3 ×3D	H5 ×3D	H8 ×3D	H10 ×3D	H16 ×3D	H20 ×3D	—	—	—	—	—
四轮		吊环	—	—	—	—	—	H8 ×4D	H10 ×4D	H16 ×4D	H20 ×4D	H32 ×4D	H50 ×4D	—	—	—

续表

滑轮型式		滑轮代号	滑轮吨位													
			0.5	1	2	3	5	8	10	16	20	32	50	80	100	140
五轮	闭口	吊环	—	—	—	—	—	—	—	—	H20×5D	H32×5D	H50×5D	H80×5D	—	—
		吊梁	—	—	—	—	—	—	—	—	—	H32×5W	H50×5W	H80×5W	—	—
六轮		吊环	—	—	—	—	—	—	—	—	—	H32×6D	H50×6D	H80×6D	H100×6D	—
七轮		吊环	—	—	—	—	—	—	—	—	—	—	—	H80×7D	—	—
八轮		吊环	—	—	—	—	—	—	—	—	—	—	—	—	H100×8D	H140×8D
		吊梁	—	—	—	—	—	—	—	—	—	—	—	—	H100×8W	H140×8W

型式	开口	吊钩	链环	吊环	吊梁	桃式开口	闭口
代号	K	G	L	D	W	Kg	不加K

（4）滑轮的选配原则

1）选用滑轮时，应首先熟悉其使用说明书。

2）设备或构件的质（重）量和提升高度是选配滑轮组的重要依据。

3）在卷扬机的牵引力一定时，滑轮组的轮数越多，速比也就越大，起吊能力也就越大。

4）提升设备或构件时，卷扬机要克服全部滑轮的阻力才能工作，而下降时则相反。

5）滑轮组中钢丝绳的穿绕方法是一项既重要又复杂的工作，对起吊的安全和就位有很大影响，穿绕方法不正确，会引发事故。滑轮组采用双跑头牵引时，可以克服滑轮的偏斜，减少滑轮组的运动阻力，吊装速度加快，并能提高牵引量。

6）滑轮作为导向滑轮时，滑轮的吨位应比钢丝绳牵引力大1倍，如钢丝绳拉力为5t时，则应用10t滑轮。

（5）滑轮的使用

1）使用前的检查

使用前要对滑轮槽、轮轴、夹板、吊钩、吊环等部位进行检查，查看有否裂纹、破损、变形等缺陷，轴的定位装置正确与否，轮槽是否光滑，开口滑轮的夹板是否关牢，润滑是否良好等。

2）滑轮的使用

① 要严格按照滑轮及滑轮组产品的额定载荷使用，不允许超载。

② 滑轮使用时，在钢丝绳穿绕完毕，开动卷扬机慢慢收紧钢丝绳进行试吊时，注意

检查有无卡绳和擦绳,滑轮轮轴不在水平状态下工作时,要及时进行调整。

③ 滑轮组起吊重物时,定滑轮和动滑轮间距不应小于滑轮直径的5倍。

④ 滑轮的吊钩(或)吊环中心,应与起吊构件的重心在一条垂直线上,以免构件起吊后不平稳;滑轮组上下滑轮之间的最小距离一般为700~1200mm。

3) 滑轮的选择

① 吊运中对于受力方向变化大和高处作业场所,禁止使用吊钩型滑轮,要使用吊环型滑轮,以防脱绳事故发生。

② 若用多门滑轮而仅使用其中几门时,应按滑轮门数比例降低其起重量,以确保安全,如使用500kN的5滑轮,当只使用其3门时,则其起重能力为300kN。

③ 滑轮组一般说来,滑轮门数愈多,跑绳拉力愈小,但阻力增大而效率降低。

4) 滑轮的维护保养

① 对滑轮易损件,如当滑轮轴磨损超过轴颈的2%时,应予报废更换;当滑轮的轴套磨损超过轴套厚度的1/5及滑轮槽磨损达到壁厚的10%时均应更换,以确保安全使用。

② 滑轮用后要刷洗干净,并擦油保养,转动部分要经常润滑,保管在干燥处。

4. 手工焊接机械的性能

电焊机是将电能转换成焊接能量并能实现焊接操作的整套装置,包括焊接电源及附件等。电弧焊机是利用电弧热量熔化金属而进行焊接的电焊机。手工电弧焊机是用手工操作电焊钳进行焊接的电弧焊机。

(1) 按设备分类

常用的电弧焊机按焊接电源分类有交流焊机和直流焊机两类,所需附件主要有一次电源(高压侧)配电箱、电源线,二次侧焊接电缆(电焊把线)、大电流快速接头、接地线及接地线夹、电焊钳、防护面罩、防护手套。

1) 交流焊机

交流焊机又称弧焊变压器,是一种特殊的变压器,它把网路电压的交流电变成适宜于弧焊的低压交流电,由主变压器及所需的调节部分和指示装置等组成,其电流波形为正弦波,输出电压为交流下降外特性。交流弧焊机主要有串联电抗器式(包括饱和电抗器式、分体动铁式、同体动铁式)和增强漏磁式(包括动铁式、抽头式和动圈式)两种。它具有结构简单、易造易修、成本低、磁偏吹小、空载损耗小、效率较高等特点,但电弧稳定性较差,一般应用于普通构件的焊接,采用酸性焊条施焊。常用交流焊机有BX3系列产品等。

2) 直流焊机

直流焊机分为整流式和旋转直流弧焊发电机式两大类。弧焊整流器是一种将交流电经过变压、整流转换成直流电的焊接电源。整流式分为磁放大器式、动铁式、动圈式、可控硅整流式、晶体管式、多站式等,而发电机式直流焊机因为能耗大,目前基本已被淘汰。直流焊机电弧稳定性较好,但结构相对复杂、空载损耗较大、价格较高、易发生磁偏吹现象,适用于较重要结构的焊接,采用碱性焊条施焊。常用整流式直流焊机有ZX5系列等。

逆变焊机是一种新型的焊接电源。这种电源一般采用三相交流电源供电,380V交流电经三相全波整流后变成高压脉动直流电,经过滤波变频后变成几百赫兹到几十千赫兹的中频高压交流电,再经中频变压器降压,再次整流并经电抗滤波输出相当平稳的直流焊接电流。经过这一系列逆变过程,实现了整机闭环控制,改善了焊接性能。逆变焊机具有高效节能、体积小、功率因数高、焊接性能好等优点,适合普及应用。我国生产的逆变焊机主要有 ZX7 系列产品等。

3）常用电弧焊机性能比较见表 7-15。

常用电弧焊机性能比较　　　　　表 7-15

项目	交流焊机	整流式直流焊机	逆变焊机
电弧稳定性	差	好	好
电网电压波动影响	较小	较大	小
功率因数	低	较高	高
空载损耗	较大	较大	小
效率	低	较高	高
噪声	较大	较小	小
体积	大	较大	小
重量	重	较重	轻
价格	低	较高	较高

（2）电焊机型号表示方法

国产焊机型号按照《电焊机型号编制方法》GB/T 10249—2010 进行编制,采用汉语拼音字母和阿拉伯数字表示,电焊机型号书写分五个字位组成,第一位大类名称用字母表示,第二位小类名称用字母表示,第三位附注特性用字母表示,第四位系列系数用数字表示,第五位基本规格标示额定电流,第四位与第五位间用"—"号隔开。

电焊机型号表示方法如下:

1—大类名称,如:A 弧焊发电机,Z 弧焊整流器,B 弧焊变压器;

2—小类名称,如:X 下降特性（手工电弧焊常用）,P 平特性,D 多特性;

3—附注特征,如:在 A 大类中,省略表示电动机驱动,D 单纯弧焊发电机,Q 汽油机驱动,C 柴油机驱动,T 拖拉机驱动,H 汽车驱动;

4—系列序号;

5—基本规格,如 300,表示额定电流为 300A;

6—派生代号;

7—改进序号。

说明:

1）型号中 1、2、3、6 各项用汉语拼音字母表示。

2）型号中 4、5、7 各项用阿拉伯数字表示。

3）型号中 3、4、6、7 项如不用时,其他各项排紧。

4）附注特征和系列序号用于区别同小类的各系列和品种,包括通用和专用产品。

5）派生代号以汉语拼音字母的顺序排列。
6）改进序号按生产改进程序用阿拉伯数字连续编号。
7）特殊环境用的产品在型号末尾加注，其代表字母分别为：热带 T、湿热带 TH、干热带 TA、高原 G、水下 S。
8）可同时兼作两大类焊机使用时，其大类名称的代表字母按主要用途选取。

常用手工电弧焊机型号的代表字（符号）表示见表 7-16。

常用手工电弧焊机型号的代表字母（符号）表　　表 7-16

序号	第一字位		第二字位		第三字位		第四字位		第五字位	
	代表字母	大类名称	代表字母	小类名称	代表字母	附注特征	数字序号	系列序号	单位	基本规格
1	A	弧焊发电机	X	下降特性	（省略）	电动机驱动	（省略）	直流	A	额定焊接电流
			P	平特性	D	单纯弧焊发电机	1	交流发电机整流		
					Q	汽油机驱动	2	交流		
			D	多特性	C	柴油机驱动				
					T	拖拉机驱动				
					H	汽车驱动				
2	Z	弧焊整流器	X	下降特性	（省略）	一般电源	（省略）	磁放大器或饱和电抗器式	A	额定焊接电流
					M	脉冲电源	1	动铁心式		
			P	平特性	L	高空载电压	2			
							3	动线圈式		
							4	晶体管式		
							5	晶闸管式		
			D	多特性	E	交直流电源	6	交换抽头式		
							7	变频式		
3	B	弧焊变压器	X	下降特性			（省略）	磁放大器或饱和电抗器式	A	额定焊接电流
							1	动铁芯式		
							2	串联电抗器式		
			P	平特性	L	高空载电压	3	动圈式		
							4			
							5	晶闸管式		
							6	交换抽头式		

（3）常用手工电弧焊机的选择

1）根据所用焊条的种类选用焊机

采用酸性焊条焊接一般结构时，应选用结构简单且价格较低的交流焊机；

2）根据焊接产品所需要的焊接电流范围和实际负载持续率来选择焊机

选用焊机时，应注意使焊机铭牌上所标注的额定电流值要大于焊接过程中的焊接电流值，否则容易损坏焊机。

3）根据焊接现场工作条件和节能要求来选择焊机

如现场移动性大，则应采用重量较轻、较灵活的焊机。如野外无电源，则应选用汽油机或柴油机拖动的弧焊发电机。对于要求较高的焊接工作，尽可能选用逆变焊机，以获得满意的焊接质量，同时达到高效节能的目的。

(4) 塑料焊接机具

塑料焊接是将热塑性材料的软化表面结合在一起的过程，通常借助加热（溶剂焊接除外）。

热塑性塑料的焊接分三个顺序进行，即表面准备，施加热和压力以及冷却。焊接时可使用焊条或不用焊条。使用焊条时，需将被焊端端面制成定形状（如U形、X形等）的接缝，焊条熔融体滴满缝内，两个被焊件连成一体；不用焊条时，则将焊接面加热熔化，再向被焊面施加垂直压力直至紧密熔合为一体。

塑料管件均属一次性焊接，如果参数不合适或中途停机将使管件报废，造成较大损失。焊接前必须根据适用的焊接工艺评定，并考虑现场环境温度等的影响，选定合适的工艺及参数，编制焊接工艺文件，严格按照工艺进行焊接作业。

根据焊接界面发热的机理，热塑性塑料的焊接方法可分为：

1) 采用外加热源方式软化的焊接技术：热板焊接、热风焊接、热棒和脉冲焊接。

① 利用加热工具，如热板、热带或烙铁对被焊接的两个塑料表面直接加热，直到其表面具有足够的熔融层，而后移开加热工具，并立即将两个表面压紧，直至熔融部分冷却硬化，使两个塑件彼此连接，这种加工方法称为加热工具焊接。它适用于焊接有机玻璃、硬聚氯乙烯、软聚氯乙烯、高密度聚乙烯、聚四氟乙烯以及聚碳酸酯、聚丙烯、低密度聚乙烯等塑料制品。

② 热风焊接是将压缩空气（或惰性气体）经过焊枪的加热器，被加热到焊接塑料所需的温度，然后用经过预热的气体加热焊件和焊条，使之达到熔融状态，从而在不大的压力下使焊件结合。具有使用方便、操作简单等特点，适用于塑料板材的焊接。

③ 将金属嵌件放在塑料焊件的表面，并以适当的压力使其暂时结合在一起，随后将其置于交变磁场内，使金属嵌件因产生感应电势生热致使塑料熔化而结合，冷却即得到焊接制品，此种焊接方法称为感应焊接。适用于所有热塑性塑料的焊接。

常见的聚乙烯（PE）燃气管道焊接施工通常使用热熔焊机和电熔焊机。

2) 采用机械运动方式软化的焊接技术：摩擦焊接、超声波焊接。

① 利用热塑性塑料间摩擦所产生的摩擦热，使其在摩擦面上发生熔融，然后加压冷却，使其结合，这种方法称为摩擦焊接，适用于圆柱形制品。

② 超声波焊接也是热焊接，利用超声波激发塑料作高频机械振动产生热量，当超声波被引向待焊的塑料表面处，塑料质点就会被超声波激发而做快速振动从而生产机械功，再转化为热，被焊塑料表面温度上升并融化，非焊接表面处的温度不会上升。超声波是通过焊头引入被焊塑料的，当焊头停止工作时，塑料便立刻冷却凝固。其可以焊接各种热塑性塑料。

3) 采用电磁作用软化的焊接技术：高频焊接、红外线焊接、激光焊接。

① 将迭合的两片塑料置于两个电极之间，并让电极通过高频电流，在交电电磁场的作用下，塑料中的自由电荷，自然会以相同的频率（但稍滞后）产生反复位移（极化），使极化了的分子频繁振动，产生摩擦，电能就转化为热能，直至熔融，再加以外力，相互

结合达到焊接的目的,称为高频焊接。它适用于极性分子组成的塑料,例如聚氯乙烯、聚酰胺等制成的薄膜或薄板。

② 激光焊接的原理是将激光产生的光束通过反射镜、透镜或光纤组成的光路系统,聚焦于待焊接区域,形成热作用区,在热作用区中的塑料被软化熔融,在随后的凝固过程中,已融化的材料形成接头,待焊接的部件即被连接起来。通常用于聚氯乙烯、聚乙烯等透光性好的材料,在热作用区添加炭黑等吸收剂增强吸热效果。激光焊接尤其适用于复杂曲面的零件及大型结构性塑料零件。

③ 红外线焊接类似于电热板焊接,将需要焊接的两部分固定在贴近电热板的地方但不与电热板接触。在热辐射的作用下,连接部分被熔融,然后移去热源,将两部分对接,压在一起完成焊接。这种方式不产生焊渣、无污染,焊接强度大,主要用于聚偏氟乙烯、聚丙烯等精度要求很高的管路系统的连接。

(5) 焊接应注意的有关问题

1) 焊接施工属于动火作业,施焊前应履行申请审批手续。清理施焊现场 10m 内的易燃易爆物品,施工现场周围及下方采取相应的防火措施。

2) 焊接设备及线路由专业人员维护检修,使之处于完好状态。焊机应远离易燃易爆物品;焊机应与安装环境条件相适应;焊机应通风良好,避免受潮,并能防止异物进入。焊机外壳应可靠接地。电源电压应与焊机额定电压相符合;工作电流不得超过相应暂载率下的许用电流。

3) 多台焊机应尽量均匀地分接于三相电源,尽量保持三相平衡。焊机应经端子排接线;接线应正确,避免产生有害的环流。每台电焊机必须有各自专用的开关箱,严禁用同一个开关箱直接控制 1 台及 1 台以上用电设备(含插座)。更换作业场所或工作完毕后应切断电源。

4) 焊机的一、二次电源线均应采用铜心橡皮电缆(橡皮套软线)。焊机的一次电源线,长度一般不宜超过 2~3m,当有临时任务需要较长的电源线时,应沿墙或立柱用瓷瓶隔离布设,其高度必须距地面 2.5m 以上,不允许将电源线拖在地面上。二次线不大于 30m。电焊机导线应有良好的绝缘性能,当导线绝缘层受损或断股时,应立即更换。设备导线和地线不得搭在易燃、易爆及热源上,地线不得接在管道、设备和建筑物金属构架或轨道上。

5) 焊机一、二次线圈绝缘电阻合格。

6) 移动焊机时必须在停电后进行;调节焊接电流时,应在空载下进行。

7) 在电击危险性大的环境作业,焊机二次侧宜装设熄弧自动断电装置。

8) 焊工在弧焊作业时应穿戴绝缘鞋、手套、工作服、面罩等防护用品。焊接工具及配件携带牢靠,防止掉落伤人。在金属设备中工作时,还应戴上头盔、护肘等防护用品,设备上能打开的盖子、人孔、料孔等全部打开,保持通风良好,必要时采用局部抽风。

9) 与施工相关的工艺管线、下水系统等,必须采取有效的隔离措施。接触过易燃易爆或危险化学品的管道、容器等,必须经过彻底清洗,检测合格后方可施焊。有可燃保温材料的部位,不得施焊。

10) 在危险性较大的场所施工,必须设专人监护,并准备相应的灭火器材。

5. 金属风管制作机械的性能

金属风管的制作，经历了用手工工具操作阶段、半机械化、机械化制作阶段和自动化制作阶段，见证了通风与空调工程的制作安装的技术进步的进程。现将较普遍使用的机械化制作所应用的主要机械作简明的介绍。

（1）剪板机

1）外形（如图7-21所示）

图7-21 剪板机

1—飞轮带轮防护罩；2—左立柱；3—滑料板；4—压料器；5—右立柱；
6—工作台；7—脚踏管；8—离合器防护罩；9—飞轮带轮防护罩；
10—挡料器齿条；11—电动机；12—平台；13—托料架

2）工作原理

由电动机经皮带轮，带动飞轮传动轴，当脚踏管踩下，离合器啮合偏心轮转动，同时飞轮释放储能，从而使剪板机上刀片下落而剪切钢板，通常要踩一次脚踏管剪切一次，不要踩住不放而导致上刀片反复上下。

3）用途

用以剪切风管制作下料用的钢板，要熟悉剪板机的使用说明书，不能超越其负荷能力的限制。

（2）卷板机

1）外形（如图7-22所示）

图示的卷板机为四辊卷板机，可以对厚板端部按需要先卷出弧度，俗称打头。而通风

图7-22 卷板机

1—焊接机架；2—转动轴轴颈；3—支柱；4—电动机；5—紧急踏板；6—气缸；
7—支柱；8—可放倒的轴承；9—侧滚轴；10—上滚轴；11—侧滚轴；12—下滚轴

工程大量的薄板风管的卷圆只要用三辊卷板机即可，三辊的断面布置成等边三角形状，两个侧辊作水平方向同步移动，就可改变卷管需要的直径。

2）工作原理

四辊卷板机工作时，先将待卷钢板端部从卷板一侧（进料侧）伸至上、下辊间，压紧，起动进料侧的侧辊，使之由最低位置斜向上伸，钢板端部发生弯曲至需要的弧度，调整出料侧的侧辊高度与进料侧辊一致，开动主传动的上滚轴或下滚轴（因不同型号的主传动轴是不尽相同的），即可对钢板卷圆。

3）用以非螺旋形圆风管的卷圆，卷圆时要处理好直焊缝两边的端部圆度，可以采用焊后复卷找圆的方法。

(3) 扳边机

1）手动扳边机如图 7-23 所示，电动扳边机如图 7-24 所示。

2）工作原理

手动扳边机和电动扳边机的工作原理是一样的，仅是动力来源不相同。两者都有压梁和折梁，待钢在压梁下压紧后，然后翻起折梁至 90°则扳边或折方获得成功。且两者均配有省力省功的平衡重。

图 7-23 手动扳边机

图 7-24 电动扳边机

1—焊制机架；2—调节螺钉；3、12—立柱；4、5—齿轮；6—电动机；
7—杠杆；8—工作台；9—压梁；10—折梁；11—调节压杆

3）用途

用以钢板咬口的折弯和矩形风管的折方，手动扳边机通常用于板材厚度在 1.2mm 及以下，电动扳边机通常用于板材厚度在 3.0mm 及以下。

(4) 角钢法兰弯曲机

1）角钢法兰弯曲机（如图 7-25 所示）

2）工作原理

简单地说,有点像将圆钢丝卷成弹簧一样,不过角钢法兰弯曲机是将长长的角钢卷成如弹簧一样的连接持续的法兰,只要切割一下便可得所需直径(预设好的)的单个圆法兰,为了不使角钢在卷制过程不发生扭曲和断面变形,因该机器除有轧辊组外,还有可调节压模等主要部件组成。

3)用途

用以圆形风管法兰连接所需的角钢法兰的制作,由于将通长的角钢连续卷圆,所以零料可以拼接成形,减少了材料损耗。

(5)咬口机

1)咬口机的外形如图 7-26 所示。

2)工作原理

咬口机主要靠上、下凸轮转动装置形成的压力而得到所需的咬口形式,不同的咬口形式通过选择其所备 9 对凸轮中的某几对投入运转而得。

图 7-25 角钢法兰弯曲机
1—机箱;2—机体护板;3—台面;4—螺杆;
5—压模;6—轧辊组;7—开关;
8—活动弯曲轧辊;9—回转杠杆;10—螺杆;
11—固定轧辊;12—法兰

3)用途

用以金属板材厚度在 0.5～1.5mm 的风管、部件端口压成各类咬口形状,然后进行风管的咬接。由于咬口机有 9 对凸轮,所以它可以轧制各类咬口形状。

图 7-26 咬口机
1—机架;2—电动机;3—下凸轮传动装置;4—松紧螺母;5—上凸轮传动装置;
6—上转轴;7—工作台;8—盘状弹簧持紧器;9—下转轴

6. 试压泵的性能

(1)给水管道安装后都要用试压泵做强度和严密性试验,试压泵有电动的和手动的两类,系统大的用电动的可省时省力,系统小的用手动的易于控制。但泵的泵体都属于柱塞式泵。

(2) 以 S-SY 型为例，手动试压泵的外形如图 7-27 所示。其规格性能如表 7-17。

单缸手动试压泵性能表　　　　　　　　　　　　　　　　　　　　　表 7-17

型号	额定工作压力/MPa	每次流量/(ml/次)	柱塞直径 mm	柱塞行程 mm	手柄最大施力≤N	外形尺寸长×宽×高/mm	重量/kg
S-SY/5	5	22	36	30	300	753×200×935	20
S-SY/6.3	6.3	22	36	30	300	753×200×935	20
S-SY/10	10	16	32	30	300	753×200×935	20
S-SY/16	16	10	22	30	300	753×200×935	20
S-SY/25	25	6.3	18	30	360	753×200×935	20
S-SY/40	40	4.0	14	30	360	753×200×935	20
S-SY/63	63	2.8	12	30	360	753×200×935	20
S-SY/80	80	1.8	10	30	400	753×200×987	20

(3) 以 4D-SY 型为例，电动试压泵的外形如图 7-28 所示。其规格性能如表 7-18。

图 7-27　单缸手动试压泵

图 7-28　电动试压泵

电动试压泵性能表　　　　　　　　　　　　　　　　　　　　　　　表 7-18

型号	额定排出压力/MPa	流量/(L/h) 高压时	流量/(L/h) 低压时	柱塞直径 高压	柱塞直径 低压	往复次数	配套电机功率	外形尺寸长×宽×高/mm	重量/kg
4D-SY160/6.3	6.3	160	530	32		45	1.1	815×480×1055	215
4D-SY100/10	10	100	450	25		45	1.1	815×480×1055	215
4D-SY63/16	16	63	400	20		45	1.1	815×480×1055	215
4D-SY40/25	25	40	380	16		45	51	1.1	815×480×1055	215
4D-SY30/40	40	30	360	14		45	1.5	840×480×1055	215
4D-SY22/63	63	22	340	12		45	1.5	840×480×1055	215
4D-SY16/80	80	16	340	10		45	1.5	840×480×1055	215

(4) 试压泵的设置位置和使用

1) 试压泵一般设在建筑的首层或设在室外管道引入口处，在整个给水系统的低位处。

2) 除试压泵上装有一个检测用的压力表外，给水系统便于观察处再装一个检测用压力表，两只压力表均应检定合格，在使用有效期内。

3）新型试压泵首次使用，要阅读设备使用说明书，以利掌握操作要领，做到安全使用。

4）电动试压泵的电气安全保护接地良好，试压操作前应进行检查。

5）冬季试压泵使用后要排除泵体内的积水，避免发生冻害事故。

下篇 专业技能

八、施工组织设计和专项施工方案的编制

由于现行管理制度的原因,房屋建筑安装工程的施工方通常为建筑工程施工单位的分包方,即建筑工程施工方为总包单位,而工程的施工组织总设计理应由总包单位编制,但安装工程分包方要提供资料、积极配合,现场岗位管理人员要掌握理解施工组织设计的编制方法和原则,所以教材的重点是专项施工方案的编制方法和要求。

本章对分部工程的施工起点流向、施工机械的选定及布置、施工现场平面布置、专业施工方案编制、危险性较大设备安装工程防范要点及作业指导书的编制等方面作出介绍,供学习者参考应用。

(一) 技能简介

本节对施工组织设计及施工方案编制要领作出提示,供学习者编写时应用。

1. 确定分部工程的施工起点流向

房屋建筑设施安装工程在配合土建主体结构施工时或者配合装饰装修施工时,设备安装工程处于从属被动地位,无各专业分部工程的施工起点流向,只有配合结束,建筑工程提供了设备安装工程全面施工的条件,这时安装专业各分部才能确定自己施工起点和流向。

(1) 给水排水工程

1) 给水工程以水源供给为起点,通过管网,到达各用水点,使给水工程早日投入运行。

2) 排水工程通常在排水干管完成后,由排水点起始,连通排水管网,指向排水的集纳装置(集污池或集污总管),使排水工程通水试验在给水工程结束后顺畅进行。

(2) 建筑电气工程

建筑电气工程以供电源为起点,通过线路,指向各用电点。

(3) 通风与空调工程

通风与空调工程以机房为起点,通过风管管网或空调用水管网指向末端站点。

设备安装工程这样安排施工起点流向,缘由是符合工程本身的工艺流程,同时给水泵房、变配站(所)、空调机房的技术复杂、施工时间长,处于关键线路中的关键工作。当然这样的安排,难免有理想化之嫌,实际工作中还受制于设备材料供应状况、作业面实时状态,以及设计变更程度等因素的干扰,这就要求现场岗位人员审时度势做好协调安排工作。

2. 选择确定主要施工机械及布置位置

在施工方案编制内容中，明确要求有各类资源的配置，主要施工机械是资源配置的关键，其涉及方案执行的效率和安全。

（1）施工机械的参数选择

1）工作容量

施工机械的工作容量常以机械装置的外形尺寸、作用力（功率）和工作速度来表示。

2）生产率

① 施工机械的生产率是指单位时间（小时、台班、月、年）机械完成的工程数量。生产率的表示可分为理论生产率、技术生产率和实际生产率三种。

② 理论生产率：指的是机械在设计标准条件下，连续不停工作时的生产率。

③ 技术生产率：指的是机械在具体施工条件下连续工作的生产率，考虑了工作对象的性质和状态以及机械能力发挥的程度等因素。

④ 实际生产率：指的是机械在具体施工条件下，考虑了施工组织及生产时间的损失等因素后的生产率。

3）动力

动力是驱动各类施工机械进行工作的原动力。施工机械动力包括动力装置类型和功率。

4）工作性能参数

施工机械的主要参数一般列在机械的说明书上，施工机械的铭牌上都有标注，选择计算和使用机械时可参照查用。

（2）施工机械的选择

1）数量

施工机械需要的数量是根据工程量、计划时段内台班数、机械的利用率和生产率来确定的。

2）选择方法

有综合评分法、单位工程量成本比较法、界限时间比较法、折算费用法（等值成本法）等。

3）选用原则

主要包括技术合理和经济合理两个方面。

① 根据技术合理和经济合理的原则要求，机械的正确使用主要有以下标志：

高效率：机械使用必须使其生产能力得以充分发挥。

经济性：高效率使用机械时，还必须考虑经济性的要求。要求在可能的条件下，使单位实物工程量的机械使用费成本最低。

② 机械非正常损耗防护

机械正确使用追求的高效率和经济性，必须建立在不发生非正常损耗的基础上，否则就不是正确使用。机械非正常损耗是指由于使用不当而导致机械早期磨损、事故损坏以及各种使机械技术性能受到损害或缩短机械使用寿命等现象。

4）选用要求

① 选择施工机械时，应首先根据工程特点选择适宜的主导施工机械，各种辅助机械

应与直接配套的主导机械的生产能力协调一致。

② 在同一工地上,应力求施工机械的种类和型号少一些,以利于机械管理。

③ 遵守施工方法的技术先进性和经济合理性兼顾的原则,尽量利用施工单位现有机械。

④ 遵守施工接线的适用性与多用性兼顾的原则。

⑤ 符合工期、质量、安全的要求。

(3) 主要施工机械的类型

房屋建筑设备安装工程施工方案中关于主要施工机械有两种类型,一是垂直运输机械、二是工程实体的加工机械。

1) 垂直运输机械

① 首选的是由总包设置的施工用升降机或塔式起重机,用于材料和小型设备的运输,但单件或单体的重量、尺寸要在允许的范围内,要做的工作是在现场与总包单位沟通协调好供安装施工用的时间或时段。

② 为建筑设备中大型设备(如变压器、冷水机组)的卸车、搬运、吊装就位选择起重机械,以确保能力可行、安全可靠为原则,具体型号规格、布置位置、机械迁移点位等要在施工方案中具体反映出来,要做到调度合理、效率最高、使用台班最少、经济效益最好。

2) 工程实体的加工机械

① 在给水排水工程、通风与空调的水系统工程中的管道加工现已不必在现场加工零部件,大部分可在市场购置而得,所以已不再选配管道的弯管机械,只与消防管网施工共同配置沟槽连接用的成槽机,成槽机要与管道的直径和壁厚适配,而消防管网还应用镀锌钢管丝扣连接,所以要配备与管径适配的电动套丝机,这些管道施工用的施工机械规格型号和数量以及布置位置要在施工方案中反映出来,以符合施工进度需要、加工区临近安装区为原则,做到方便迁移、备件充分、闲置时间少、定期维护保养、保持机械完好状态。

② 在通风与空调工程中主要施工机械为铁皮风管的加工机械。

如铁皮风管为市场采购的成品或半成品,现场只要有组装场地即可,加工的只是少量的风管与风口的连接段,仅需配备有剪板下料、扳边、咬口等功能的机械。

如铁皮风管全部进行现场制作,则可配备半自动化的风管生产线(其特征是风管下料成形基本是自动化的,而工序间的搬运要靠人工进行),要配置较大的加工场地,通常可利用建筑物的大堂或地下室,也可利用室外空地搭设加工棚。是否要配备应在施工方案中经缜密计算生产量与进度的适配性而决定,通常在大型公用建筑的施工中应用,诚然,要在使用中加强维护保养,确保生产线的正常运转和良好的经济效益。当然,如生产需要量不足够大,可以将生产线中的某台或者某几台与手工结合起来加工生产也是可行的。

3. 绘制分部工程施工现场平面图

这是指分部工程施工时有关生产设施的平面布置图,是对施工组织设计中总平面布置的补充,而生活设施部分应在总包的施工组织设计中作出了统筹安排。

安装各专业分部工程施工平面布置图有两种类型。

（1）在土建工程施工时，安装各专业处于配合阶段，所用材料、机具数量不多、作业人员也较少，则所需场地不大，平面布置较简单，仅需考虑作业队组的休息室，且可与零星材料存贮处，工具存放处合一，甚至可将台钻等也设置其中，但各专业分部要分开设置。

（2）在配合土建工程施工基本结束后，建筑设备安装工程全面展开，作业人员、材料物资、施工机械等按施工进度计划需要大量进场，这时各专业（分部）所需生产设施场地较大，主要考虑，作业人员的休息场所、物资堆放场地、现场加工制作场所、危险品（油漆及其溶剂等）贮存的专用仓库、较贵重的安装用料贮存室等。同时还应在全场考虑用水、用电的供给点，至于场地的大小要视工程规模大小而定，以凭经验估算为主，如查阅有关手册，也只能作为参考，但要坚持节约占用面积、尽量利用已建建筑物、不影响整幢建筑的施工，注意安全防范，遵守消防规定等原则，同时分部工程施工设施的平面布置是要随着工程进展的状况不断做出调整，包括所占面积大小和具体位置在内。

4. 编制建筑给水排水工程、通风与空调工程和建筑电气工程的专项施工方案

（1）在岗位知识第二章施工方案编制的指向中已对各专业要编的施工方案作了建议性的说明。

（2）在岗位知识第二章对施工方案的内容和编制方法进行了介绍。

（3）要在本节案例中能进行正确分析，则说明其专业技能达到了一定水平。

5. 分析确定危险性较大设备安装工程防范要点，配合编制作业指导书

（1）设备安装工程中安全防范的主要关注点见岗位知识第1章，共有8个方面，缘由是这8个方面在施工时属于安全事故易发生的领域。

（2）关于作业指导书的编制

1）作用

① 作业指导书是施工作业中一个工序或数个连续相关的工序为对象编写的技术文件，有些与机械制造业的工艺卡相似。其是施工方案中技术部分的细化结果。

② 现时施工企业均在编写工艺标准，其基于已成熟的施工工艺。但新的施工工艺出现要先经作业指导书编制阶段，经实践多次以后再上升为标准，当然作业指导书也可在原工艺标准基础上按实际情况修正后编制而成，用于指导作业实践。

③ 可以用作技术交底文件的一部分。

2）编制

① 内容

有明确的编制对象名称、细致的作业操作步骤、合理的工具及机械配备、必要的不同工种组合、量化的质量标准、科学的测量方法、符合精度要求的仪器仪表和测量工具、指明准确的测量部位、符合规范的记录表式、可以工序交接的条件等。

② 表达形式

用文字、图、表、试验样板的照片，有条件可制作视频做补充，图示清楚明白、有可操作性。

6. 关于施工方案的比较

对一个具体对象编制的施工方案不应少于 2 个，以便遴选和优化。比较的方法是从技术和经济两方面进行，具体如下：

(1) 技术先进性比较
1) 比较不同方案的技术水平。
2) 比较不同方案的技术创新程度。
3) 比较不同方案的技术效率。
4) 比较不同方案实施的安全可靠性。

(2) 经济合理性比较
1) 比较不同方案的投资额度。
2) 比较不同方案对环境影响产生的损失。
3) 比较不同方案对工程进度时间及其发生费用的大小。
4) 比较不同方案的投资中发生的手段用料或添置的施工机械可重复使用的程度。
5) 比较不同方案对施工产值增长率的贡献（即单位时间内产值的增长量）。

(3) 重要性比较
1) 比较不同方案推广应用的价值。
2) 比较不同方案的社会效益（如资源节约、污染降低）。

进行方案比较时，可先设计比较表，采用列表比较法，可以更清晰地得到每个方案的性价比。

（二）案例分析

本节以案例形式说明施工组织设计和施工方案编制时应注意的事项，通过学习以提高编写的能力。

1. 施工组织设计的编制

(1) 案例一

1) 背景

A 公司自 B 公司分包承建某商住楼的建筑设备安装工程，该工程地下一层为车库及变配电室和水泵房鼓风机房组成的动力中心，地上三层为商业用房，四层以上为住宅楼（有两幢）。建筑物的公用部分，如车库、动力中心、走廊、电梯前室等要精装修交付，商场和住宅为毛坯交付。B 公司安排了单位工程施工组织设计，提出施工总进度计划，交给 A 公司，并要求 A 公司编制建筑设备安装进度计划交总包方审查，以利该工程按期交付业主。

2) 问题

① A 公司接到 B 公司的施工总进度计划后，应怎样策划建筑设备安装施工进度计划？
② 要按期将工程交付使用，A 公司应怎样考虑各专业间的衔接？
③ A 公司为了如期完成进度计划，尚须有哪些必要的与外部沟通的时间节点？

3) 分析解答

① A公司的施工进度计划的策划大致分为三个阶段。第一阶段是与土建工程施工全面配合阶段，自建筑地下室施工开始直至建筑物结顶为止，主要做好防雷接地系统的连接导通和各种预留预埋工作，还要做好如早期完成的墙体在粉刷前埋管理支架等工作。第二阶段是全面安装的高峰阶段，自建筑物结顶开始土建进行自上而下的粉刷装修直至装修基本完成，期间以毛坯交付的建筑部分安装工程的水电风仅装置于集中供给点，室内基本不展开，由具体用户实行精装修时再次完成，所以该部分安装与建筑施工交叉量不大，也较好管理，进度也可顺利完成。而要以精装修交付的公用部分，安装工程要全面完成，与建筑施工交叉多是协调管理的重点，也是控制施工进度计划的重点。第三阶段是安装工程由高峰转入收尾，全面进入试运转阶段，这时进度计划要注意留有余地，有时间对试运转发现的问题进行整改，不致延误交付的期限。

② A公司承建的安装工程，最终都要试运转，实行动态考核，所以各专业虽然同时开始于与土建配合施工，但电气专业的动力部分要先于其他专业动设备安装而完成施工，否则势必影响动设备（水泵、风机、制冷机）的试运转，但有试运转要求的动设备要在通电前完成所有静态的试验工作，如试压、冲洗、滑润油加注、盘车检查、冷却回路通水试验等工作。

③ 由于A公司在第三施工阶段要进行试运转，使用施工用电、临时用水显然不能满足要求，因而要与当地供电部门、供水部门在施工计划中确定供给的时间节点，如锅炉为燃气的同样要求明确的供给时间节点。此外，为了顺利交付使用，对消防工程的验收也应明确消防验收的时间安排。这些时间节点安排，起着推动促进施工进度计划完成的作用。

(2) 案例二

1) 背景

A公司在闹市区十字路口承建一大型商场的机电安装工程，建筑物为地下一层、地上五层，两边均靠近道路、紧贴人行道，地下室为商场仓储用和部分停车场，其他周界都有已建建筑物靠近，施工用地紧张。

2) 问题

① A公司应怎样考虑生产、生活设施的安排？
② 现场材料进场的顺序和施工进度应如何安排？
③ 施工临时设施平面布置图是否要多次变更？材料堆放场地的注意事项是什么？

3) 分析与解答

① A公司根据施工现场施工用地紧张的实际状况，必须按建设工程安全生产管理条例规定对生产生活临时设施进行安排，使之既符合生产需要又符合安全要求。

条例规定办公、生活区与作业区要分开设置，并且指明尚未竣工的建筑物内不得设置员工的集体宿舍。

因而A公司提出如下临时设施的安排：

A. 提出申请向当地市政管理部门要求占用部分人行道，做仓库和作业班组在配合土建工程施工用的临时材料堆放场地和作业人员休息处，直至地下室顶板拆模后迁入，归还占用的人行道。

B. 办公用房和员工宿舍等就近租用场地搭设具有产品合格证的装配式活动房屋，该房屋符合当地建设行政主管部门的安装、验收和使用规定。该办公生活设施以距离现场步行不超过 15min 为宜，以免影响员工午间休息，而办公用房在商场一层顶板拆模后迁入。

C. 需现场加工制作的非标准或零星的支架等制作场地可安排在地下室进行，当然要在地下室拆模后实施。

② 本工程施工用地有限，不可能设立较大的仓储场所，只能利用已建成的建筑物底层做大宗材料的堆放场地，为减少材料的二次搬运和降低费用，又不影响土建、装修和安装的施工作业面的有效利用，因而施工进度安排和安装材料进场顺序要有机合理地衔接，确保安装施工有节奏进行，安装工程自建筑物结顶后形成高潮，进度计划要自上而下安排，材料进场亦需按自上而下的需要陆续进场，则可缓解堆场紧张的矛盾，此外地下室的安装可穿插进行，使用的材料、设备可直送地下室，不会造成对该工程用大楼底层做材料堆场的干扰。

③ 因为生产、办公设施，尤其是材料堆放场地在施工全过程中要做多次变动，所以在施工组织设计中的总平面布置图相应地要作出变动，即需画出不同时期的多张总平面布置图。

现场材料堆放场地应注意的事项有：

A. 应方便施工，避免或减少二次搬运；

B. 要不妨碍作业位置，避免料场迁移；

C. 符合防火、防潮要求，便于保管和搬运；

D. 码放整齐，便于识别，危险品单独存放。

（3）案例三

1) 背景

某公司中标承建的一体育中心，在施工组织设计编制完成，批准开工后实施，公司为了实施时能正确执行施工组织设计的要求，对项目部的施工管理岗位人员进行了交底，并再一次对进度计划编制与资源需要量计划衔接的技能测试作出讲评，目的是依据施工组织设计的施工总进度计划编制阶段性的季、月施工进度作业计划及相应的施工资源需要量计划。

2) 问题

① 资源管理内容有哪些？安装工程对资源管理有什么特殊的方面？

② 阶段性施工进度计划编制与资源需量计划的衔接要注意哪些事项？

③ 人力资源管理中的特殊作业人员是怎样界定的？对其管理有何原则要求？

3) 分析与解答

① 施工项目资源管理的资源是指人力、材料、机械设备（施工机械）、技术和资金五种。安装工程资源管理的特殊点主要表现在人力资源方面有特殊作业人员和特种设备作业两类人员的专门管理规定，在材料管理方面要注意强制认证的产品使用管理和特殊场所（如防爆产品）使用的管理，还有消防专用产品的管理，而施工机械管理要注意起重机械和压力容器（如空压机贮罐）的使用管理。

② 阶段性施工进度计划（作业计划）要以施工总进度计划的控制节点为准，一般不可自行调整，只有在总进度计划实施中受到大的干扰，如重大设计变更、主要设备供应商不能如期供货、自然灾害等使计划执行发生偏差而延误，在阶段性计划中可以作出修正，但必须积极地在编制计划中采取措施以使几个阶段后消弭这类偏差。阶段性资源需要量受

施工组织设计中提出的资源需要量总量控制。只有因设计变更而发生变动,阶段性资源需要量计划在时间节点上与施工进度计划基本保持同步,所以说是基本上,是因为资源需要计划要先行一段时间,且在完成进度计划后还持有一定备量,以利下一阶段施工计划的实施,这样两种计划的衔接,可以保持施工的持续进行。

③ 安装工程施工的特殊作业人员有两类,一是建设工程安全生产管理条例明确的特种作业人员,二是特种设备安全监察条例明确的特种设备作业人员,这两类人员作业中易发生人员伤亡事故,对操作者本人及他人,以及周围的设施安全造成重大的危害。前者指明的工种有焊工、起重工、电工、场内车辆(叉车)运输工、架子工等;后者指明的工种有焊工、探伤工、司炉工、水处理工等。

对特殊作业人员管理的基本要求是:

A. 必须经考试或考核合格、持证上岗。
B. 合格证书要按规定期限进行复审。
C. 离开特殊作业一定期限(通常为6个月以上)者,必须重新考试合格,方可上岗。

(4) 案例四

1) 背景

A公司承建的某四层工业用标准厂房的机电安装工程,在厂房结顶后,安装工程全面展开,员工进场较多,宿舍区一时无法全部容纳。好在厂房三层以上宽敞明亮,门窗已安装,项目部在厂房一角围建临时宿舍安置员工。是日雨夜,一名上班一周不到的农民工,半夜起床小便,因外面下雨,便在厂房内行走至另一边远离宿舍处去便溺,不慎从三楼设备吊装孔坠落身亡,造成重大伤亡事故。

2) 问题

① 这是一起什么性质的事故?
② 项目部在尚未竣工的厂房设置宿舍是否违法?
③ 多层厂房施工的安全防范措施主要有哪些?

3) 分析与解答

① 目前我国企业职工伤亡事故分类标准规定共有20种,分别是物体打击、车辆伤害、机械伤害、起重伤害、灼烫、火灾、触电、淹溺、高处坠落、坍塌、冒顶、透水、放炮爆破、火药爆炸、瓦斯煤尘爆炸、锅炉爆炸、容器爆炸、煤与瓦斯突出、中毒和窒息、其他。事故性质类别的确定是按起因定的,比如工人在作业时因触电发生坠落致死致伤,应认为是触电事故。该农民工走路时误入无防护的吊装孔而坠落身亡,性质属于高处坠落。

② 项目部把员工宿舍安排在尚未竣工的建筑物内,况且建筑物的安全防护不完善,这种行为显然违反了建设工程安全生产管理条例的有关规定。

③ 建筑物在施工期主要是"四口"要有防止人体坠落的防护,即楼梯口、电梯厅门口、吊装洞口、预留洞口等,还要防止物体坠落贯通伤人。所以楼梯口、电梯厅门口、楼梯边以及其他临边处均要设置临时护栏,且有可靠的强度,护栏高度不低于1.2m,所有楼板的洞口应有临时盖板盖好,且固定可靠不易移动,吊装孔要经常吊运设备或材料的,其周边亦应设护栏,洞口内可设便于拆卸的、足够强度的安全网。在有可能有人晚间活动的场所要配有适当的照明装置,尤其在较危险的部位。

(5) 案例五

1) 背景

A公司承建一高层建筑的建筑设备安装工程,在建筑土建工程施工配合期间,其配合的施工流向不言而喻要服从于建筑施工,大楼结顶后安装工程施工的安排方有较多的主动性,合理地安排施工程序,确保质量和进度,最终按合同期限交付使用。

2) 问题

① 配合期间防雷接地的施工流向是否符合工艺规律?
② 给水排水工程除配合外应怎样安排施工流向?
③ 通风与空调工程的施工流向的安排特点是什么?

3) 分析与解答

① 防雷接地工程是引大气过电压泄放入地原理而设置的,所以其施工工艺规律是首先做好将雷电流泄向大地的接地装置,再将引下线连通,最后安装接闪器(避雷针或避雷小针)。这一顺序带有纪律性的规定,如违反,可能导致在建工程遭受雷击,而施工配合中防雷接地是符合工艺规律的。

② 给水排水工程通常要按泵房和管网两个工作面相向而行,最终连通,泵房先安装泵罐等设备,然后配其间的连通管,最终引出出水管(排水如无排污泵房则各排污干管直引至窨井集污池等构筑物);管网应先干管、后支管,待卫生洁具安装固定后,再做给水和污水的支管与其连通,俗称镶接。

③ 通风与空调工程由机房与管网两大部分组成,其中管网又分为空调水管与通风管道两类。空调水管网的基本安排与给水排水有雷同之处;但通风管道不像给水排水工程一样,管网每个自然间都有分布,而较集中于建筑物走廊等处的顶部,先安装大风管,再装分支风管,最后与装饰表面的风口连接。由于空调工程有冷热源及冷媒循环,结构复杂、技术难度较大,是施工中关注的要点,具体安排要视工程规模和采用的工艺或系统制式而定。

2. 专项施工方案的编制

(1) 案例一

1) 背景

N公司承建一幢24层高的商务大楼机电安装工程,该工程的2台重10t的整装燃油锅炉安装在屋顶的锅炉房内,为此项目经理要求项目部技术部门提出锅炉吊装的施工方案,经多方案比较后作出决策,技术部门共提出直升机吊运、大型吊车逼近吊装、屋顶设置门式桅杆吊装三种方案,最终采用第三方案即门式桅杆吊装,并进行吊装的风险评估。

2) 问题

① 施工方案的比较采取哪几个方面进行比较?
② 试分析屋顶门式桅杆吊装方案能胜出的原因?
③ 简述防范风险的管理步骤?

3) 分析与解答

① 施工方案比较通常用技术和经济两个方面进行分析,方法为定性和定量两种,定

量分析要大量的数据积累，这些数据是随着时间和技术进步而波动的。定性分析要有较多的经验积累，这些经验不仅有个人的，更主要是团队的项目管理班子集体的。

具体比较要从三个方面入手：即技术先进性比较，包括创新程度、技术效率、安全可靠程度等；经济合理性比较，包括投资额度、对环境影响程度、对工程进度的影响、性价比等；重要性比较，包括推广应用价值、资源节约、降低污染等社会效益。

② 采用直升机吊运在技术上是可行的，但实施环节多，如航线申请、气象制约、降落时对楼顶的冲击、费用昂贵，有许多不确定因素而导致该方案不被采用。利用大型吊车逼近吊装在技术上也是可行的，在建设期间周边地块上建筑物可以安排暂缓开工，待锅炉吊装完成后，再将吊车站位所占地块上的工程开工。但是建筑设备的使用年限要比建筑物使用年限短，也就是说在这大楼使用全过程中锅炉要进行更新，通常为一至二次，更新时要将旧的吊下，新的吊上，这时再用大型吊车逼近吊装，站位占地多，势必造成较大损失，从经济和管理上看都不是最佳的选择。而门式桅杆吊装法只要在屋顶添设桅杆的铰接点和卷扬机及桅杆后背稳定绳的锚点，桅杆也能重复使用，造价低廉，这个方法既可经济合理施工，又方便业主日后更新改造，施工方案得到业主、监理的赞许，安监部门审查后得到顺利实施。

③ 通常危险性较大的施工方案在实施前，要进行专家论证，论证的内容要包括风险评估，现介绍风险管理的基本步骤：

A. 建立组织；

B. 设定目标；

C. 风险识别；

D. 风险评估；

E. 风险应对；

F. 信息监控。

（2）案例二

1）背景

某公司承建一幢高层建筑的机电安装工程，其电力供应的干线为电力电缆，从大楼的电力平面图上可知，电力电缆从地下一层的变配电室经电缆沟通至多个电缆竖井，再经电缆竖井至各层的分配电箱，电缆数量大，规格多，路径曲折，部分电缆出竖井后经导管或桥架到用电点，为此项目部制定编写了两个电缆敷设专项方案供选择比较。一是电缆从变配室向供电点敷设，另一方案是利用施工电梯将电缆运至各层用电点向变配电室敷设。前者电缆架设工具不需移动，集中在变配电室内，后者则需移至各个楼层使用，显然后者使用的人力较少，因为电缆自竖井内由上向下施放，只要控制曳引速度即可。而第一方案电缆在竖井内向上要用机械或人工牵引，因而评价后认为第二方案较好，宜采用。

2）问题

① 电缆敷设前要测绘每根电缆需用的长度，其原因是什么？

② 利用施工电梯运送电缆要注意什么问题？

③ 电缆敷设后，在竖井内每档支架上均需用卡子固定，应注意哪些事项？

3）分析与解答

① 在房屋建筑安装工程中，除特殊情况外，很少采用定长度订货供应电缆，因而采

用同规格型号组盘供应，确保总量，且在电缆盘或其他包装物上除标明规格型号外，还应标明该盘电缆的长度，敷设前的测绘可合理搭配该盘电缆敷设在什么部位，尽可能物尽其用，减少电缆中间接头和零星的余段，以提高效率和效益。

② 利用建筑施工电梯运送电缆至每层敷设点，先要核实电缆的每盘重量是否在电梯允许载重的规定值以下，如超重则用备用空盘分盘，分盘的长度要对照电缆测绘值，使之不发生浪费现象，其次是测量电缆盘外形尺寸是否能为电梯轿厢所容入，若尺寸太大，同样要用备用的较小尺寸的电缆盘分盘，并注意分盘长度的合理性，最后电缆盘要垂直放置，不要平放，以利滚动运输，在放入电梯轿厢后要设置防止因轿厢运行中的晃动而使电缆盘滚动的措施。

③ 按规范规定垂直敷设的电缆要在每档支架上固定，电力电缆用卡子固定，具体操作是先对电缆进行整理，外观不应有明显的弯曲，然后自上而下逐档固定，卡子的内径要与电缆外径适配，不致损伤电缆外护绝缘层，固定力松紧适度，以电缆不产生滑动为准，同时要注意单芯交流电缆固定用的卡子不能形成铁磁闭合回路，其卡子应用非导磁材料制成，如硬木、塑料、铝板等。

九、施工图及相关文件的识读

本章在工程图绘制知识掌握后,对如何提高阅读能力,正确理解图纸、提高读图方法和技巧作出介绍,通过学习,以利增强专业技能。

(一) 技能简介

本节以给水排水工程图、建筑电气工程图、通风与空调工程图为主介绍读图步骤,同时提出识读随设备、器材提供的设备安装技术说明书的要点,并简要探讨建筑施工图与安装施工图的关系。

1. 技能分析

(1) 给水排水工程图的识读步骤(含通风与空调工程图)

1) 该图与用三视图阅读施工图的方法是基本一样的,所以仅对管道和通风与空调工程特有的图例符号和轴测图等作出提示。

2) 图例符号的阅读

① 阅图前要熟悉图例符号表达的内涵,要注意对照施工图的设备材料表,判断图例的图形是否符合预期的设想。

② 阅图中要注意施工图上标注的图例符号,是否图形相同而含义不一致,要以施工图标示为准,以防阅读失误。

3) 轴测图的阅读

① 房屋建筑安装中的管道工程除机房等用三视图表达外,大部分的给水排水工程用轴测图表示,尺寸明确,阅读时要注意各种标高的标注,有些相同的布置被省略了,而直管段的长度可以用比例尺测量,也可以按标准图集或施工规范要求测算,排水是重力流,阅图时要注意水平管路的坡度值和坡向。通常只要有轴测图和相应的标准图集就能满足施工需要。

② 空调系统的立体轴测图,从图上可知矩形风管的规格、安装标高、部件(散流器、新风口)和设备(迭式金属空气调节器)的规格或型号,风管的长度可用比例测量确定。但有的图缺少风管和设备与建筑物或生产装置间的布置关系,也没有固定风管用的支架或吊架的位置,所以还需要其他图纸的补充才能满足风管制作和安装施工的需要。

4) 识读施工图纸的基本方法

① 先阅读标题栏,可从整体上了解名称、比例等,使之有一个概括的认识。

② 其次阅读设计说明书、材料表,使对工程规模有一个量的认识,判断是否有新材料使用,为采取新工艺作准备。

③ 从供水源头向末端用水点循序前进读取信息,注意分支开叉位置和接口,而污水管网则反向读图直至集水坑,这样可对整个系统有明晰的认知。当然施工图纸提供系统图的,要先读系统图。可以了解管网的各种编号。

④ 要核对不同图纸上反映的同一条管子、同一个阀门、同一个部件的规格型号是否一致，同一个接口位置是否相同。

⑤ 要注意与建筑物间的位置尺寸，判断是否正确，作业是否可行。

⑥ 有绝热护层的要注意管路中心线间距是否足够。

⑦ 最终形成对整个管网的立体概念。

⑧ 与构筑物有连接的位置须复核在建筑施工图上埋件位置和规格尺寸。

（2）建筑电气工程图的识读步骤

1）识读步骤

阅读设计说明→阅读系统图→阅读平面图→阅读带电气装置的三视图→阅读电路图→阅读接线图→判断施工图的完整性。

2）注意事项

① 虽然有标准规定了图例，但有可能根据本工程特殊需要，另行在施工图上新增图例，阅图时要注意，以免造成误解。

② 电气工程许多管线和器件依附在建筑物上，而设备装置是组立或安装在土建工程提供的基础上或预留的孔洞里，很有必要在阅读电气工程施工图的同时，阅读相关的建筑施工图和结构施工图。

③ 无论是系统图、电路图或者是平面图，阅读的顺序从电源开始到用电终点为止。以电能的供给方向和受电次序为准。

④ 要注意配合土建工程施工的部分，不要遗漏预留预埋工作，不发生土建工程施工后电气设备装置无法安装的现象。

⑤ 注意各类图上描述同一内容或同一对象的一致性，尤其是型号、规格和数量的一致性。

⑥ 注意改建扩建工程对施工安全和工程受电时的特殊规定。

（3）通风与空调工程图识读的补充

1）通风与空调工程图识读的方法和步骤基本上与给水排水工程图的识读相同，由于通风空调工程与建筑物间的相对位置关系更加密切，建筑物实体尺寸影响着风管的实际形位尺寸，体现在风管制作前的对风管走向和安装位置的测绘，以利草图的绘制，因而应在阅读通风与空调工程图的同时，阅读相关的建筑结构图。

2）如果建筑物有部分混凝土风管，要注意金属风管与混凝土风管之间连接方法和接口的结构形式，尽力做到降低漏风的可能性。

3）一般风口安装在建筑物表面，有装饰效果，且形状多种，阅图或安装要注意与建筑物的和谐协调，也就是说，这部分风口的安装位置和选型要在阅读工程图时先作打算，在施工前要与土建、装饰等施工单位共同做好建筑物表面的平面布置草图。

2. 设备安装技术说明书识读要点

国家制定的产品制造标准中规定，向客户提供产品的同时，应随同提供使用维护说明书，其内容应包括产品的包装、运输、保管、使用、维护以及安全注意事项等，对工程中使用的大型设备，还应说明安装固定、调整试验、油料使用、试运转等的特定要求，在设备更新换代较迟缓的年代，同类设备安装的频次较多，对第一次安装的设备，较关注其技术说明书的阅读,而今技术进步推动了设备的更新换代,切莫凭经验办事,因而各建筑设备安装施工人员要在施工前,认真仔细阅读设备、器材的安装技术说明书,以免在工作中发生失误。

(二)案例分析

本节以案例形式说明阅读施工图纸的方法和能力,通过分析与解答加深对图纸的理解和判定。

1. 给水排水工程图

(1) 案例一

图 9-1 盥洗台、淋浴间污水管网

1) 背景

如图 9-1 所示是污水管网的轴测图,请分析该图提供了哪些信息?

2) 问题

① 从图分析,这个排水系统属于什么制式?

② 哪根立管属于淋浴间汇水管,哪根立管属于盥洗台立管?

③ 所有标高相对零点(±0.000)在哪里,要否参阅大样图?

3) 分析与解答

① 从编号 PL-4 立管底部可知生活废水经埋于标高 -1.200,坡度为 2% 的横管向墙外污水井,可见这是雨污水流制排放。

② PL-3 立管上每分支管上有两个带水封的地漏,PL-4 立管分支上有存水弯,因此可知 PL-3 立管为淋浴间汇水管,PL-4 立管为盥洗台汇水立管。

③ 相对标高 ±0.00 应是该建筑物的首层地面,要参阅大样图或详图,图的编号是 $\dfrac{P}{2}$。

(2) 案例二

1) 背景

如图 9-2 所示为自动喷水灭火系统的湿式报警阀组。

2) 问题

① 为什么报警阀的上腔、下腔的接口不能接错?

② 湿式报警阀组采取了哪些措施防止误报?

③ 试述水力警铃的基本工作原理?

3) 分析与解答

报警阀的上腔接带有洒水喷头的消防管网,下腔接消防水源(泵、高位水箱等供水管

九、施工图及相关文件的识读

图 9-2 湿式报警阀结构示意图
1—控制阀；2—报警阀；3—试警铃阀；4—放水阀；5、6—压力表；7—水力警铃；
8—压力开关；9—延时器；10—警铃管阀门；11—滤网；12—软锁

路），平时上腔压力略大于下腔压力，阀座上的多个小孔被阀瓣盖住而密封，当洒水喷头洒水灭火时管网压力下降，报警阀的下腔压力大于上腔压力，且压差大于一定数值，阀瓣迅速打开，消防水源向消防管网供水灭火，同时向水力警铃供水报警，基于此，报警阀的上下腔接口不能接错，否则失去功能。

为了防止因水压波动发生误动误报警，主要采取了两个措施，一是报警阀内没有平衡管路，平衡因瞬时波动而产生的上下腔差压过大而误报，二是在报警阀至警铃的管路上设置延时器，如发生瞬时水压波动而产生报警阀输送少许水量至警铃，延时器可吸收这少量的水而不致警铃发生误动作。

水力警铃是一种水力驱动的机械装置，当消防用水的流量等于或大于一个喷头的流量时，压力水流沿报警支管进入水力警铃驱动叶轮，带动铃锤敲击铃盖，发出报警声响。

2. 建筑电气工程图

(1) 案例一

1) 背景

如图 9-3 所示是施工现场常用的三相交流电动卷扬机需正反转的电动机的控制电路。

2) 问题

① 电动机能正反转的原理是什么？

② 热继电器的符号是什么？其工作的原理是什么？

③ 从控制电路分析，图上有哪些安全保护措施？

3) 分析与解答

① 从电工学基础可知，三相交流电动机接入三相交流电源后，在电机的转子与定子间的气隙中会产生一个旋转磁场，带动转子与旋转磁场同方向旋转，而旋转磁场的

图 9-3 按钮互锁双向旋转控制电路

旋转方向与接入电源的相序有关，如图中的电源接入为 L1→U_4、L2→V_4、L3→W_4，则旋转磁场为顺时针方向旋转，电动机转子称为正向旋转，只要电源接入方式两相互换一下，如 L1→W_4、L2→V_4、L3→U_4，旋转磁场便逆时针旋转而使电动机转子逆时针旋转，这是三相交流电动机可正反转的基本原理。但必须注意只调换两相，如三相顺序调换 L1→W_4、L2→U_4、L3→V_4 是不会反向旋转的。

② 热继电器的符号为 FR，发热元件接在电动机引入电源的主回路中，其动作后要开断的接点接在控制回路 2-4 之间。热继电器是电动机的过电流（过负荷）的保护装置，基本原理是电动机工作在过电流状态，热继电器的发热元件会使近旁的双金属片因线膨胀系数不同而弯曲，达到电流的过负荷整定值，则弯曲的程度足以拨动接点由闭合而断开，使控制电路断电，接触器 KM 衔铁线圈失电而断开电动机主回路，电动机停止运转。

③ 为了防止接触器 KM1、KM2 同时吸合发生严重的短路现象，在电气线路上采取联锁连结在 5-7 间接入 KM2 的常闭辅助接点、在 11-13 间接入 KM1 的常闭辅助接点，这样保证了 KM1 吸合时其辅助接点打开 KM2 的吸合电源，同理 KM2 吸合其辅助接点打开 KM1 的吸合电源，有效地防止同时吸合，另外按钮 SB1、SB2 也起到防止同时吸合的作用，按动 SB1 接通 KM1 吸合线圈的同时打开了 KM2 吸合线圈，SB2 也有同样的功能，这是机械联锁的结果。此外，还有热继电器的过负荷保护和熔断器 FU1、FU2 的线路短路保护，有的制造商将 KM1、KM2 可动衔铁用杠杆连在一起，从机械上防止同时吸合。

（2）案例二

1）背景

为了防止突然停电引发事故造成损失，经常要准备备用电源，如图 9-4 所示为双电源自动切换控制电路，也是重要施工现场常用的电路，请分析工作原理和安全注意事项。

2）问题

① 施工现场双电源自动切换使用要注意哪些安全事项？

② 试述自动切换的工作顺序？

③ 为什么备用电源要延时投入？

图 9-4 双电源自动切换控制电路

3) 分析与解答

① 正常供电电源的容量要满足施工现场所有用电的需要，通常备用电源的容量比正常电源的容量要小，当正常电源失电时，以确保施工现场重要负荷用电的需要，这是为了经济合理、节约费用开支的考虑和安排。为用电安全，正常电源和备用电源不能并联运行，电压值保持在相同的水平，尤其是两者接入馈电线路时应严格保持相序一致。

② 正常供电电源，通过隔离开关 QF1、接触器 KM1 和隔离开关 QF3 等的主触头向施工现场配电线路供电。正常供电时，合上 QF1 和 S1 控制开关，接触器 KM1 线圈通电，主触头闭合，合上 QF3 向施工现场供电。合上 QF1 时，中间继电器 KM 线圈吸合，与 KM1 的常闭辅助触头一起打开 KM2 的吸合线圈的电路，同时 KM 的另一常闭触头与 KM1 另一辅助常闭触头串联后打开时间继电器 KT 的吸合线圈，正常电源供电时，合上 QF2，KM2 在控制开关 S2 合上时，其吸合线圈无法通电，所以备用电源处于热备用状态，所谓热备用指的是接触器主触头电源侧带电。如正常供电电源因故障失电，KM1、KM 吸合线圈释放，使备用电源控制电路中 KM、KM1 的常闭触头闭合，接通时间继电器 KT 的线圈，时间继电器启动，经设定时间 KT 的触头在备用电源控制电路中闭合，KM2 线圈受电吸合，备用电源投入运行供电，同时 KM2 的辅助触头在正常电源控制电路中打开了 KM1 的吸合线圈电路，确保了不发生两个电源并联运行的现象。

③ 正常电源发生故障的原因有多种，有些故障需检修后才能恢复供电，有些故障是供电线路能自行排除的。如架空线路上的细金属丝短路，瞬时烧毁即可排除，有时大气过电压使电压继电器动作而失电，但未发生装置击穿现象等。所以正常电源可以很快自行恢复供电，备用电源的延时投入可以使正常电源自行恢复供电留有足够时间，这体现了对电源使用的选择性。

3. 通风与空调工程

(1) 案例一

1) 背景

A 公司承建的某大型航站楼机电安装工程中地下一层货运贮存仓库的通风工程，在安装就位结束后，需做试运转和风管系统综合效果测定工作，为此施工员做了技术准备和人员组织准备，并绘制测定用的系统测定草图，标明检测部位和测点位置，由于准备充分，整个测定工作按计划顺利完成。

2) 问题

① 为什么通风系统风机测定十分必要，其测定的主要指标有哪些？
② 绘制系统测定用草图要注意的事项有哪些？
③ 风管系统风量调整的方法有几种，基本操作要求怎样？

3) 分析与解答

① 通风机是空调系统用来输送空气的动力设备，其性能是否符合设计预期要求，将直接影响空调系统的使用效果和运行中的经济性，所以在空调系统试运转过程，设备运转稳定后，要首先测定通风机的性能，性能的主要指标包括风压、风量、转速三个方面。

② 绘制通风系统测定用草图要注意以下事项：

A. 风机压出端的测定面要选在通风机出口而气流比较稳定的直管段上；风机吸入端的测定尽可能靠近入口处。

B. 测量矩形断面的测点划分面积不大于 $0.05m^2$，控制边长在 200~250mm 间，最佳为小于 220mm。

C. 测量圆形断面的测点据管径大小将断面划分成若干个面积相同的同心环，每个圆环设四个测点，这四个点处于互相垂直的直径上。

D. 气流稳定的断面选择在产生局部阻力的弯头三通等部件引起涡流的部位后顺气流方向圆形风管 4~5 倍直径或矩形风管大边长度尺寸处。

③ 风口风量调整的方法有基准风口法、流量等比分配法、逐段分支调整法等。

基本操作要求是先对全部风口的风量初测一遍，计算每个风口初测值，与设计值比较，找出比值最小的风口，作为基准风口，由此风口开始进行调整，调整借助风管上的三通调节阀进行，这是基准风口调整法的调整步骤。

而流量等比分配法调整，一般从系统最远管段即最不利的风口开始逐步向风机调整各风口的风量，操作时先将风机出口总干管的总风量调整至设计值，再将各支干管支管的风量按各自的设计值进行等比分配调整。

逐段分支调整法只适用于较小的空调系统。

(2) 案例二

1) 背景

某公司承建的一工业厂房多台大型鼓风机组成的通风机房，风管布置复杂，相互重叠交叉多，施工前需对照图纸要求进行风管制作前的测绘工作，并绘制加工草图，以利风管预制和日后的有序安装。由于施工员认真对待测绘工作，草图绘制明确，取得良好效果。

2) 问题

① 试述草图测量和绘制的必要性?

② 进行测绘时应检查的必备条件有哪些?

③ 测绘工作的基本内容有哪些?

3) 分析与解答

① 由于通风管道和配件、部件大部分无成品供应，要因地制宜按实际情况在施工现场用原材料或半成品组对而成。另外由于风管、配件、部件的安装如机械装配一样，刚度大，风管要与风机、过滤器、加热器等连接必须精准，不可强行组装。此外绘制加工安装草图可以将通风与空调工程的制作和安装两个工作过程合理地组织起来。

② 可以开展测绘的必备条件有：风机等相关设备已安装固定就位，风管上连接部件如调节阀、过滤器、加热器等已到货或其形位尺寸已明确不再作变动，与通风工程有关的建筑物、构筑物已完成，结构尺寸不再作变动，风管的穿越建筑物墙体或楼板的预留洞尺寸、结构、位置符合工程设计，施工设计已齐全，且设计变更不再发生。

③ 基本内容有：

A. 核量轴线尺寸，风管与柱子的间距及柱子的断面尺寸，间隔墙及外墙的厚度尺寸。

B. 核量门窗的宽度和高度，梁底、吊顶底与地坪或楼板距离，建筑物的层高及楼板的厚度等。

C. 核量预留洞孔的尺寸，相对位置和标高，多（高）层建筑预留垂直孔洞的同心度。

D. 核量设备基础、支吊架预埋件的尺寸、位置和标高。

E. 核定风管与通风空调设备的相对位置、连接的方向、角度及标高。

F. 核定风管与设备、部件自身的几何尺寸及位置，包括离墙、柱、梁的距离及标高。

实测后，如风管系统的制作安装有部分不能按原设计或图纸会审纪要要求进行时，施工单位应及时与有关单位联系并提出处理意见。

4. 其他工程

(1) 案例一

1) 背景

如图 9-5 所示为一幢多层建筑的室内消火栓给水系统。

2) 问题

① 这个系统基本结构的特点是什么?

② 消防用水源有几个?

③ 三个单向阀的作用是什么?

3) 分析与解答

① 这是一个生活、生产和消防共用水源的环网供水的消火栓灭火系统，当屋顶高位水箱的水位低于一定水位时，水箱不再向生产、生活管网供水，仅可向消火栓管网供水。

② 消防用水水源有 4 个，分别是两个室外市政管网给水水源（装有计量水表），一个屋顶高位水箱，可贮 10min 用的消防用水量，一个水泵接合器，可以接受消防车向消防管网输水。

图 9-5 一幢多层建筑的室内消火栓给水系统

③ 水泵接合器处单向阀防止消防管网中水向外流淌，水箱底向消防管网的单向阀保证水箱只能向消防管网供水，使水泵接合器供水时不流向高位水箱。消防管网与生活、生产管网的连通管上的单向阀防止生活生产管网水压过低，消防管网向生活生产管网反送水流，总之这几个单向阀的作用是消防用水优先于生活生产用水的供给。

(2) 案例二

1) 背景

如图 9-6 所示，是某公司施工的某厂建筑智能化工程中安全防范系统的巡更（巡查）子系统的巡查线路图，自管理处出发，定时沿线巡查后返回管理处，图上标明了 15 个巡查点，每点装有数字巡查机或 IC 卡读卡器，以确保巡查信息的实时性。

图 9-6 巡查路线图

2) 问题

① 电子巡查系统的线路怎样确定，其功能主要是什么？

② 电子巡查系统有几种形式？

③ 电子巡查系统巡查点的设置位置有哪些？

3) 分析与解答

① 电子巡查线路的确定要依据建筑物的使用功能、安全防范管理要求和用户的需要。其功能是按照预先编制的保安人员巡查程序，通过信息识别或其他方式对保安人员的巡防工作状态进行监督，以鉴别其是否准时、尽责、遵守程序等，并能够发现意外情况及时报警。

② 常见的巡查形式有在线巡查系统、离线巡查系统和复合巡查系统三种。

③ 巡查点设置通常在建筑物出入口、楼梯和电梯前室、停车库（场）、主通道以及业

主认为重要的防范部位，巡查点安装的信息识别器要较隐蔽，不易被破坏。

（3）案例三

1）背景

如图 9-7 所示，为空调冷冻水管道直径大于 DN50mm 的绝热结构图。

2）问题

① 图中的 1~6 分别表示什么？

② 分析详图 A 表示的意思和原因？

③ 如为保冷管道还应注意什么问题？

3）分析与解答

① 图中所示，1 为冷冻水管路的管子，2 为绝热层，3 为绑扎绝热材料的镀锌铁丝，4 为绝热材料外的金属薄板保护层，5 为弯头处绝热材料切割示意图，6 为金属薄板保护层第一节制作展开的指示。

② 详图 A 表明弯头处金属薄板保护层的搭接示意图，要求自水平管道转向垂直管道时，水平的搭在垂直的上面，垂直管道的上一节金属薄板外层搭在下一节金属薄板外层的外面。目的是防止凝结水或其他溅水、淋水等流入绝热层而结冰导致破坏绝热效果，这一点对室外的绝热管道尤其重要。

图 9-7　空调冷冻水管道绝热结构图

③ 对保冷管道还应注意冷桥的处理，即管子全程不要有与金属支架、穿墙金属套管、垂直管道承重金属托架间有直接接触现象，以免影响绝热效果。

十、技术交底文件的编制与实施

本章以怎样进行技术交底为主线,说明其意义和方法,并通过案例讲解其实施的步骤和要领,通过学习和思考,提高现场专业岗位人员的管理能力。

(一) 技能简介

本节以技术交底的内容和实施程序进行说明,并对技术交底文件的编制作出介绍,希望在学习中能理解技术交底的路径。

1. 技能分析

(1) 技术交底的必要性

1) 交底是组织者与执行者间的一种行为,是组织者在活动开始前向执行者布置工作或任务的一个关键环节,目的是把工作或任务的内容、目标、手段、涉及的资源、环境条件、可能发生的风险等由组织者向执行者解释清楚,希望执行者在正确理解的基础上使活动结果达到组织者的预期。

2) 施工技术交底是施工活动开始前的一项有针对性的、关于施工技术方面的、技术管理人员向作业人或上级技术管理人员向下级技术管理人员做的符合法规规定、符合技术管理制度要求的重要工作,以保证施工活动按计划有序地顺利展开。按照工程重要程度,单位工程开工前,应由企业或项目技术负责人组织全面的施工技术交底。

3) 做好施工技术交底是保证施工质量的重要措施之一,包括设计交底、施工组织设计交底、施工方案交底、设计变更交底、安全技术交底等类别。

4) 为使施工单位熟悉有关设计图纸,充分了解拟建项目的特点、设计意图和工艺与质量要求,减少图纸的差错,消灭图纸中的质量隐患,要做好设计交底和图纸会审的工作。设计交底由设计单位向施工单位有关技术人员交底,设计交底应包括施工图设计依据、规划、环境要求和设计规范等,施工图设计依据应为初步设计文件,并符合规划、环境要求。

(2) 技术交底的主要内容

施工技术交底包括施工组织设计的交底、施工方案的交底、危大工程专项施工方案的交底、分项工程施工方案的交底。

1) 施工组织设计的交底内容:工程概况、编制依据、施工部署、施工进度计划、施工准备与资源配置计划、主要施工方法、主要施工管理措施和施工现场平面布置等。

2) 施工方案的交底内容:工程概况、编制依据、施工安排、施工进度计划、施工准备与资源配置计划、主要施工方法及工艺要求、技术措施、质量安全环境保证措施等。

3) 危大工程专项施工方案的交底内容:工程概况、编制依据、施工计划、施工工艺技术、施工安全保证措施、施工管理和作业人员配备和分工、验收要求、应急处置措施、计算书及相关图纸等。

4) 分项工程交底内容：分项工程的交底应根据设计图纸的技术要求以及施工及验收规范的具体规定，针对不同工种的具体特点，进行不同内容和重点的技术交底。主要包括技术和安全两个主要方面。

① 技术方面有：施工工艺和方法、技术手段、质量要求、特殊仪器仪表使用等。
② 安全方面有：安全风险特点、安全防范措施、发生事故的应急预案等。

（3）技术交底的实施

1) 明确技术交底的责任，责任人员包括项目技术负责人、施工员、作业队长、作业班组长等。如有普工参加施工，则专业作业班组的组员有义务对普工所做的工作进技术交底。

2) 技术交底的准备，技术交底前各层次交底人员要有针对性地确定交底内容，并备有书面文件。施工方案、图纸会审、设计变更、施工技术等技术方案在技术交底前，应由项目部专业工程师进行复核，方可交底。

3) 技术交底记录，依企业规章制度规定设计技术交底记录表格，交底人与被交底人均应在表格上签字确认，并做好技术交底文件的归档。

4) 施工组织设计一经批准，工程开工前，施工组织设计的编制人员应向现场施工人员做施工组织设计交底，使相关管理人员和施工人员了解和掌握施工组织设计的相关内容和要求。施工组织设计交底是项目施工各级技术交底的主要内容之一，是保证施工组织设计得以有效地贯彻实施的主要手段。

5) 工程施工前，施工方案的编制人员应向施工作业人员进行施工方案交底。除分项、专项工程的施工方案需进行技术交底外，涉及"四新"技术（即新技术、新工艺、新设备、新材料）以及特殊环境、特种作业等也必须向施工作业人员交底。

6) 危大工程安全专项方案实施前，编制人员或者项目技术负责人应当向现场管理人员进行交底。施工现场管理人员应当向作业人员进行安全技术交底，并由双方和项目专职安全生产管理人员共同签字确认。

7) 作业中发生外部指令引起的变更与预期有较大变化者要及时向作业人员交底。

2. 技术交底与环境

当前提倡节能环保和绿色施工，所以技术交底时要注意环保要求，保护好作业环境，妥善处理作业中产生的固体废弃物，防止废气、噪声、强光的污染。

3. "四新"应用和样板

"四新"指的是施工中的新材料、新工艺、新技术、新设备的应用，其有两种情况，一是自别人那里引入的而本单位首次应用，另一种是本单位自行创造首次应用的。不论何种情况，均应先试验后推广，以样板示范做技术交底的手段。

（二）案例分析

本节以案例形式说明在施工作业前技术交底的必要性以及怎样实施，通过学习可以加深理解，以利在工作中执行。

1. 给水排水工程

(1) 案例一

1) 背景

某公司承建的大型体育场环形地沟内冷却水循环管网，管径外径达 630mm，管道除与设备用法兰连接外，管与管、管与配件的连接均为沟槽式连接，应属于柔性连接。由于该公司大口径柔性连接钢管的技术尚属初次应用，尤其对其试压会产生的弹性变形和复位情况所知不多，为此项目部编制了作业指导书，按作业指导书要求做了模拟试验，对试压用挡墩和稳定支架的布置位置作出了修正，并设置了集水坑、配备潜水泵，如试压发生漏水可及时排放，以免地沟内作业人员受到水淹伤害。试压作业前，项目部技术负责人组织了各层次的技术交底，要求施工员、作业队长各司其职，实行监护，确保作业人员正确操作，增强安全防范意识。由于整个过程组织合理、方法可靠、对风险有预防，所以试压工作顺利完成，并未发生事故。

2) 问题

① 从案例可知，该公司技术交底考虑了哪几个方面的内容？

② 管道试压作业指导书，编制后做模拟试验，体现了技术管理中的什么理念？

③ 案例中项目部考虑了哪些方面的技术风险？

3) 分析与解答

① 该公司编制的技术交底用文件之一是作业指导书，依据大口径管道柔性连接的特点，在施工工艺方面对挡墩和管道稳定支架的设置作了有效的部署，同时对地沟内试压作业的安全风险防范设置了应急排水的设施，这体现了技术交底工作的两个主要方面，即技术性内容和安全防范性内容。

② 管道作业指导书稿形成后进行了模拟试验，将试验结果与预期相比，修正作业指导书的缺陷和补充其不足之处，这体现了样板领先的理念，也说明了新技术的推广应用要经过实践的验证，是作业指导书编制形成中的一个重要环节。

③ 案例中说明了管道试压因内力作用而引起管道移位的风险，同时也对工作环境特殊、在地沟内对用水量大的管道试压如发生漏水而产生危害的风险做出了有效的防范。

(2) 案例二

1) 背景

A公司承建的某住宅小区机电安装工程，住宅楼的生活给水管道最终要经消毒合格后才能交付使用，其基本方法是以溶解氯的高浓度消毒水注入管网中，浸泡至规定时间，经取样检验化验菌落数符合标准规定而判定合格，则消毒工作完成，管网排放消毒水，经冲洗中和后交付用户使用。按这样的消毒流程，项目部技术负责人编制了技术交底文件进行交底，并顺利实施按期完工。

2) 问题

① 从案例背景中看，技术交底时要关注哪几种指标？

② 使用液氯钢瓶氯气制备消毒水要有哪些安全防范措施？

③ 背景材料是否提供需进行环境保护的信息？

3) 分析与解答

① 从背景可知要交底的指标有消毒水中氯的浓度、浸泡的时间、化验时菌落数总量、管网中和清洗等指标，但背景只提供了操作应注意的指标的定性部分，而实际工作中更应明确定量的指标，这是值得在交底过程或收集有关标准时加以注意的。

② 氯气是有毒气体，如吸入人体会导致呼吸道由于盐酸雾滴形成而引起的窒息，轻则引起人身伤害，重则导致死亡，所以操作过程中要防止氯气外泄伤人，同时要给作业人员配备口罩甚至防毒面具，作业部位要通风良好，以防万一。

③ 虽然背景材料未提及要注意环境保护，但隐含着施工作业中两大必须注意的环保事项，一是消毒水的合理排放和有效处理，另一个是管网冲洗及中和的效果，这两者涉及环境安全和给水安全。

2. 建筑电气工程

(1) 案例一

1) 背景

N公司在江苏南部承接了一亮灯工程，工程为大型文体中心建筑立面由计算机控制的可变换的LED彩灯构图工程。灯饰安装在建筑外墙与玻璃幕墙之间，面积大至几万平方米，安装灯饰的铝合金框架与玻璃幕墙间仅有350mm的空间距离，灯饰施工时建筑物外墙脚手架已全部拆除，项目部经多方案比较后，决定自行设计悬吊机械，用吊篮法施工。由于LED彩灯触发器接线要求精确，否则构图会失误，影响效果，项目部做了深化设计的接线图，工程在文艺颁奖日开通，效果为观众及业主方认可。

2) 问题

① N公司项目部在作业交底时要以哪些内容为主？

② 自行按施工图深化设计后还要履行什么手续？

③ 在室外安装的灯具要注意哪些特殊环节，为交底时应作反复交代的问题？

3) 分析与解答

① 从背景可知，灯饰面积大、高度高、作业位置狭小，操作时要小心不使工具因动作幅度大而误伤玻璃幕墙。用吊篮法作业要注意吊机和吊篮本体的承载能力，同时在吊篮上方有专人监护，并用绳索传递工具和材料。吊篮作业下方要有明显警戒标志，防止非作业人员靠近，以免物体下落伤人。作业人员除带有必备工具外，佩带专用材料袋，每袋材料为一个工位所需，并将电线头或绝缘剥除等废料收纳袋回收，以保护环境。作业人员与监护人员间有一对一的通信联络工具。每个工位作业完成，吊机和吊篮均要移位至下一个工位，要检查其固定状况是否可靠，验收后方可开始工作；吊篮上最多允许二人同时作业。以上几点是在作业前技术交底的主要内容。

② 按有关法规的规定，深化设计后的施工图应由原设计单位审查确认后，才能作为施工的依据。

③ 在室外安装灯具，要选好灯具，灯具应是有防水浸入防护的灯具，即其型号规格的防护等级符合设计要求，同时要注意灯具接线口的位置不要设在向上的部位，接线后进行封堵（用胶泥等密封材料）以防雨水入侵，引入线的柔性部分弯成向上的滴水弧状，总之室外灯具安装要考虑防雨淋侵害的措施。

(2) 案例二

1）背景

A公司承建的32层办公大楼,其电缆竖井内电缆敷设依据施工现场实际条件经多方案比较,确定自用电点向底层配电室敷设,项目部制定了该方案实施的技术交底文件,向作业队组作技术方面和安全方面两个部分的交底。

2）问题

① 交底时技术方面包括哪些内容?

② 交底时安全方面包括哪些内容?

③ 简述施工方案与技术交底文件的关系。

3）分析与解答

① 技术方面包括每根电缆的走向、规格,按测绘长度的同规格拼盘方式和部位。不同大小的电缆允许弯曲半径、每根电缆起点和终端的具体位置(即盘箱柜的具体位置和编号),电缆端部绑扎牵引方法,切断电缆防潮保护措施,人力施放时人的站位,通信联络方法和统一的口令,以及盘柜内预留接线用的长度值等。

② 除常规安全防护外,安全方面还包括:电缆竖井内作业要防止高空坠物,在电缆竖井未作防火隔堵前敷设电缆,要在竖井每个门口设警戒标志,提醒安全作业不要跌入井道内,电缆盘的架设要稳固,核对每盘重量是否能被施工升降梯所允许承载,电缆盘滚动搬运要平稳匀速前进,防止碾压伤人等。

③ 施工方案是编制技术交底文件的依据,但施工方案编制时间早于技术交底文件,方案犹如计划是预期的安排,而技术交底文件是在临近作业前编制的,与方案相比具有实时性,对变化后的条件要作出反应。所以编制的技术交底文件可以对施工方案中的技术和安全等要求作出修正,使其更符合实际,更具有可操作性。

3. 通风与空调工程

（1）案例一

1）背景

A公司承建的大型地下车库的通风工程,风管系统由成品玻璃钢风管组成,每节风管及部件均由供应商供给,安装用的圆钢吊架及角钢横架由现场加工后热镀锌防腐。当土建施工单位拆除地下室模板及支撑后基本清理干净,毛地坪的修正清理也处于尾声。按总承包方进度计划安排,地下室整个工作面交A公司先安装风管系统。为此A公司项目部组织风管及支吊架等安装用料陆续进场,并事先编制技术交底文件,向各作业队组交底,然后全面展开作业。

2）问题

① 无机玻璃钢风管应怎样进行进场验收?

② 制作吊杆时应怎样鉴别其是否符合要求?

③ 风管安装就位要注意什么事项?

3）分析与解答

① 对风管材料进场验收的内容主要包括风管的材质、规格、强度和严密性与成品的外观质量。无机玻璃钢风管板材必须为不燃材料构成。风管材料的外观检查表面应光洁、无裂纹、无明显分层现象,不得出现返卤或严重返霜现象。

② 自制吊杆的规格应符合设计要求，吊杆应平直，螺纹完整、丝扣光洁，吊杆加长采用搭接双侧连接焊时，镀锌通丝杆禁止采用焊接搭接加长，搭接长度不应小于吊杆直径的 6 倍，采用螺纹连接时，拧入连接螺母的螺纹长度应大于吊杆直径，并有防松措施。

③ 风管就位时，风管、部件、风阀等的排序应符合设计要求或自行测绘编制的草图，注意风口位置、核对标高和与建筑物的距离、控制走向误差；边长或直径大于 1250mm 的弯管、三通、消声弯管等应单独设置支架，不应由部件与直管的接口承重；吊装边长或直径大于 1250mm 的风管，每段吊装长度不大于 2 节，组合吊装边长或直径小于 1250mm 的风管，每段吊装长度不大于 3 节；法兰连接螺栓应加镀锌平垫圈，且均匀拧紧。吊杆螺栓与横架型钢连接下端用双螺母在调整水平度后锁紧，上面用单螺母锁紧。支吊架的位置不得设在风口、风阀、检查口和自控机构等处，垂直风管的支架，间距应小于等于 3m，每支垂直风管的支架不少于 2 个，由吊杆支架悬吊安装的风管，每直线段均应设刚性的防晃支架。

（2）案例二

1）背景

B 公司承建的某大型体育馆机电安装工程中的空调工程，供风风管每个系统完成安装后，保温前都要做系统的漏风测试试验。为此项目部施工员在测试前编制了测试作业技术交底文件，并向作业班组交底。由于文件编制目的明确、方法可行，使测试工作顺利展开，达到预期目的。

2）问题

① 施工规范对漏风量检测有什么规定？

② 漏风量检测怎样进行？

③ 检测结果的合格标准怎么判定？

3）分析与解答

① 规范规定风管的漏风测试试验（严密性检验）以主、干管为主，即分支小管可以不做，中低压风管系统用漏风量检测。系统风管漏风量的检测分为两个方面，一个是风管加工工艺性的质量检测和验证，它包括风管强度与漏风量的检测。另一个是风管系统的漏风量的检测与验证。测量可以一次或分段进行。当测试压力与工作压力有差异时可通过推算求取。

② 规范规定了风管系统漏风量的测量应满足至少三节和 $15m^2$。其强度试验低压为 1.5 倍工作压力；中压风管为 1.2 倍工作压力，且不少于 750Pa；高压风管为 1.2 倍工作压力的压力下，保持 5min 及以上。

③ 规范规定风管系统的漏风量的检测后，接缝处无开裂，整体结构无永久性的变形及损伤为合格。

4. 其他工程

（1）案例一

1）背景

某宾馆地下一层水泵房四台生活供水的清水泵试运转过程中发现水泵运转有跳动现象，泵的轴瓦和电动机轴承温升过高，在客房内噪声也太大，超过设计要求的分贝值。为此项目技术负责人查询作业班组人员和专业施工员，并同赴泵房分析原因，同时查阅了相关技术交底文件,发现这种较大型水泵是泵体与电机分别供货的,安装时要对联轴器仔细找正,而施工员忽略了这一特殊情况,没有对联轴器找正方法和质量要求在技术交底文件中作出说明。经过纠正后水泵运转正常,噪声的干扰也达到了正常水平。

2) 问题

① 水泵运转时的跳动和轴瓦温升过高原因是什么?联轴器找正的基本要求怎样?

② 防水泵噪声的干扰应采取什么措施?

③ 该项目部技术交底工作有哪些需改进?

3) 分析与解答

① 水泵运转时发生跳动,大部分原因是其转动部分不平衡,产生离心力所致。轴瓦温升高也是轴受力不均对瓦产生周期性的强制力,破坏了润滑油膜的完整性导致摩擦而使温升上扬,根本原因是连轴器不同心,犹如一个弯曲的轴在高速旋转产生了这种不正常现象。连轴器找正的基本要求是两轴既无径向位移,也无角向位移,两轴中心线完全重合。

② 防水泵运转中产生的噪声干扰要从水泵机组隔振、管道隔振、支架隔振三个方面入手。水泵机组底座下要设橡胶隔振垫,其吸水管和出水管上也要有隔振防噪元件,如软接头等,管道穿墙、穿楼板也要有防固体传声措施,如在套管与管道间用柔性吸声填料填充,管道支架要用弹性支架,既防振又可防噪声传播。

③ 从背景可知,认为民用工程均为整体水泵机组是不全面的,不能凭经验办事,技术交底文件要有针对性,适合工程实体需要,这一点作业队组和施工员同样值得改进。

(2) 案例二

1) 背景

Z公司是以建筑智能化工程施工为主的机电工程安装公司,公司规定凡是新工程开工前,组建施工队伍过程中要进行培训和测试模拟编制技术交底文件。这次是一个仓储中心视频监控系统的安装工程,公司技术负责人讲解工程概况后,出了以下三个试题,并对测试结果实行讲评,收到了良好效果。

2) 问题

① 摄像机的位置应怎样选择?

② 摄像机安装要注意什么事项?

③ 监视器的安装有什么要求?

3) 分析与解答

① 摄像机的设置要选择在监视目标区域附近不易受外界损伤并不应影响现场设备运行和人员正常活动,同时保证摄像机的视野范围满足监视要求的位置。摄像机镜头应避免强光直射,并应顺光源方向对准监视目标。

② 摄像机安装前应通电检测、粗调,正常后才可安装;引入摄像机的电缆要有1m的余量在外,导管与摄像机间这1m电缆用柔性导管保护,且不能影响摄像机的转动,固定用安装紧固件要大小适配,数量符合要求(指说明书上的介绍),要隐蔽的摄像机可设置在顶棚或嵌入壁内,还可采用针孔或棱镜镜头;室内摄像机安装高度2.5~5m,室外摄像机安装高度不低于3.5m,室外摄像机要备有防雨罩,摄像机外壳和视频电缆一样对地绝缘,可避免干扰,摄像机的防护罩、安装用支架等金属部件可接地。

③ 一般将监视器安装在固定的机架和柜上,也可安装在操作台操作柜上,都应满足

承重、散热、通风等要求；监视器的安装位置应使荧光屏不受外来光线直射，当有不可避免的光照时，可设置遮光罩遮挡；监视器的外部可调节部分，应暴露在便于操作的位置，并可加保护盖；监视器的板卡、接头等部位的连接应紧密、牢靠。

（3）案例三

1）背景

A公司为一消防工程施工专业公司，某项目部有范姓施工员，其根据类似工程施工质量问题的统计资料分析比较后，发现主要有点型烟感火灾探测器布置不当和ZST15型洒水喷头选用不妥（主要是色标与工作环境温度不适配），为此范施工员整理了有关规范及产品技术文件。编写了针对解决这两类问题的技术交底文件，在该新工程开始作业前召集全体作业人员进行交底，并要求大家提问，进行解释，且办理了双方签字的确认手续，收到了良好效果，有效地纠正了质量问题。

2）问题

① ZST15型洒水喷头的工作环境温度与玻璃球色标的关系是怎样的？

② 点型火灾探测器安装应注意什么事项？

③ 在有梁的平顶上装点型感烟、感温探测器时应注意什么事项？

3）分析与解答

① 湿式自动喷水灭火系统中玻璃球洒水喷头的工作原理是当环境温度达到公称动作温度时玻璃球破裂，开始喷水启动整个系统，玻璃球喷头的公称动作温度为13个等级，并宜高于环境最高温度30℃，其工作环境温度与玻璃球色标关系如表10-1所示：

工作环境温度与玻璃球色标关系 表10-1

公称动作温度/℃	工作液色标	最高工作环境温度/℃	公称动作温度/℃	工作液色标	最高工作环境温度/℃
57	橙	27	163	紫	133
68	红	38	182	紫	152
79	黄	49	204	黑	174
93	绿	63	227	黑	197
107	绿	77	260	黑	230
121	蓝	91	343	黑	313
141	蓝	111	—	—	—

如我们一般场所采用的是公称动作温度为68℃，最高工作环境温度为38℃，玻璃球色标为红色，而厨房部位采用公称动作温度为93℃，最高工作环境温度为63℃，玻璃球色标为绿色，显然把适用高温环境下的洒水喷头用在低温环境条件，有火灾发生可能不启动，反之则容易产生误动作，所以一定要注意什么环境条件对应正确地选用洒水喷头。

② 点型火灾探测器安装的基本规定是：探测器至墙壁、梁边的水平距离不应小于0.5m；探测器0.5m内不应有遮挡物；探测器至空调送风口边的水平距离不应小于1.5m，至多孔送风顶棚孔口的水平距离不应小于0.5m；在宽度小于3m的内走廊平顶设置探测器宜居中布置；感温探测器安装间距不大于10m，感烟探测器安装间距不大于15m，探测器距端墙的距离为其安装间距的1/2；探测器宜水平安装，若有倾斜不应大于

45°；探测器接线应留有余量的 15cm，接线后应封堵接线口；探测器的确认灯，要便于观察，通常朝向观察人员的主要入口方向。

③ 在大开间场所，平顶上有梁下垂，探测器布置的保护区要修正，当梁突出顶棚高度小于 200mm 时，可以不计梁对探测器保护面积的影响，当梁突出 200mm～600mm 时，要按设计规范进行计算，确定保护面积和梁间区域探测器的个数；当梁突出 600mm 时，被梁隔断的每个梁间区域，至少应设置一只探测器；当被梁隔断的区域面积超过一只探测器的保护面积时，被隔断的区域应按规范要求计算探测器的数量；当梁间净距小于 1m 时，可不计梁对探测器保护面积的影响。

十一、施 工 测 量

本章以测量工作在机电安装工程中的重要性为主线,描述其管理和具体方法,通过学习以提高认识,同时阐明测量工作是指广义的测量不仅是指通常理解的测绘工作,还包含机电工程的检测工作。全面理解可以促使工程质量不断改进。

(一) 技能简介

本节对测量检测工作的重要性和测量仪器仪表的选用原则进行说明,并在正确执行计量法的前提下,就怎样保持测量结果的准确性提出措施。同时对测量结果的记录提出了要求。

1. 技能分析

(1) 测量检测工作的重要性

1) 施工活动中的测量和检测工作是借助计量器具对被测对象进行有目的度量,求得测量值,用以评价活动的结果是否符合规范、标准的规定,是否符合预期的约定。

2) 房屋建筑安装工程中的测量和检测工作是保证工程质量、设备设施安全运行,达到工程设计预期功能的关键工作之一。

3) 施工中测量检测贯穿于施工的全过程,从原材料进场检验直至工程交付的交工验收为止,各个阶段都有测量和检测工作,这足以说明测量和检测工作在施工活动中的普遍性和重要性。

(2) 测量检测仪器选用的基本原则

1) 符合测量检测工作的功能需要。

2) 精度等级、量程等技术指标符合测量值的需要。

3) 必须经过检定合格,有标识,在检定周期内。

4) 外观检查部件齐全,无明显锈蚀受潮现象。

5) 显示部分如指针或数字清晰可辨。

(3) 保持测量的准确性的措施

1) 测量和检测人员要经过培训且考试或考核合格。

2) 分门别类按要求对测量检测仪器仪表进行保管,尤其应注意保管的环境条件。

3) 建立完善的测量和检测用仪器仪表的管理制度,使收、发、存账目清楚,去向用途可追溯,使用、保管、维修各情况有据可查。

4) 有条件的企业按 ISO 标准建立测量管理体系。

2. 测量和检测的记录

(1) 记录的基本要求

1) 记录要真实、正确、完整、齐全、及时,有可追溯性。

① 真实，是指记录要实事求是，不可弄虚作假。

② 正确，是指记录的数据要正确，用数字表达，不能用"符合要求""合格"来替代，也不能用规范标准规定的语言来替代。如规范指出低压电线的绝缘电阻测定值应大于 0.5Ω，若测定时的数值为 $5.2M\Omega$，要用实测数值填入记录，不能用"大于 $0.5M\Omega$"替代。

③ 完整，是指测量或检测的全部内容都应在记录中得到反映，不要遗漏。

④ 齐全，是指记录表式内所有空格均需填写，若本次测量或检测没有该项内容则用横杠作出标识。若用计算机做的记录，签字栏内必须本人签字，不可由他人代签。

⑤ 及时，是指记录要与测量或检测工作同步，要与工程进度同步，两者间隔时间不要太久，若用草稿在测量或检测时做的临时记录，建议在一周内填写入正规记录表式。

⑥ 有可追溯性，是指通过测量或检测的记录，可以了解工程从开始到结束全部施工活动的进程。

2）记录内的单位要用法定计量单位，无论手工书写的还是事先印好的，其表达形式要符合规定。

3）如记录要列入城建档案的，尚应符合国家现行规范《建设工程文件归档整理规范（2019 年版）》GB/T 50328—2014 的规定。

4）如记录中有图或草图，其构图规则要符合国家现行规范《房屋建筑制图统一标准》GB/T 50001—2017 及相应配套标准的规定。

5）有些检测的数据与环境条件关联密切，如与空气的温度、湿度相关，与土壤的含水率相关，与空气中含尘量相关，因而记录表式中有环境条件类栏目者切莫遗漏填写。

（2）记录与施工日志的关系

1）施工日志是现场专业岗位人员每日记录当天相关施工活动的实录。内容广泛，包括计划安排、作业人员调动、作业面情况变化、资源变更、日进度统计、上级指令下达、内外沟通的实情等，还有意外事情的发生，当然这些内容不可能当日会全部发生，但施工日志是施工员、质量员每天必做的工作。测量和检测活动当然亦应记录在内。

2）施工日志的作用是便于检查施工活动安排的有序性和有效性，便于查阅存在问题处理的合理性和及时性，便于月旬作业计划编制的可靠性，便于发现问题、总结经验、汲取教训、持续改进施工管理工作，便于考核检查职责履行情况，为展开奖惩活动提供依据。

3）可追溯性主要指时间坐标上的可查证性，施工日志记录了测绘或检测活动，则活动记录的可追溯性就有了可靠的支撑。

（二）案例分析

本节以案例形式说明施工测量和检测的管理和具体方法，通过学习以利具体操作和提高技能，以适应现场施工管理的需要。

1. 给水排水工程

（1）案例一

1）背景

A 公司承建的某住宅小区安装工程，在建设后期，总包安排室外工程，包括道路围墙和园林绿化工作，要 A 公司先安排室外给水排水管网施工。为此 A 公司项目部 Y 施工员做了管网放样测绘的准备，较顺利地确定了位置，计算了土方开挖回填总量，室外给水排水管网工程如期完工，也验证了其测绘工作的正确性。

2）问题

① 管网测绘的基本步骤是什么？

② 测量的方法又怎样？

③ 给水管网和排水管网测绘有什么区别？

④ 地下管线及附属设施测量应符合哪些规定？

3）分析与解答

① 管网测绘基本步骤有：

A. 根据施工设计图，熟悉管线平面布置，按实际地形绘制施工平面草图和典型断面草图。

B. 按平面、断面草图对管线放样测量，且要在管线施工过程中进行控制测量。

C. 在管线施工完成后，最终测绘平面、断面竣工图。

② 管网测绘的基本方法有：

A. 定位

可以依据已有建筑物进行管线定位，也可依据控制点进行管线定位。

B. 高程控制

可埋设管线高程控制的临时水准点，水准点一般都选在已有建筑物的墙角、台阶和基岩等处，也可埋设临时标桩作为水准点，但水准点的定位偏差要在允许范围内。

C. 管网竣工图的测量必须在回填土前，测量出管线的起点、终点、窨井标高和管顶标高。

③ 给水管是压力流，排水管是重力流，两者的坡度不仅数值不同而且坡向要求也各不一致。给水管有坡度，目的是检修时放净其中的剩水，一般在管网最低点设置排放阀门，向就近的窨井排放。但排水管道则不然，其坡度始终指向集污井等构筑物，促使有力排放。

④ 地下管线及附属设施测量应符合以下规定：

A. 应测定各类管线的起讫点、分支点、交叉点、转折点以及附属设施的角点等明显特征点的平面坐标和高程。测定高程时，应区分管线的外顶高程和内底高程。管线明显特征点相对于邻近控制点的平面位置中误差不应大于 50mm，高程中误差不应大于 30mm。

B. 应调查管线的类型、权属、断面形状尺寸、材质以及附属设施的用途、结构类型等基本属性信息。

C. 应编绘反映地下管线、附属设施及其与地面道路、绿地、建筑等要素间关系的综合图。

（2）案例二

1）背景

某公司承建一大学教学楼的机电安装工程，其中给水管道安装要做两种强度检测（即管道试压），分别是单项试压和系统试压。为此专业施工员做了试压前的准备，并组织实施了作业。由于准备充分，措施有力，试压工作达到了预期效果。

2) 问题

① 施工员在给水管道试压前做哪些准备工作？
② 管道试压的步骤应怎样组织？
③ 不同材质的给水管道，其试压合格的标准是怎样规定的？

3) 分析与解答

试压前施工员应先确定试压的性质是单项试压还是系统试压，检查被试压的管道是否已安装完成，支架是否齐全固定可靠，预留口要堵严，有的转弯处设临时档墩避免管道试压时移位，确定水源接入点，检查试压后排放路径，决定试压泵的位置，依据试验压力值选定两只试压用压力表，确认其在检定周期内，向作业人员交底等均为施工员应做的试压前准备工作。冬季还要做防冻措施。

基本步骤如下：

A. 接好试压泵。
B. 关闭入口总阀和所有泄水阀门及低处放水阀门。
C. 打开系统内各支路及主干管上的阀门。
D. 打开系统最高处的排气阀门。
E. 打开试压用水源阀门，系统充水。
F. 满水后排净空气，并将排气阀关闭。
G. 进行满水情况下全面检查，如有渗漏及时处理，处理好后才能加压。
H. 加压试验并检查，直至全面合格。加压应缓慢升压至试验压力。
I. 拆除试压泵、关闭试压用水源、泄放系统内试压用水，直至排净。

试压合格标准要符合施工设计的说明，如施工设计未注明时，通常为：

A. 各种材质的给水管，其试验压力均为工作压力的 1.5 倍，但不小于 0.6MPa。
B. 金属及复合管在试验压力下，观察 10min，压力降不大于 0.02MPa，然后降到工作压力进行检查，以不渗漏为合格。
C. 塑料管在试验压力下，稳压 1h，压力降不大于 0.05MPa，然后降到工作压力的 1.15 倍，稳压 2h，压力降不大于 0.03MPa，同时进行检查，以不渗不漏为合格。

(3) 案例三

1) 背景

某公司承建的学生宿舍楼为多层建筑，东西两侧都设有卫生间，屋顶雨水排放管为暗敷在墙内，在排水管道施工过程中要做检测试验。为此项目部施工员编制了试验计划，实施中有力保证了工序和工种的衔接，促使施工进度计划正常执行。

2) 问题

① 该宿舍楼排水管道工程施工中什么部位要做试验检测？（指隐蔽部位）
② 排水管道灌水试验合格怎样判定？
③ 什么是排水管道的通球试验、通水试验？

3) 分析与解答

排水管道施工中如属于隐蔽工程的，隐蔽前均应做灌水试验。该宿舍楼有两种部位，第一是雨水排水管道，第二是东西两侧卫生间首层地面下的排水管道。

雨水管道灌水试验的灌水高度必须到每根立管上部的雨水斗，试验持续时间 1h，不渗不漏为合格。

卫生间排水管灌水试验的灌水高度不低于底层卫生洁具的上边缘或底层地面，满水15min，水面下降后，再灌满观察5min，液面不降、管道接口无渗漏为合格。

通球试验是对排水主立管和水平干管的通畅性进行检测，用不小于管内径2/3的木制球或塑料球进入管内，检查其是否能通过，通球率达到100%为合格。

系统的通水试验是将给水系统的1/3配水点同时打开，检查各排水点是否畅通，接口无渗漏现象为合格。

2. 建筑电气工程

(1) 案例一

1) 背景

某施工现场开工后，先做塔式起重机基础，为方便材料进场，拟先将两台塔式起重机组立起来，项目部提出要先测定塔式起重机防雷接地装置的接地电阻值，合格后再组立塔吊，于是施工员用仪表实施了接地装置的检测。

2) 问题

① 施工员为什么先检测接地装置的接地电阻值？

② 接地电阻测量方法有哪些？接地电阻测量仪ZC-8的应用要注意哪些事项？

③ 为什么要至少测两次取平均值，什么时候测量较合适？

3) 分析与答案

① 因为塔式起重机上避雷针的避雷原理是将大气过电压（雷电）吸引过来泄放入大地而防止其闪击塔吊而造成损害，而泄放入大地要经过接地装置。如接地不良即接地电阻值不符合规定，则泄放雷电会失效，而形成更大的雷击概率，造成更多的危害。所以项目部提出要先测接地装置接地电阻值，合格后再立塔式起重机，若经检测不合格应增加接地极，直至合格为止。

② 接地电阻测定的方法较多，有电压电流表法、比率计法、接地电阻测量仪测量法等。

ZC-8接地电阻测量仪使用的注意事项有：

A. 接地极、电位探测针、电流探测针三者成一直线，电位探测针居中，三者等距，均为20m。

B. 接地极、电位探测针、电流探测针各自引出相同截面的绝缘电线接至仪表上，要一一对应不可错接。

C. ZC-8仪表放置于水平位置，检查调零。

D. 先将倍率标度置于最大倍数，慢转摇把，使零指示器位于中间位置，加快转动速度至120r/min。

E. 如测量度盘读数小于1，应调整倍率标度于较小倍数，再调整测量标度盘，多次调整后，指针完全平衡在中心线上。

F. 测量标度盘的读数乘以倍率标度即得所测接地装置的接地电阻值。

③ 为了正确反映接地电阻值，通常至少测两次，两次测量的探针连线在条件允许的情况下，互成90°角，最终数值为两次测得值的平均值。

接地电阻值受地下水位的高低影响大,所以建议不要在雨中或雨后测量,最好连续干燥 10d 后进行检测。

(2) 案例二

1) 背景

某市民航机场的机电安装工程由 A 公司承建,该工程的电气动力中心的主开关室到各分中心变配电所用电力电缆馈电,每根电缆长度达 1000m 以上。项目部施工员在试送电前要求作业班组在绝缘检查合格后才能通电试运行,认为用高压兆欧表(摇表)测试电缆绝缘状况是常规操作,所以未做详细交代,结果个别班组作业人员遭到被测电缆芯线余电放电电击,虽无大碍,但影响了心理健康。

2) 问题

① 长度较长的电缆为什么在绝缘测试中会发生电击现象?

② 怎样应用兆欧表测试电缆的绝缘电阻值?

③ 从背景中可知施工员交底中有什么缺陷?

3) 分析与解答

① 兆欧表摇测电缆芯线绝缘时,实际是对电缆充电,检查其泄漏电流的大小,以判断其绝缘状况。高压兆欧表的充电电压可达 2500V,若电缆绝缘状况良好,绝缘测试后,芯线短时内仍处于高电压状态,电缆线路越长,其电容量越大。测试后其贮存的电能量大,短时内不会消失,所以电气测试的有关规程规定,测试完毕应及时放电,否则易造成人身伤害。这个原则不光对较长电缆的测试适用,电容量大的如大型变压器、电机等的绝缘测试也适用。

② 用兆欧表测量绝缘电阻值基本方法如下:

A. 兆欧表按被试对象额定电压大小选用。100V 以下,宜采用 250V50MΩ 及以上的兆欧表;500V 以下至 100V,宜采用 500V100MΩ 及以上兆欧表;3000V 以下至 500V,宜采用 1000V2000MΩ 及以上兆欧表;10000V 至 3000V,宜采用 2500V10000MΩ 及以上兆欧表。

B. 测试操作

a. 水平放置兆欧表,表的 L 端钮与被测电缆芯线连接,表的 E 端钮与接地线连接,其余电缆芯线均应接地。

b. 匀速摇转兆欧表,达 120 转/min,待指针稳定后读取记录该相芯线绝缘电阻值。

c. 测试完仍保持转速,断开 L 端钮接线,停止摇转兆欧表。

d. 用放电棒对该相芯线放电,不少于 2 次。

e. 同法测另外芯线的绝缘电阻值。

③ 从背景可知,施工员仅对作业班组进行了工作任务布置,没有提醒要注意的安全操作要领。

(3) 案例三

1) 背景

某项目电气照明工程(含插座)已完工,通电试运行亦已完成,项目部电气施工员要求施工班级根据《建筑电气工程施工质量验收规范》GB 50303—2015 的要求,对照明(插座)回路进行接地故障回路阻抗测试。

2)问题

① 为什么要进行接地故障回路电阻测试?

② 接地故障回路电阻的测试方法?

③ 测试结果的分析。

3)分析与答案

① 建筑电气安装工程中,照明(插座)回路主开关设计多为小型断路器,适用于交流 50/60Hz 额定电压 230/400V,额定电流至 63A 线路的过载和短路保护之用,断路器既有电源主开关的功能,亦有过流保护器及短路(故障)保护器的功能。如果 TN 和 TT 系统接地故障回路阻抗过大,则会造成该回路故障电流过小,而导致过电流保护电器不能动作或不能及时动作,将可能引发人身电击伤害,因此,要求测试故障回路阻抗。导致回路阻抗值超限值的原因一是用电回路导体选择不当或用电回路线路过长;二是由于用电回路导线连接点接触不好,接触电阻增加所致,所以抽查回路时应选择用电回路线路相对较长且导线中间连接点相对较多的回路,由于施工设计时一般对用电回路的线路长度是有规定的,故回路阻抗的测试主要是以检验导线连接点的连接质量。

② 测试可采用带有回路阻抗测试功能的测试仪表进行检测,在照明(插座)配电系统中选择线路较长、接点较多的回路,在回路终端进行测试,将所测数据与公式(11-1)进行比对。以验证在发生接地故障时,过电流保护电器的有效性。

$$Z_s(m) \leqslant \frac{2}{3} \times \frac{U_0}{I_a} \tag{11-1}$$

式中:$Z_s(m)$——实测接地故障回路阻抗(Ω);

U_0——相导体对接地的中性导体的电压(V);

I_a——保护电器在规定时间内切断故障回路的动作电流(A)。

③ 如果实测的回路阻抗值大于计算的回路阻抗值,则应检查回路导体的连接质量,必要时应请电气设计人员复核回路阻抗计算书。

3. 通风与空调工程

(1)案例一

1)背景

A 公司承建的某大楼防排烟通风工程,经试运转和调试检测,形成调试报告。经业主送有关机构审核,审核通过后可办理单位工程交工手续。审核中发现有些检测数据不符规定,发回整改,要求重新调试检测。

2)问题

① 防排烟通风工程调试检测的准备工作包括哪些内容?

② 调试检测主要用什么仪表,几个关键场所的风压、风速数据是多少?

③ 防排烟系统的联动关系是怎样的?

3)分析与解答

① 调试检测的准备工作有三个方面:

A. 人员组织准备,包括施工、监理和业主及使用单位等相关人员。

B. 调试检测方案准备,内容包括调试程序、方法、进度、目标要求等,方案应经审批后才能实施。

C. 仪器、仪表准备，其性能可靠，精度等级满足要求、检定合格在有效期内。

② 调试用的主要仪表是微压计和风速仪，正压送风机启动后，楼梯间、前室、疏散走道风压呈递减趋势，防排烟楼梯间与疏散走道之间的压差为40~50Pa，前室、合用前室、封闭的避难层（间）封闭楼梯间与疏散走道之间的压道为25~30Pa。启动排烟风机后，排烟口的风速宜为3~4m/s，但不能大于10m/s。

③ 防排烟系统的联动关系为：

A. 机械加压送风系统：

a. 当任何一个常闭送风口开启时，相应的送风机均应能联动启动。

b. 与火灾自动报警系统联动调试时，当火灾自动报警探测器发出火警信号后，应在15s内启动与设计要求一致的送风口、送风机，且其联动启动方式应符合现行国家标准的规定，其状态信号应反馈到消防控制室。

B. 机械排烟系统

a. 当任何一个常闭排烟阀或排烟口开启时，排烟风机均应能联动启动。

b. 应与火灾自动报警系统联动调试。当火灾自动报警系统发出火警信号后，机械排烟系统应启动有关部位的排烟阀或排烟口、排烟风机；启动的排烟阀或排烟口、排烟风机应与设计和国家标准要求一致，其状态信号应反馈到消防控制室。

c. 有补风要求的机械排烟场所，当火灾确认后，补风系统应启动。

d. 排烟系统与通风系统合用时，当火灾自动报警系统发出火警信号后，由一般通风、系统转换为排烟系统的时间应符合现行国家标准的规定。

C. 自动排烟窗

a. 自动排烟窗应在火灾自动报警系统发出火警信号后联动开启到符合要求的位置。

b. 动作状态信号应反馈到消防控制室。

D. 活动挡烟垂壁

a. 活动挡烟垂壁应在火灾报警后联动下降到设计高度。

b. 动作状态信号应反馈到消防控制室。

（2）案例二

1）背景

B公司承建的一幢办公大楼通风与空调工程在联合试运转后，经风量调整，办公人员陆续迁入，但发现环境条件与设计预期差异较大。查阅交工资料后，未找到通风与空调工程的综合效果测定资料。B公司认为当时处于无负荷状态综合效果测定无实际意义，现在既然已搬进办公，对通风与空调的各项指标可以进行在负荷状态下检测以验证设计与施工的符合性，是科学合理的，表示同意择时做综合效果的测定。

2）问题

① 综合效果测定的前提条件是什么？目的又是什么？

② 综合效果测定中的主要检测项目是什么？

③ 空调与通风工程综合效果测定后，还要做什么工作？

3）分析与解答

① 通风与空调工程在无生产负荷下的试运转和调试，是指在房屋建筑未曾使用情况

下的试运转和调试，但对工程的设备及整个系统不是空载的而是有负荷，实际上这是整个试运转的第一步，也是必须经过的一个过程，是综合效果测定的必备条件。综合效果测定的目的是考核通风与空调工程在实际使用中能否达到预期的效果，因为这种情况下的测定，效果真实，干扰多，考验着系统的调节功能是否完善，是否要改进。

② 综合效果测定的内容包括室内的风速分布、温度分布、相对湿度分布和噪声分布四个方面。风速即气流速度，用热球式风速仪测定，温度可用水银温度计在不同标高平面上测定，相对湿度用自记录式毛发温度计测定，噪声用声级计测定，选点在房间中心离地面高度 1.2m 处。

③ 如综合效果测定与设计预期差异较大，则应给以调整，使室内气象条件各项指标符合要求，而且处于经济运行状态。当然这是与整个系统的设备先进程度和自动化水平高低直接相关的。

4. 机械安装工程

案例

(1) 背景

某一大型体育中心，为 S 市的标志性建筑，不仅功能完备，而且装饰豪华，是该市工程建设的质量管理样板工程。Z 公司中标承建体育中心的空调冷却水循环泵房机电安装工程，泵房装有四台进水口径为 $\phi=400mm$ 的大型离心水泵，四台泵的出口由法兰连接的汇水总管并联向外通过调节阀门向多路干管输送冷却水。Z 公司投标时承诺水泵安装排列整齐美观、泵房内管道布置方便操作有利维护检修、运行平稳噪声小。为此 Z 公司现场施工项目部对泵房的建筑设备安装工程制定了专项施工方案，其中首先一个工序是对土建施工的水泵块状混凝土基础用水准仪、钢板尺、钢盘尺等测量工具进行位置和尺寸的复核，认为符合要求后，方才展开后续工序。因方案制定符合工程实际可操作性强、方案实施认真有效、作业人员技艺精湛。Z 公司在工程进度和质量两个方面均实现了投标时的承诺。

(2) 问题

1) 水准仪测量时应注意哪些方面？

2) 水泵安装排列整齐是否仅是观感质量要求，有无具体的规定？

3) 在对水泵的块状混凝土基础标高复核时，发现有偏差或四角不一致，是否必须返工，为什么？

(3) 分析与解答

1) 水准仪和水准尺必须经过检验和校正才能使用，安装测量标高因精度等级要求关系，不用木制水准尺（塔尺），而用 1m 长的不锈钢钢板尺同样要检验校正；水准仪要安置在坚固的地面上；观测时观测者的手不可放在仪器或三脚架上；水准尺要立直；读数前要消除误差并使其水准气泡严格居中；读数要快速、准确。

2) 水泵安装要排列整齐，该用词似乎是宏观的观感质量要求，实则不然，对成排并列安装的水泵，应做到水泵的轴中心线标高一致（指同规格水泵）；水泵的横向中心线在同一条直线上；水泵的纵向中心线相互平行，且间距相同。做到这样才可认为排列整齐。

3) 对水泵的基础标高或尺寸的复核，目的检查其有无过大的偏差，通常发现有偏差是正常现象，因为混凝土浇筑误差为公分级（厘米级），而水泵安装的水平度偏差是毫米级，所以有差异不需返工，而是通过安装施工工艺在水泵底座与混凝土基础间加薄钢板制成的垫板调整水平度即可符合水泵的运行要求，且经过二次灌浆加以固定。

十二、施工区段和施工顺序划分

本章对施工组织管理的区段划分和相关的术语进行说明,并介绍划分的基本方法,通过学习以提高相应的能力。

(一) 技能简介

本节对施工组织活动中有关术语的定义给以说明,并将彼此间的关联情况作出介绍,希冀在概念上有一个较清楚的认识。

1. 定义

(1) 施工区段

1) 实践证明,一个工程项目的施工要分区实施,区内要分段施工,才能使工程循序渐进,有条不紊地展开,从而取得良好效益。

2) 常用的施工组织方法有依次施工、平行施工和流水施工三种,只要不是应急抢险工程,正常情况下依据具体情况(指生产资源供给的能力状态)基本上都选择上述三种之一的施工组织模式。而这三种组织模式都要对施工区域划区分段。

3) 规模较小的单位工程可不分区,但必须分段施工,这是客观实际情况的反映。

(2) 施工顺序

1) 施工顺序反映施工活动中的工序衔接关系,应符合工艺技术规律,在一定生产力水平下是不能违反的。比如电气工程中要导管敷设安排在先,管内穿线安排在后,反过来的安排是不可能也行不通的。

2) 施工顺序有空间顺序和工种顺序之分。讨论空间顺序目的是解决施工的流向,施工流向是由施工组织、缩短工期和保证施工质量三个方面的要求而决定的。讨论工种顺序目的是解决工种之间在时间上的衔接关系,必须在满足施工工艺要求的前提下,尽可能地利用工作面,使按工艺规律的两个相邻工种在时间上合理地和最大限度地搭接起来,如组织流水施工,显得十分必要。空间顺序的安排要以工种顺序为基础,不能违反工艺规律。

(3) 程序与顺序

1) 顺序的含义已明确,程序的安排不能违反顺序的安排原则,即不可违背技术规律,但对可以平行施工的工序,则可按人们的意愿作出灵活的安排。比如建筑电气工程中的照明工程,当导管穿线后可以安排三个工作,即安装灯具、安装开关、安装插座,哪个先装、哪个后装,可由程序安排者依据具体情况作出决定。由此可见顺序是客观存在,不能人为调整,而程序是有可能作出调整的。

2) 程序表达的形式可以是文字说明、列表说明、框图等,以图示为最佳选择。

2. 区段划分时安装与土建的关系

（1）民用建筑工程

民用建筑工程土建施工单位为总承包单位，安装工程施工单位为分包单位，所以安装工程的区段划分要与土建工程的区段划分保持一致，以保证项目建设按期完成。

（2）工业建筑工程

工业建筑工程的施工总进度安排一般以工艺生产线尽早投产作出安排，其区段划分以生产流程为主导，所以建筑安装两类工程的区段划分也基本保持一致，但划分的原则是有区别的。

（二）典型施工顺序介绍

本节以房屋建筑安装工程中具有代表性的各专业常见分项工程的施工顺序为例进行介绍，并作解释，希望通过学习，在实践中得以应用。

1. 给水排水工程

（1）室内给水管道工程

1）施工顺序

施工准备→管道预制→支吊架制作安装→[立管安装→支管安装 / 阀门安装]→管道试压→管道防腐或保温→管道冲洗消毒。

2）解释

① 立管安装包括干管安装，如室内供水形成环网供水，则干管是水平的，应先安装，若是立管从室外环网引入的，则干管就是引入管的一段。

② 阀门安装是在立管、支管的安装中交叉进行的。

③ 文字中用"或"表示视具体情况而发生的作业活动。

（2）室内排水管道工程

1）施工顺序

施工准备→管道预制→支吊架制作安装→立管安装→支管安装→封口堵洞→灌水试验→通球试验。

2）解释

① 如施工中某段管子需隐蔽，则该段管子应先进行灌水试验和通球试验。

② 如排水工程的管子全部处于吊平顶内和竖井内，则管子试验合格后，土建或装饰施工单位才能做竖井的防火封堵和做吊平顶。

（3）室外给水管道工程

1）施工顺序

施工准备→放线挖土→沟槽验收→管道预制→布管、下管→管道对口、调直稳固→管道连接→试压、冲洗、消毒→土方回填、砌阀门井。

2）解释

① 施工顺序提供了室外给水工程施工的全过程,其中有些工序如挖土、回填和砌阀门井等作业可由安装施工单位委托专业队施工。

② 管道试压前是否要对管道加置防止试压过程中发生位移等现象的阻挡物,视工程的管径、工作压力等具体情况,由施工方案、作业指导书等技术交底文件确定。

2. 建筑电气工程

(1) 盘柜安装

1) 施工顺序

施工准备→盘柜尺寸核对→基础型钢制作安装→盘柜搬运就位→硬母线安装→一、二次线连接→试验整定→送电运行验收。

2) 解释

① 该施工顺序主要适用于变配电所内集中的高低压配电柜的安装。

② 如盘柜集中存放在设备仓库内,基础型钢的形位尺寸可在库房内进行测定,则盘柜搬运这个顺序可安排在盘柜就位之前、基础型钢制作安装之后。

(2) 钢导管敷设

1) 施工顺序

施工准备→管线、盒箱定位→盒箱固定→支吊架制作安装→导管加工→管路敷设→变形缝处的处理→接地线连接→清扫管路。

2) 解释

① 该顺序适用于钢导管的明敷设,如暗敷于现浇楼板内,尚需补充混凝土浇筑时的监护这个顺序。

② 因钢导管的连接形式有多种,在管路敷设这个顺序中可以将连接作业化解出不同的子顺序。

③ 最末一个顺序清扫管路也可看作管内穿线这个分项工程的施工准备的主要内容。

(3) 防雷接地安装

1) 施工顺序

2) 解释

① 如施工设计以建筑桩基等自然接地体作该建筑物的接地装置,则连通完成后,要测量接地电阻值,若不能满足要求,则要起动人工接地体制作安装这条辅助线。

② 如施工设计未规定利用自然接地体(通常为多层建筑),则防雷接地安装的施工顺序按人工接地体和避雷线明敷这条线路安排施工顺序。

③ 无论何种情况,接闪器安装要排在最末端。

3. 通风与空调工程

（1）金属风管制作

1）施工顺序

2）解释

① 该加工顺序反映了金属薄板风管以现有加工机械制作的全部顺序安排，计由板材加工、型材加工、组合（组成风管）三个子顺序合成。

② 末端"安装"不是制作的施工顺序，仅指明了成品的下道顺序去向。

（2）风管及部件安装

1）施工顺序

2）解释

① 这是一个金属风管安装的通用顺序，比如风管的保温视作安装前已完成，但没有对安装后应作保温的修补作出安排，显然有不足之处，实际应用时应加以补充。

② 明确了安装就位应着落于正式支吊架上，不得使用临时支架支撑，以提高效益，减少安全事故的风险。

（3）洁净空调工程安装

1）施工顺序

→风管严密性试验 → 风管保温 → 设备单机试运转 → 高效过滤器安装 → 通风与空调系统测试和试运行 → 净化空调系统洁净室各项指标检测。

2）解释

① 这个顺序安排反映了洁净空调系统安装全部流程。

② 顺序安排中指明了洁净空调系统中关键设备高效过滤器的安装时机在设备单机试运转合格后，是不可违反的，否则会使其损坏或失效。

4. 其他工程

（1）室内自动喷水灭火系统安装

1）施工顺序

装及试压 → 喷头及系统组件安装 → 系统调试。

2）解释

① 该顺序安排为一幢大楼的自动喷水灭火工程，其管网的试压可分层分段实施。

② 喷头支管安装指的是在吊平顶上的喷头支管，一般不与管网同时完成，需与装饰工程同时进行，因而要单独试压。

③ 系统组件指的是水流指示器、报警阀组、节流减压装置等，应在管网冲洗后安装，否则易在冲洗过程中导致损坏。

（2）通风与空调绝热工程安装

1）施工顺序

2）解释

① 该顺序是空调风管内外绝热施工的通用顺序，粘结卡固这个顺序由于材料不同要用子顺序给予细化。

② 本顺序适用于风管岩棉类板材内、外保温、橡塑类板材内外保温。

5. 结论

所有介绍的典型施工顺序是常规情况下的安排。由于未作背景说明，应用时要依工程具体情况在不违反工艺技术规律的前提下作出剪裁修正，以促进施工过程合理有序进行。

十三、施工进度计划编制与资源平衡计算

本章以单位工程施工进度计划编制、实施、调整为主线说明进度计划与资源管理间的关系，希望通过学习提高从业者的平衡协调能力，促使项目施工不断提高效益。

（一）技能简介

本节主要对施工员应具备的施工进度计划和资源平衡计划编制能力作出介绍，并通过案例分析，以验证其掌握程度。

1. 施工进度计划编制的重要性

（1）施工活动的结果是形成工程实体，工程实体的形成应是符合施工顺序、符合工艺规律、符合当前的科学技术水平，而这三个符合应体现在施工进度计划编制过程中。

（2）合理的施工进度计划有利于工程实体的顺利形成，并确保工程质量、确保安全施工。

（3）按施工进度计划展开施工活动形成建筑产品如各种制造厂按计划生产产品一样，同理不能生产产品的工厂和不能形成工程实体的施工活动一样是无效的，没有存在的必要，也使其他各项管理工作失去存在的基础，所以施工进度计划的编制、实施和控制在施工活动的全部管理工作中是属于首位的。

（4）编制好的施工进度计划是编制同期的各种生产资源需要量计划的重要依据，包括人力资源、材料和工程设备、施工机械、施工技术和施工需用资金等各种需要量计划。

2. 施工进度计划与资源供给计划

这两个计划是互相协调和平衡的关系，表现为：

（1）施工进度计划编制前，必须对生产资源供给的状况和能力进行调查，作出评估，否则施工进度计划的实施有着一定的风险。

（2）施工进度计划确定后，是编制生产资源供给计划的依据，该计划的执行是施工进度计划实施的物质保证。

（3）施工进度计划的编制实行弹性原则，即计划要留有余地，使之有调整的可能。同样地，资源供给计划的编制也要坚持弹性原则，留有余地，当施工进度计划作出调整时使资源有可能进行调度。

（4）施工进度计划编制中应用的循环原理、系统原理、动态控制原理和信息反馈原理等方法或原则，同样适用于资源供给计划的编制，仅是侧重点各有不同。否则两种计划的编制和执行就做不到同步协调、总体平衡。

3. 施工进度计划的实施和检查

(1) 计划实施

1) 实施前的交底

① 如交底工作由企业组织，则参加的人员包括项目部的相关管理人员、作业队（组）长、分包方的有关人员。

② 交底的内容包括明确进度控制的重点，交代资源供给状况，确定各专业间衔接部位和衔接时间，介绍安全技术措施要领，介绍该单位工程质量目标。

③ 为保证进度计划顺利实施，企业将采取的经济措施和组织措施同时作出说明，以求取得共识，并对各项技术经济指标作量化介绍，为签订承包责任书做好准备。

2) 实施中的进度统计

① 做好实时的实际进度统计，以便与计划对比，确定是否出现偏差，以供是否需调整作决策依据。

② 统计实物工程量进度的同时，统计资源消耗量，便于积累经验和数据，为制订企业定额奠定基础、创造条件。

3) 实施中的资源调度

调度分为正常调度和应急调度两类。

① 正常调度是指进入单位工程的生产资源是按进度计划供给的，调度的作用是按预期方案将资源在各专业间合理分配。

② 应急调度是指发现进度计划执行发生偏差先兆或已发生偏差，采用对生产资源分配进行调整，目的是消除进度偏差。

(2) 计划的检查

1) 做好进度统计是检查计划执行效果的主要手段，可以发现进度有无偏差及偏差程度的大小。

2) 通过检查可以进一步协调各专业间的衔接关系，掌握工作面的状况和安全技术措施的落实程度，为下一轮计划的编制做好准备。

（二）案例分析

本节以案例形式介绍房屋建筑安装工程各专业进度计划的实施与调整，希望通过学习，以提高实际操作技能。

1. 给水排水工程

(1) 案例一

1) 背景

A公司承建的我国东南沿海某市旅游度假区别墅群的机电安装工程，已处于收尾阶段，其中给水排水工程主要是室内卫生洁具的配管和每幢别墅的给水管冲洗消毒及排水管的通球试验，室外配合园林绿化做喷水池、水景等的给水管敷设。其时正值南方多雨季节，A公司项目部安排了每个月的作业计划，由于计划安排较妥善，3个月的收尾工作虽有曲折，但能如期完成。

2) 问题

① A 公司项目部在多雨季节施工应怎样安排好室内外的施工作业？

② A 公司项目部应怎样做计划交底工作？

③ A 公司项目部应怎样考虑收尾阶段的资源调度？

3) 分析与解答

① 从背景可知，该工程在收尾阶段的给水排水安装的特点有 2 个，一是工程比较零星分散，二是有室内室外两类作业环境。室外作业在多雨季节施工受气候影响较大，因而计划安排时对每个作业班组都下达了室内作业计划和室外作业计划。计划的时间单位为日，由作业班组自行调度，雨天在室内施工，天好先做室外的工作，考核进度计划完成情况以每日完成的实物形象进度为准。材料、施工机具的配置按作业计划安排分室内室外两大部分。

② 通常收尾阶段作业计划的交底要按每个收尾部位为单元进行。由于零星分散，每个部位作业人数不多，所以交底要贯彻到每个具体作业人员，内容包括质量要求、完成所需时间、安全注意事项、雨天和晴天的交替安排、所需材料设备的存贮情况等。

③ 由于收尾阶段工程零星分散，所需资源量不大，但品种较多，同时有积累下来的未解决的材料问题，因而资源（材料）需用量计划要按每个收尾部位列表编制清单，汇总后成采购供应的依据，调度与分配按清单执行。同时仓储量不应过多，只要略大于定额损耗率即可，以免增加完工后的材料退库回收数量。

(2) 案例二

1) 背景

A 公司承建一体育中心的供水泵房，泵房装有多台大型离心水泵，泵房配有 10t 检修用梁式吊车。工程承包合同约定，工程内容包括机械设备安装、泵房配管、电气工程、仪表工程，以水泵供水日为工期目标。同时合同还约定，全部设备材料由 A 公司采购供应。泵房的建筑工程已基本完成，安装工程具备全面开工条件，为此 A 公司设备材料管理部门与设备材料供应商签订了采购供应合同。A 公司项目部制定了泵房施工进度计划，经批准按期开工。开工一周后，水泵供应商函告，由于制造厂遭水患，厂房受损不能按期供货。

2) 问题

① 依据背景材料，A 公司项目部应怎样安排施工进度计划？

② 当水泵供应商函告延期供货，A 公司项目部应怎样调整进度计划，又作出怎样的调度？

③ 泵房的施工怎样安排各专业间的衔接？

3) 分析与解答

① 从背景看这是一个大型供水泵房，水泵重量较大，施工设计考虑比较周密，所以配备了检修用吊车。A 公司项目部安排进度计划时，以水泵安装及泵房配管为主线、电气工程和仪表工程为辅线可平行于主线同时施工，而三条施工线路的汇合点是在水泵试运转的时间节点上。为了能在施工中吊运设备及材料，项目部在开工后首先安排的是将 10t 梁式吊车及其轨道安装好，经特种设备监督机构检查验收后，用临时电源通电运行，以方

便施工。

② 按常规施工安排，泵房的水泵安装通常排在进度计划的首位，为后续的泵房配管奠定基础。项目部接到水泵供应商函告供货延期后迅即作出反应，将安装好吊车的钳工和起重工调离泵房，将管工和电工调入进行泵房的配管及预制，使管道与泵的连接留一段豁口，以便泵安装后连接。同时调整施工方案，不使配管妨碍日后泵的吊装就位，电工开始部分电气工程的安装，尽最大程度地完成工程量，可以仅留下从配电柜至泵电动机一段馈电电缆，待日后水泵及电动机就位后再连接。项目部经过人力资源和物资调度及修正施工方案等一系列预防因水泵延期交货而影响施工进度计划的措施，确保了总工期，达到水泵房按期供水的目标。

③ 正常情况下，该工程各专业的衔接应是：机械设备安装专业先行将吊车、水泵安装就位，给管道安装专业配管定位创造条件，同时吊车给电气和仪表安装专业提供了盘柜安装就位的方便，泵房配管基本完成，管道安装专业给仪表（含温度、压力、流量等）的测点定位提供了条件，电气安装专业要在水泵试运转这个时间节点前完工，并在仪表可以系统调校前对仪表供电，仪表系统调校完成，电气专业将电动机空载试运行完成，两者都合格，这就为水泵负荷试运转向外供水提供了必备条件。

2. 建筑电气工程

（1）案例一

1）背景

B公司承建一幢高层建筑商住楼的机电安装工程，其中建筑电气工程的导管埋设和电缆桥架及线槽敷设均已到位，因而安排月度作业计划时突出了两个可平行作业的分项工程，即管内穿线和桥架内电缆敷设，由两个作业队分别进行，工作面互不干扰，人员配备相当，测算估计各要用20天方可完成。实施计划前，送检的电线质量检测报告通知，电线质量不符规定，要向供货商退货，更换合格的产品，为此B公司项目部调整了施工作业进度计划。

2）问题

① B公司项目部应怎样调整作业计划？

② 这种影响作业计划的因素属于什么性质？

③ 为什么B公司项目部能比较顺利地调整作业进度计划？

3）分析与解答

① 从背景可知，B公司项目部对建筑电气工程月度作业计划安排的两个分项工程的所需劳动工日或所需日历天数是相当的。所以当供货商合格电线赔付到来之前，把电工作业人员全部集中到桥架内电缆敷设工作中去，加快了电缆敷设的进度。合格电线估计一周后能送到，送到后可以作两种安排，第一全部电工作业人员继续敷设桥架内电缆，敷设完成再一起转入管内穿线工作；第二是原定管内穿线作业人员不再敷设桥架内电缆，转入管内穿线工作。由于工作量相当，所以两个分项工程均能按计划完工。但第一种安排较佳，可以少一些施工准备工作的时间。

② 这种影响进度计划实施的因素属于项目外部造成的，主要是供应商违约，违背采购合同（格式合同）对产品供应质量的约定。也可视作项目内部即到场材料经检查验收不

合格现象严重而引起的。

③ 项目部安排的该月建筑电气工程作业计划是两个可平行工作的作业。没有工艺技术规律的约束，实施计划时遇到干扰发生偏差容易调整，这也是编制作业计划要考虑的弹性原理的体现。如果作业进度计划编制成一系列有相互制约、不可逾越、依次进行、只能衔接的工作安排，只要其中一个工作节点由于影响因素干扰而停止作业，则进度计划无法继续实施，这样的安排不合理也不能算作好的计划。

(2) 案例二

1) 背景

A 公司为一特级建筑总承包公司，属下有机电安装分公司。A 公司承建的某大型酒店工程正处于全面装修阶段，毗邻的某中学教学楼正在施工主体结构，两者为同一项目经理部管理。机电安装工程由 A 公司机电分公司施工，由于机电分公司作业队施工力量的限制，教学楼每层楼板内埋设的电气导管的作业天数要比同类工程长，因而项目部在优先保证酒店工程需要的前提下，放慢了教学楼施工进度计划安排。虽然其他工地有富余的建筑施工力量，但项目部为了考虑总体平衡，作业计划未作另外安排。当月度作业计划即将实施时，设计单位依据业主需要对酒店宴会厅和大堂的装修作出重大修改，机电工程在吊平顶上的配管将全部返工重做，部分灯具要拆除更换型号，新的型号、供电线路路径和规格约在 30 天后施工设计图纸审查批准后确定。为此项目部对施工进度计划作出了调整并对资源进行调度。

2) 问题

① A 公司项目部接到酒店大堂和宴会厅的装修工程的修改通知后作了哪些调整和调度？

② 这是一个什么样性质的影响进度计划的因素？

③ A 公司是总承包方应怎样协调？

3) 分析与解答

① 项目部得悉酒店大堂和宴会厅的装修工程有重大设计修改后，当即通知包括机电分公司在内的分包方停止施工，并要求机电分公司暂停履行相关的灯具采购合同，并告知先不要安排拆除工作，待设计修改图纸收到后再作安排，同时要评估因重大设计修改造成的经济损失或工期损失，积累资料为工程索赔做好准备，对停工的作业班组尽量安排到其他作业面继续工作。

② 从背景可知，影响作业进度计划执行造成进度偏差的影响因素比较清晰，属于项目外部，是设计作了重大变更而形成的。

③ A 公司得知酒店工程情况后，全面权衡该项目部的两个工程，提出调度意见，将酒店大堂和宴会厅装修作业的电工作业班组调入毗邻的教学楼工程增强配合建筑工程施工的导管埋设力量。同时调入其他工地富余的建筑施工力量，以加快教学楼的施工进度，并修正教学楼施工的作业计划。

3. 通风与空调工程

(1) 案例一

1) 背景

B公司承建的某行政大楼的机电安装工程,其中通风与空调工程已进入调试阶段。空调工程要调整各房间风量、风速、温度、湿度和噪声等各项指标。由于系统多、工作量较大,防排烟工程主要在主楼有电梯的建筑部分,防排烟工程要经调试和消防功能验收,系统相对较少。调试要求各场所的风压值符合规定,风压的分布规律符合要求,项目部依据业主与消防验收机构约定的日期安排了防排烟工程调试的作业进度计划。项目部考虑其系统较少,安排专业施工员负责通风空调工程的调试,作业队长负责防排烟系统调试。由于作业队长对防排烟系统在理论上对工艺不够熟悉,尤其对诸多调节阀的功能和作用知之甚少,在进度计划实施后,指挥失当、调节效果不大,规定指标较难实现。因而作业进度缓慢,出现较大偏差,距离验收日期日益临近,施工员发现后进行了调整,预计不能按期完成。

2)问题

① 施工员发现进度偏差较大后,进行了怎样的调度?
② 发生进度偏差的影响因素属于什么性质?
③ 虽然作了调整,但预计不能如期完成,施工员应采取什么样的措施?

3)分析与解答

① 施工员发现防排烟通风工程调试进度偏差大的原因是作业队长不熟悉工艺要求造成的,于是将通风专业施工员与作业队长的工作位置实行对调,以求防排烟工程调试进度加快能赶得上消防功能性验收的约定日期。

② 发生进度偏差的主要因素是在项目内部,属于项目管理不当。表现为把不熟悉防排烟工程工艺的作业队长派去指挥防排烟系统的调试,其本人的指挥工作因而失当,而熟悉该工艺的专业施工员安排在普通的通风与空调工程的系统调试。

③ 施工员虽然经调度,纠正了发生进度偏差的影响因素,但为时已晚,估计不能按时进行防排烟工程的消防验收。于是向项目部报告,要求业主向消防验收机构沟通,说明情况,延期安排该项目防排烟工程的消防功能性验收的日期。

(2) 案例二

1)背景

A公司承建的某医院通风与空调工程已处于试运转阶段,冷冻水管道正在按计划进行用玻璃纤维瓦进行保冷。有三个作业班组平行作业于不同楼层,他们是共同完成了底层门诊大厅挂号室的冷冻水保温工作而分工去各个楼层的,原因是门诊大厅的挂号室工程量大,天气渐热、人员密集流动性大,院方急于要使用,因此其试运转通冷冻水安排为首批。通水后发现玻璃纤维瓦浸满了凝结水,不断往外滴漏,犹如雨淋一般,究其原因,保冷瓦的内径与被保冷的管子外径不一致,留有空隙,致管壁结露,外覆的铝箔也不紧密,出现了如上所述的质量问题。施工员为此修正了进度计划,并进行了有关调度工作。

2)问题

① 施工员怎样修正进度计划,做了哪些调度工作?
② 这种影响进度的因素属于什么性质?
③ 出现这样的质量问题,说明哪个管理环节失控了?

3)分析与解答

① 施工员发现门诊大厅冷冻水管保冷质量问题后,立即停止了冷冻水系统的试运行,并向项目部报告,提出建议召集有关人员(包括项目技术负责人、质量员、保冷作业班长

等）对发生质量问题的原因作出分析和判断。当原因确定后（即保冷瓦内径不符合要求及操作方法不当，铝箔贴得不密实），通知材料员向供货商退货和更换，同时调一个在楼层上的作业班到门诊大厅做拆除作业。待调换来的符合要求的保冷材料到达后，即停止楼层上的作业，全部投入门诊大厅的保冷作业，并要求作业班组改进铝箔粘贴质量，为此施工员对该月的保冷作业进度计划作出了调整。

② 这种影响作业进度计划实施的有项目内部的施工方法失误造成返工，还有可能是对原材进场验收把关不严，也有可能是供货商供货质量发生差异，属于项目外部的影响因素。

③ 出现这次因质量事故引起的进度计划调整，可从项目管理上引起重视而需要整改的有两个环节。一是必须加强材料进场验收，避免不符合要求的材料用在工程上，二是在施工作业前做好技术交底工作，防止发生操作方法失误。

十四、工程量计算及工程计价

本章在学习了工程造价构成的基础知识，并在掌握了工程造价构成原理的基础上，对如何实际应用于建筑设备安装工程计价进行重点介绍，通过案例，以锻炼做预算的能力。

（一）技能简介

本节对影响工程计价技能的因素进行分析介绍，希望通过学习，提高工程计价能力。

1. 技能分析

（1）阅读图纸能力的影响

1) 不论人工计算工程造价还是用计算机计算工程造价，前提条件是对施工图纸的熟悉程度，决定了计取工程量的准确性。

2) 投标时采用工程量清单计价法综合单价计价，虽然工程量由招标方提供，但投标方仍有复核的必要，尤其是对工程量清单项目特征计量单位及工程量的核对，如有疑问则按规定程序向招标人提出。

3) 虽然BIM技术的推广可以自动计取工程量，但对于施工过程中大量的设计变更仍需采用人工计取工程量，否则会对竣工结算造成影响。

4) 熟悉有关定额的构成，包括每个子目包含的工作内容和所含的材料必须清楚。

5) 费用定额的规定，有地方性、政策性、变异性等特点，要注意其时效的变化。

6) 同样地要注意材料的市场信息价的变化。

（2）施工经验的影响

1) 施工图纸通常提供主材的规格、尺寸，而可以计价的辅材要凭工程施工实践中进行掌握其需用量。如给水排水工程的管件，建筑电气工程的灯盒、开关盒等，通风与空调工程各类支吊架。

2) 有些施工图纸仅提供平面图，立面上的尺寸要依据施工规范或标准图集的规定来确定，如给水排水工程各类配水阀门的高度，建筑电气工程开关、插座安装的高度，通风与空调工程出风口的位置要查阅建筑或装修施工图，这些因素不仅影响主材数量，而且也影响可计价的辅材数量，总之要影响工程量的正确性。

3) 工程量计算规则中对钢架结构件重量规定要计入焊缝的重量，怎样计入不仅与焊接方法（自动焊或手工焊）有关，主要与施工企业本身的消耗水平（企业定额）有关，这也是在实践中所积累的。

4) 有些新材料或新工程设备的应用，在定额本中还未被列入，因而要在推广中凭以往类似的经验，作出评估，做好工料分析，得出单价，与相关方协商共同确定。

2. 造价与成本

（1）工程造价构成的科目与成本构成的科目是基本一致的。

（2）工程造价的准确性不仅影响企业在市场竞争中的成败，更主要的影响企业成本管理的有效性，直接对企业的盈利水平起决定性作用。

（3）工程造价和成本核算关联密切，且受中央和地方的经济财政政策制约，所以要时刻关注其变化和时效，不使工作发生失误。

3. 使用定额计价、实物量法计价。

（1）定额计价法及实物量法又称工料机单价法计价法，其计价主要依据即当地预算定额。

（2）预算定额是依据住房和城乡建设部颁发的《通用安装工程消耗量定额》编制的，这个定额是要随技术进步、生产力发展而不断修订完善的，所以编制单位估价表时应注意采用的定额册本是否为当地造价管理部门发布的有效版本。

（3）《通用安装工程消耗量定额》仅提供工程计价所需的人工、材料、施工机械台班的消耗量数量标准，表达的单位不是金额，各地造价管理部门依据《通用安装工程消耗量定额》及当地诸多因素的差异而作出一定的调整，从而编制成各地区供使用的安装工程预算定额。

（4）各地造价管理部门根据所在地的人工综合单价、人工效率、材料预算单价、施工机械台班预算单价，按全统定额规定消耗数量分别乘取后编制相应的预算定额，适用于当地使用的定额计价法编制工程造价。其表达单位为金额元。

（5）使用预算定额进行工料机单价法计价，每个计价单元所含内容相对单一，一般一个计价子目只包括一项工程内容，有时还会把一个分项工程子目划分为两个计价子目，如将钢支架的安装划分成制作和安装两个子目，即预算定额的子目大多是以施工工序来划分的。

4. 分析工程量清单法计价的综合单价

（1）工程量清单由分部分项工程量清单、措施项目清单、其他项目清单、规费项目清单、税金项目清单组成。工程量清单综合单价不是全费用单价，是部分费用的综合单价。根据《建设工程工程量清单计价规范》GB 50500—2013 第 2.0.8 条：综合单价即完成一个规定清单项目所需的人工费、材料和工程设备费、施工机具使用费和企业管理费、利润以及一定范围内的风险费用。工程量清单由具备编制能力的招标人或其委托的具备相应资质的工程造价咨询机构编制。

（2）工程量清单是由市场定价的计价模式，综合单价犹如在市场上购买商品一样，招标方提出购买商品种类（提供清单），投标方提出商品价格（综合单价），双方确认无异议即可成交（订立合同）。

（3）综合单价在投标工程所在地有统一的计算方法，投标人必须按该地区的统一方法进行计价。

(二) 案例分析

本节以案例形式对房屋建筑安装工程的五大专业工程即给水排水工程、建筑电气工程和通风与空调工程、自动喷水灭火消防工程和建筑智能化工程在工程计价中的注意事项为例进行分析讨论,以供学习提高。

1. 案例一　给水排水工程

(1) 背景

A公司近日招聘了在本公司已实习半年的若干名职校学生为新员工,准备去施工现场做见习施工员,经培训和安全教育,并进行了考核,考核的内容包括工程计价。试题是一张地处北方的学生宿舍楼的给水工程轴测图,楼共五层,每层的盥洗室是相同的,因而立管表达完整,而水平支管仅画了底层和顶层,旁有文字说明是简易画法,屋顶有两个水箱,有进出水管通往6支立管,要求新员工摘取实物工程量,结果发现有的工程量缺少保温材料,有的仅摘取了立管数量和底层及顶层的管材却缺少相应的管道连接配件,培训教员认为答得比较齐全的试卷作为计取工程造价是可行的,但不能作为资源需用量计划编制的依据。

(2) 问题

1) 为什么缺少保温材料,用在什么部位?

2) 发生管材及配件统计少了是什么原因?

3) 为什么回答较好的只能作计价依据而不能作编制资源需用量计划的依据?

4) 各种管道的定额计量单位是多少?室内外管道界线划分标准?管道刷油工程量的计算规则?

(3) 分析与解答

1) 学生宿舍屋顶贮水箱有部分裸露的供水管道,在北方冬天,气温会在0℃以下,如不保温易发生管道冻裂事故,造成供水中断,所以有关规范规定,要对裸露的管道保温,一般不再在施工设计图上加以注明,新员工缺少施工现场经验,容易在计算工程量时遗忘。

2) 这主要是新员工在阅图能力上还不够,虽然施工图有说明,但仅对图上有标明的图示作了统计,而配件部分,有支管的部位不易丢失三通的统计,而直管部分的等径连接用部件容易忘记统计,其数量在有关定额本中可以查到,异径连接的大小头也要认真阅图后才不会忘记计取。

3) 因按图计取的工程量反映了工程完工后工程实体的数量,而施工中材料必然发生不可避免的损耗数量,所以备料即编制的资源需要量计划要略大于工程计价所取的数量,至于大多少,在定额本中可以查取不同材料的额定损耗率,若实际执行中大于该额定损耗率则会增大工程成本而造成亏损。某种材料的总消耗量=按图计取的工程量×(1+定额损耗率)。

4) 各种管道的定额计量单位是10m。

室内外给水排水管道界线划分:①给水管道室内外界线以建筑物外墙皮1.5m为界,入口处设阀门者以阀门为界;与市政管道界线以水表井为界,无水表井以与市政管道碰头点为界。②排水管道：室内外以出户第一个排水检查井为界；室外管道与市政管道界线以与市政管道碰头井为界。③采暖热源管道：室内外以入口阀门或建筑物外墙皮 1.5m 为界；与工业管道界线以锅炉房或泵站外墙皮 1.5m 为界；工业车间内采暖管道以采暖系统与工业管道碰头点为界；与设在建筑物内的泵房管道以泵房外墙皮为界。

管道刷油工程量计算时等于管道外表面积，并无需扣除管件及阀门等占的面积。

2. 案例二　建筑电气工程

（1）背景

B 公司某项目部主任经济师在审阅 C 分包方提交的分包工程（学生食堂的建筑电气照明工程）的施工图预算时，发现以下问题：①装在平顶上的照明灯具的供电线路导管长度基本正确，而在厨房地坪内埋设的由配电箱到电动机线路的导管普遍较短。②动力线路的长度刚好是每根导管长度的 3 倍。③48W 的荧光灯吊链安装、吸顶安装、嵌入安装各种形式都有，但定额编号一样，单价一致。为此把 C 分包方编制预算的见习施工员找来询问。

（2）问题

1）为什么不同场所的电线导管长度有的计取正确，有的失准？

2）怎样计算导管内电线的长度？常用的电线型号中 BLV 是代表什么样的电线？

3）荧光灯安装的单价是否都一样？

4）配电柜外形尺寸为 2000mm（高）×700mm（长）×350mm（宽），落地安装，请计算基础槽钢的工程量？

5）电动机安装是否包括电动机测试内容？电缆穿管时，线管内径应不小于电缆外径的多少倍？配管工程量的计量规则？

（3）分析与解答

1）装在平顶上照明线路反映在平面图上，灯位到灯位的距离比较明确，因比例尺量取比较正确（这里要说明一下，没有包括由灯位到开关或插座的埋在墙内的导管，仅指敷设在平顶上的导管）。而在厨房内埋设动力线路的导管亦用平面图表示，若采用与灯具配管一样用点到点的量取必然会计取得少，因为埋地敷设的动力线路一端自配电箱引出，另一端引至电动机，两端都有一段直管段，至于直管段的长度要视施工规范的规定和动力设备的具体情况而定，这个识别能力需要经施工现场的锻炼而获得。

2）如果动力线路管内穿三根电线，其单线延长米数不能简单地用导管长度乘三即得，因为电线两端都要与设备连接，要有一定的数量，且要留有检修用的余量，通常与配电箱连接的长度为自导管出口加配电箱的二分之一周长，与电动机一端亦要视动力设备情况而定，通常留 0.8m 左右，如不直接进入电动机而进入设备带来的控制箱则亦应自导管出口加控制箱的二分之一周长。

常用的电线型号中 BLV 是代表铝芯聚氯乙烯绝缘电线。

3）主要是对套用的定额单位估价表不熟悉没有仔细鉴别其所涉内容所致，同一种功率一样的灯具，不同的安装方式所需用的辅助材料和人工是不一样的，因而单价是不同的。

4）基础槽钢的工程量按配电柜（长+宽）×2=(0.7+0.35)×2=2.1m。

5）电动机安装不包括电动机测试内容，如果电动机要求测试，必须单独列项。

电缆穿管时,线管内径应不小于电缆外径的1.5倍。

配管工程量以管材质、规格和敷设方式不同,按"m"计量,不扣除接线盒(箱)、灯头盒、开关盒插座盒、管件所占长度。

3. 案例三 通风与空调工程

(1) 背景

A公司承建某大学科学实验楼机电安装工程,开工前为了对其现场项目部施工管理人员及作业队长加强经济承包的能力进行培训,其中有工程计价方面的内容,对通风专业的测试的试卷是,实验楼地下一层停车库大规格玻璃钢风管计价表中有哪些漏项,地上15层化工制药洁净空调风管的面积计算是否正确,首页计价汇总表怎样快速判断是否失准的第一个步骤等。下列是问题的判断和原因分析。

(2) 问题

1) 地下停车库的玻璃钢风管的支吊架的重量偏少,什么原因?

2) 洁净空调系统风管面积偏多,什么原因?

3) 第一步判断汇总表是否失准的方法是什么?

4) 供暖系统一般由哪几部分组成?不锈钢通风管道、铝板通风管道、塑料通风管道的制作安装定额是否包括支吊架制作安装?

5) 各类通风管道,若整个通风系统设计采用渐缩管均匀送风,执行相应规格项目,其人工乘以多大的系数?风管长度计算规则?

(3) 分析与解答

1) 地下室大规格风管的支吊架的材料选用、支架间距等应单独进行施工设计,不能套用标准图集的最大规格尺寸,套用的话支吊架的重量必然偏少,而出现漏项,这里所指的大规格风管是指圆形风管直径大于2500mm的或矩形风管长边大于2500mm的。

2) 洁净空调系统上部件较多(如高效过滤器等),在计算风管面积时可不扣除管件的长度,但必须扣除部件所在位置的长度否则风管面积偏多,显然造成偏多的原因是违反了工程量计算规则。

3) 用手工计算的工程计价汇总表,通常在复核时先心算其尾数即末位(0、1、2、3、4、5、6、7、8、9)累加是否符合,若不对,则计算必然失准,需仔细校对,若符合,则复核时可只算一次,不必复算两次,在使用计算机复核时注意对所汇总的区域进行复核。

4) 供暖系统一般由热源、管道系统、散热设备、辅助设备、循环水泵组成。不锈钢通风管道、铝板通风管道、塑料通风管道的制作安装定额不包括支吊架制作安装,另执行相关定额子目。

5) 各类通风管道,若整个通风系统设计采用渐缩管均匀送风,圆形风管按平均直径、矩形风管按平均长边长参照相应规格项目,其人工乘以2.5系数。

在计算风管长度时,风管长度一律以施工图示中心线长度为准(主管与支管以其中心线交点划分),包括弯头、变径管、天圆地方等管件长度,但不得包括部件所占长度。

4. 案例四 自动喷水灭火消防工程

（1）背景

A 公司是新组建不久的消防工程公司，多年来承建了几个大型住宅小区的消防工程，主要为多幢住宅楼共有地下室（车库）的自动喷水灭火系统和防排烟工程，工程质量优异，工期能满足合同的约定要求，受到社会好评，但企业的经济效益上升迟缓，因此 A 公司决策层决定由企业总经济师 C 先生率经营部门造价编制人员至下属多个施工项目部进行调查研究。历时二十余日，C 先生发现，由于施工项目部预算造价编制人员新手较多，经验不够丰富，经常出现消防配水支管严重漏计、不熟悉按企业定额编制材料预算价格、对租赁吊装大型风机的汽车吊班费重复支付等现象。为此 C 先生决定在施工项目部现场进行业务训，经过 2 个月的努力，情况有所改善，A 公司的经济效益得稳步的好转。

（2）问题

1) 车库内哪些部位的自动喷水灭火支管容易漏计？
2) 机械台班费由哪些费用组成？
3) 怎样编制材料的预算价格？

（3）分析与解答

1) 漏计配水支管的位置主要有下列两种情况：

第一，地下车库有较多规格的防排烟风管，较多洒水喷头布置在风管干管的纵向中心线处，而大型地下车库的风管干管规格较大，宽度大多大于 1.2m，而施工规范要求洒水喷头应布置在宽度大于 1.2m 风管的腹面以下部位。遇到这种情况，喷头的配水支管从配水干管由接口向下垂直引下一段超过风管的高度，再转弯至风管的腹面中心，但不能至此而止，腹面下的喷头配水支管要向前延伸直超出对侧的风管侧板，以利吊架对配水支管端部的固定。配水支管是不能固定在风管上的，风管下面的配水支管中间处开三通安装洒水喷头。由此可见风管下面安装每个洒水喷头的配水支管要比按施工平面图点对点计算配水支管长度多出矩形风管的半个周长，其量不少。

第二，主要各类吊平顶上安装的洒水喷头配水支管，如平顶上洒水喷头位于走廊中间位置，配水干管不一定布置在平顶上综合支架的中心位置，同样地配水支管要经垂直和水平方向绕行才能与洒水喷头正确连接，这样也增大了配水支管的工程量。

2) 机械台班费由机械的折旧费、机械的大修理费、经常的维护保养费、燃料动力费、机上的人工费、养路费等组成，如再支付油料费和司机人工费便成为重复支付，当然还要按租赁合同的约定来办理。

3) 材料的预算价格由材料供给价、运杂费、采购及保管费组成，其计算公式如下：

含税材料预算价 ＝（含税供应价 ＋ 含税运杂费）×（1 ＋ 含税材料采购保管费率）

除税材料预算价 ＝ 含税材料预算价 /（1 ＋ 增值税税率）

5. 案例五 建筑智能化工程

（1）背景

B 公司是电子与智能化工程专业承包公司，主要承建大型商业用房的建筑智能化工程,通常施工承包合同的订立有两种形式,施工也因此分为两个阶段,第一个合同是与房屋开发商签订的,主要承建内容为建筑设备监控系统、火灾报警及联动控制系统,即房屋的公用部分的智能化工程。第二个合同是与入住的客户签订,客户有许多家,经营性质和管理模式各不相同,其对智能化工程的需求有强烈的个性化特征,表现在施工中设计变更频繁,承揽任务均采用工程量清单计价投标报价方式。由于B公司施工项目部对建设过程中有效控制了实物工程量的变化情况,使工程的结算比较顺利。

(2)问题

1)建筑智能化工程的实物工程量有什么特点?

2)工程量清单报价的特征有哪些?

3)B公司怎样有效控制实物工程量的变动情况?

(3)分析与解答

1)建筑智能化工程的电源网络的导管有可能埋设在建筑物内,在土建工程施工时用详实的施工图委托机电安装施工单位一起进行预埋,目的是节省人工费开支,当然委托也要付费,但可以不必为了少许埋管而全天候蹲守在施工现场,这部分实物工程量正确而清晰;其次是各类柜台屏和各种控制箱以及诸多的元器件都安装建筑表面明处,易于点检,这部分实物工程量的数量也是可以明确的;但是敷设于建筑物平顶内或装饰面背后的信号线缆的规格和数量在工程结算时如有异议是不易复核的,这部分有效控制实物工程量变动状况的重点。

2)工程量清单计价,建设方(招标方)承担施工内容、数量、实际需要等不同而引起价格变化的风险;施工方(投标方)承担或部分承担因市场人工、材料、机械使用等波动而引起价格变化的风险。即是说工程造价变异的风险得到公平的分担。

3)B公司施工项目部加强了设计变更文件管理和隐蔽工程验收管理,有效掌控了实物工程量的变化情况。

十五、质量控制

本章对房屋建筑安装工程施工质量控制的要点和方法作了简明的介绍,希望通过学习对安装工程质量控制的路径有所了解,能在施工作业中得到应用。

(一) 技能简介

本节介绍施工项目部质量策划及其结果,并对施工员在质量管理方面的技能作原则性要求,亦对质量交底的组织作了说明,希望通过学习能帮助其提高质量控制能力。

1. 项目部施工质量策划

(1) 中标后、开工前项目部首先要做的是编制实施的施工组织设计,而其核心是使进度、质量、成本和安全的各项指标能实现,关键是工程质量目标的实现,否则其他各项指标的实现就失去了基础。

(2) 施工质量策划的结果

1) 确定质量目标

目标要层层分解,落实到每个分项、每个工序,落实到每个部门、每个责任人,并明确目标的实施、检查、评价和考核办法。

2) 建立管理组织机构

组织机构要符合承包合同的约定,并适合于本工程项目的实际需要,人员选配要重视发挥整体效应,有利于充分体现团队的能力。

3) 制定项目部各级部门和人员的职责

职责要明确,工作流程要清晰、避免交叉干扰。

4) 编制质量计划

形成书面文件,按企业管理制度规定流程申报审核,批准后实施。

5) 在企业的质量管理体系的基础上结合本项目实际情况,分析质量控制程序文件等有关资料是否需要补充和完善。若需要补充完善则应按规定修正后报批,批准后才能执行。

2. 确定质量控制点的基础

(1) 按掌握的基础知识,区分各专业的施工工艺流程。

(2) 熟悉工艺技术规律,熟悉依次作业顺序,能区分可并行工作的作业活动。

(3) 能进行工序质量控制,明确控制的内容和重点,包括:

1) 严格遵守工艺规程或工艺技术标准,任何人必须严格执行。

2) 主动控制工序活动条件的质量,即对作业者、原材料、施工机械及工具、施工方法、施工环境等实施有效控制,确保每道工序质量的稳定。

3）及时检验工序活动的效果，一旦发现有质量问题，立即停止作业活动进行处理，直到符合要求。判定符合要求的标准是各专业的施工质量验收规范，规范必须是现行的有效版本。如因采用"四新"技术被采用而规范中未作描述，但在工程承包合同中有所反映，则应符合合同的约定。

3. 质量交底的组织

（1）质量交底文件已编制，内容包括：采用的质量标准或规范，具体的工序质量要求（含检测的数据和观感质量），检测的方法，检测的仪器、仪表及其精度等级，检测时的环境条件。

（2）质量交底可以与技术交底同时进行，施工员可邀请质量员共同参加对作业班组的质量交底工作。

（3）通常在分项工程开工前进行质量交底，分项工程施工中如有特殊或关键工序应组织作业前的专门质量交底。

（4）交底形式可组织作业班组全员参加，也可以对具体作业者进行交底，交底的手段可以多样化，如口头宣讲、书面文件、图示、动画、样板等，具体采用何种手段，视具体情况和需要而定。

（5）注意质量交底的工作质量，要允许提问、答疑，以达到认识统一为目的。

（二）案例分析

本节以案例形式介绍房屋建筑安装工程中质量控制活动的情况，并进行分析与解答，希望通过学习，以提高专业技能。

1. 给水排水工程

（1）案例一

1）背景

A公司承建的某职业技术学院教学楼机电安装工程，该大楼共8层，每层东西两侧均有卫生间，在土建工程施工时，项目部派出电气和管道两个班组进行配合，考虑到每层楼面的电气导管埋设较多，故电气作业队组力量较强，经验也多，而管道作业队组的配合工作主要是卫生间管道（包括给水和排水工程）留洞埋设立管的套管及复核在建筑施工图上进水干管的留洞位置和尺寸，工作量相对较小，技术也不复杂，所安排的作业队组人数较少，由工作经历仅2年的班长带队，教学楼封顶后，安装工程全面展开。发现贯通8层楼面的卫生间立管的留洞不在一条垂直线上，虽经矫正修理，但其垂直度允许偏差仍不能符合规范规定的要求。

2）问题

① 给水排水立管留洞位置失准属于什么阶段的控制失效？
② 是什么因素影响了工程质量？
③ 这个质量问题属于什么性质？

3）分析与解答

① 由于安装工程正式开工要在建筑物封顶后，所以安装与土建工程的配合尚处于施工准备阶段的后期。这时有的专业如电气工程已发生工作量，且有实物形象进度，但如给排水工程仅为留洞作业，不安排可穿插进行的某些部位的管道安装，只能认为其在做施工的准备工作，因而发生的质量缺陷可以看成事前阶段的质量控制失效。

② 从背景分析，负责给水排水工程留洞和复核工作的班长工作仅两年，经历经验不够多，也缺少有效的方法，所以说人的因素是影响质量的主要因素。当然也可能存在方法问题，例如将套管与楼板钢筋焊死后给以后的矫正工作带来较大的难度等。

③ 据现行《建筑给水排水及采暖工程施工质量验收规范》GB 50242—2002 第 4.2 节指明，立管的垂直度允许偏差属于一般项目，超差不影响使用功能，仅影响观感质量，所以是一般质量问题，不必返工重做，但可以在施工中做一些补救措施。即力争每层立管保持垂直度允许偏差不超标，在每层楼板处做调整工作，钢管可以微弯曲，铸铁管在承插口处作调节。

(2) 案例二

1) 背景

B公司承建某五星级酒店的机电安装工程，正处于施工高峰期。项目部质量员加强了日常巡视检查工作，发现给水管竖井内的大规格管道的承重支架用抱箍坐落在横梁上构成，其构造不够合理。具体表现为抱箍用螺栓紧固后，紧固处两半抱箍间接触面无间隙，折弯的耳部无筋板，抱箍与管道贴合不实局部有缝隙。说明抱箍不是处于弹性状态，日后管道通水后重量加大，摩擦力不够，会使承重支架失去功能，管道因之而位移，导致发生事故。质量员要求作业班组整改重做。

2) 问题

① 给水立管承重支架被质量员发现构造不合理是什么阶段的质量控制失效？

② 造成整改的原因是什么？属于影响工程质量因素的哪种？

③ 质量员发现抱箍构造不合理，并用什么方法进行检查？

3) 分析与解答

① 质量员发现的管道承重支架有较大的质量缺陷是处于施工高峰期，应属于事中阶段的质量控制，也就是施工过程中的质量控制。

② 从背景可知承重支架抱箍因构造不合理而返工，影响质量的主要因素，包括人的因素、机械因素、材料因素、方法因素和环境因素（简称人、机、料、法、环）。案例中抱箍的构造不合理可归结为固定的方法不合理，因而影响因素有方法的一面。但这些都是人为的，所以影响因素离不开人的作用，因而有的文章认为，影响工程质量的因素主要是人。

③ 质量员发现抱箍构造不合理，其检查方法为目测法。但为验证构造不合理会导致抱箍功能失效的检查方法要用实测法。

2. 建筑电气工程

(1) 案例一

1) 背景

A公司承建一住宅楼群的机电安装工程，楼群坐落于一个大型公共地下车库上面。

工程完工投入使用，情况良好，机电安装工程尤其是地下车库部分被行业协会授予样板工程称号，为省内外同行参观学习的场所。项目部负责人主要介绍了地下车库的施工经验，包括编制切实可行的施工组织设计、进行 BIM 深化设计，对给水排水、消防、电气、智能化、通风等各专业的工程实体按施工图要求作统一布排安装位置和标高，严格材料采购，加强材料进场验收，所有作业人员上岗前进行业务培训，并到样板室观摩作业，采用先进仪器设备（如激光、红外准直仪）定位，合理安排与其他施工单位的衔接，加强成品保护，避免发生作业中对已安装好成品的污染或移位，施工员、质量员实行每天三次巡视作业，及时处理发现的质量问题，用静态试验和动态考核相结合的办法把好最终检验关等。这些做法获得参观者的认同和好评。

2）问题

① 项目部负责人的介绍说明了对哪些影响工程质量的因素进行了控制？

② 项目部对工程质量的控制是否全面？

③ 从背景分析项目部质量策划达到了哪些目的？

3）分析与解答

① 从背景可知，项目部负责人的经验介绍涉及人员培训、采用新仪器带动了新施工方法的应用，对材料采购和验收加强了管理，做好成品保护改善作业环境条件等，实行了人、机、料、法、环（4M1E）全方位的控制，从而使工程质量得到保证而成为样板工程。

② 项目部对工程质量控制各个阶段都有针对性的活动，自事前的编制施工组织设计（质量计划）、深化设计、人员上岗培训开始，到事中的材料遴选、管理人员加强巡视检查工程质量，最终把好检查验收关。说明项目部在事前、事中、事后三个阶段都对工程质量实行了有效控制。

③ 项目部的质量策划有效，在质量目标（成为样板工程）、组织结构和落实责任、编制具有可操作性的施工组织设计、完善质量管理体系等各方面都有明显的成果。

（2）案例二

1）背景

B 公司承建的某大学图书楼机电安装工程，其电气工程馈电干线为桥架内敷设的电缆。电缆敷设前对桥架的安装进行全面检查，发现电缆桥架转弯处有个别部位的弯曲半径太小，不能满足电缆最小允许弯曲半径的需要，必须返工重做，改成弯曲弧度大的 T 形接头。为查明原因，项目部召开了专门会议，经查，设计单位因容量增大进行设计变更，馈电干线截面面积增加两个等级，发出设计变更通知书，项目部资料员仅将设计变更通知书递送给材料员作变更的备料用，未按质量管理体系文件规定应注明材料员阅办后，迅即传递至施工员处，通知施工作业班组更换桥架弯头。时值进行桥架敷设安装，材料员未见注明附言，认为资料员将同样的设计变更通知书已告知施工员。直至电缆敷设前，施工员去电缆仓库领料，才发现馈电干线电缆已变更变大，于是导致了电缆敷设前对已分项验收的电缆桥架实行全面检查。

2）问题

① 这是发生在什么阶段的质量失控事件？

② 是什么因素影响了工程质量？

③ 背景所述事件应怎样整改?

3) 分析与解答

① 施工过程发生设计变更信息传递中断而造成质量问题,应属事中质量控制失效。

② 如果从五个影响因素分析,表面看是人的因素起主导作用,即资料员的失职造成的。但背景中没有交代资料信息传递的控制性文件内容,于是也有可能控制性文件规定不够完善而导致信息传递受阻,这就可以引申为第二个影响因素是方法问题。

③ 针对的整改措施:第一是对涉及的电缆桥架实施检查,对弯曲半径过小的地方,按要求制定方案进行整改。第二是对资料员进行培训,以提高其业务能力和责任心;第三对项目部质量管理体系文件做评估,补充、修正和完善其不足的部分,促使质量保证体系运行正常,不留死角,避免再发生类似的质量事故。

3. 通风与空调工程

(1) 案例一

1) 背景

某市星级宾馆由 A 公司总承包承建,各专业分包单均纳入其质量管理体系,但未做经常性培训,也不做日常的运行检查。工程完工,正式开业迎客前,A 公司邀请若干名相关专家,协助 A 公司对工程质量及相关资料进行全面检查,准备整改后申报当地的工程质量奖项。经现场检查,屋面、客房、地下室机房等安装工程质量符合标准,大堂、墙地面均华丽质优,唯独专业配合施工的平顶上电气的灯具、通风的风口、消防的火灾探测器喷淋头、智能化的探头传感器等布置无序凌乱,破坏了建筑原有艺术风格,有必要进行返工重做,否则评奖会成问题。于是在查审相关资料时,专门查验了有关质量控制文件,发现平顶上设备安装要先放样,召集土建、安装、装修共同协调确认后,才能开孔留洞进行施工,而且明确说明这个控制点属于停止点。但查阅有关记录,无关于协调确认的记载。

2) 问题

① 酒店大堂平顶上安装施工失效属于什么阶段质量控制的失控?

② 虽然质量控制文件有规定,平顶上安装部件要协调确认,但实际上未执行,在技术上属于什么性质?

③ A 公司这次质量问题在管理上应汲取什么教训?

3) 分析与解答

① A 公司虽然事前阶段做了较多准备,编制了质量控制文件,要在酒店大堂施工前先协调确认,并定为停止点。但在施工过程中未得到认真执行,于是可以认为质量失控发生在事中阶段。

② 在技术上属于违反了先放样确认再安装的工艺所导致的质量问题,只要按规定的顺序办理,就可以避免此类事故的发生。

③ A 公司只是将质量管理体系文件发给各专业分承包公司要求执行,没有培训,也没有运行检查,违背了管理规律,即没有按计划、实施、检查、改进(P、D、C、A)循环原理实施有效控制,这是值得引以为戒的。

(2) 案例二

1) 背景

A 公司承建某银行大楼的机电安装工程,其中通风空调机组的多台室外机安装在大楼的屋顶上。A 公司项目部为了贯彻当地政府关于节能的有关规定,对室外机组的安装使用说明书认真阅读研究,特别是对其散热效果有影响的安装位置及与遮挡物间的距离做了记录,准备在图纸会审时核对。在地下室安装玻璃钢风管时为做好成品保护,防止土建喷浆污染风管,将风管用塑料薄膜粘贴覆盖,土建喷浆结束,撕去薄膜再补刷涂料。为了做好通风风量调试工作,编制了专项施工方案,在所有通风机及空调机的试运转过程中都如预期一样较顺利地完成。整个通风与空调工程被评为优良工程。

2) 问题

① 重视节能效果,做好设备使用说明书的阅读,属于什么阶段的质量预控?
② 做好玻璃钢风管的成品保护,属于什么阶段的质量预控?
③ 做好通风空调工程的调试和试运转施工方案并实施,属于什么阶段的质量预控?

3) 分析与解答

① 做好图纸会审的准备工作属于事前质量控制阶段,因事前质量控制的内容包括施工准备在内,而熟悉设备安装使用说明书是施工准备中技术准备工作的一部分,所以划为事前阶段的质量控制。

② 做好玻璃钢风管的成品保护工作发生在施工过程中,应属于事中质量控制的活动。因为风管系统在交工验收之前要补刷一道涂料或油漆,保持外观质量良好,如不做好风管成品保护,被喷浆污染,不仅补漆时工作量大,除污不净也会影响涂装质量。

③ 试车调试试运转进行动态考核是检验安装工程质量的最终重要手段。为确保调试试运转活动达到预期的效果,通常都应编制相应的调试方案,所以属于事后质量控制活动。

4. 其他工程

案例

1) 背景

B 公司在承建一学院办公楼的机电安装工程前,为了使工程中的消火栓安装和智能综合布线敷设能得到较好的质量评价,在员工上岗前进行了针对性的培训,要求认真学习两本施工质量验收规范,即《建筑给水排水及采暖工程施工质量验收规范》GB 50242—2002 和《智能建筑工程质量验收规范》GB 50339—2013,最终考核为两个分项的质量控制点设置,命题如下。

2) 问题

① 室内消火栓试射试验的位置在哪里?
② 箱式消火栓安装的控制点有哪些?
③ 综合布线线缆敷设的控制点有哪些?

3) 分析与解答

① 室内消火栓试射试验为检验工程的设计和安装是否取得预期的效果,选取的位置是在屋顶层(或水箱间内,在北方较多)一处,首层两处,共三处。屋顶层检验系统的压力和流量,即充实水柱是否达到规定长度,首层两处检验两股充实水柱同时达到本消火栓

应到的最远点的能力,充实水柱一般取为10m。

② 室内消火栓一般装在消火栓箱内,消火栓箱是经消防认证的专用消防产品,箱内消火栓安装质量的控制点有:消火栓栓口的方向、与箱门轴的相对位置、栓口中心距地面的高度、阀门中心距箱侧面和距箱后内表面的距离。此外对箱体本身的垂直度也有控制要求。

③ 建筑智能化工程综合布线敷设的线缆是传递信号的路径,信号的量级小,因而敷设完成均要进行检查测试,以保畅通无阻。检测的内容包括:线缆的弯曲半径,线槽敷设、暗管敷设、线缆间的最小允许距离,建筑物内电缆、光缆及其导管与其他管线间距离,电缆和绞线的芯线终端接点,光纤连接的损耗值等。

十六、安 全 控 制

本章以施工现场安全控制为中心阐明其方法和控制要点，并以案例形式进一步说明具体做法。希望通过学习，学员可以了解施工安全防范重点、参与编制职业健康安全与环境技术文件、实施安全和环境交底，提高施工管理人员对现场的安全控制技能。

（一）技能简介

本节以安全防范原则和安全技术交底要点为主线，同时对危险作业的防护作出简明的介绍，说明安全控制的要求及目的，并以安全技术文件编制及安全技术交底的实施阐明安全控制的全过程。

1. 安全防范的原则

在《建设工程安全生产管理条例》国务院令第 393 号（以下简称：《安全生产管理条例》）中可以体会到安全防范工作的五个基本原则，即：

（1）安全第一、预防为主。
（2）以人为本、维护作业人员合法权益。
（3）实事求是。
（4）现实性和前瞻性相结合。
（5）权责一致。

2. 安全技术交底

《安全生产管理条例》第二十七条明确规定：建设工程施工前，施工单位负责项目管理的技术人员应当对有关安全施工的技术要求向施工作业班组、作业人员作出详细说明，并由双方签字确认。该条文给安全技术交底活动赋予法律依据，条文明确了交底人和交底对象、交底内容、交底手续和交底时间等，因此项目部必须严格执行。

（1）安全技术交底的主要内容
1）施工平面布置方面
施工平面布置的安全技术交底内容详见本教材岗位知识第一章《设备安装相关的管理规定和标准》中"（一）施工现场安全生产的管理规定"第 2 点"安全技术措施、专项施工方案和安全技术交底的规定"第 3 小点"施工现场平面布置的安全措施"。
2）高空作业方面
主要从防护着手，包括：
① 作业人员健康状况，无高血压带病作业、无酒后高空作业、无疲劳作业等。
② 防护用品状况，依据不同情况，个人配安全带、安全帽，设施有安全网、防护栏等。

3) 机械使用

施工机械的防护装置要齐全、完好，有持证操作要求的施工机械，操作者必须持证上岗。

4) 起重吊装作业

起重吊装作业应编制专项施工方案，并按规定进行审批。超规模的起重吊装作业应组织专家对施工方案进行论证。

5) 动火作业

动火作业应履行动火审批手续，业主或总包单位有要求的应由业主或总包开具动火作业票，无特殊要求的由动火人提出申请，项目部自行审批。动火作业须配备动火监护人员，在易燃易爆场所进行动火作业必须有专门的有针对性的消防设施。

6) 受限空间作业

必须保持通风良好，防止作业人员窒息或中毒，使用的照明器具的电压应是安全电压，如因检修需要进入密闭容器内作业，应先对容器内气体进行分析，排除有害气体的情况下，才能进入作业。

7) 管道的试压、冲洗

管道试压试漏有用气体试验的，必须先水压试验、后气压试验，冲洗时注意排放口的标识和设置警示标志，防止其他人员误入引起伤害，尤其是加压冲洗更应关注。

8) 单机试运转

试运转要编制专门方案，明确分工，要有意外发生的防范措施和应急预案。

9) 其他

主要指冬季防滑、防冻，夏季抗高温、防中暑，雨季防水浸等安全技术措施，"四新"的采用坚持先试验后应用原则，确保安全技术措施到位后才展开应用。

(2) 安全技术交底的实施

1) 工程项目开工前，由项目部技术负责人向全体员工进行交底，内容包括工程概况、施工方法、主要安全技术措施等。

2) 分项、分部工程施工前，由施工员向所辖的作业班组进行安全技术交底。如有两个不同专业的作业班组交叉作业，则两个专业施工员要按进度要求联合进行安全技术交底。

3) 作业班组长要向本班组员工结合作业情况进行安全技术交底。

4) 安全技术交底活动要形成交底记录，记录要有参加交底活动的全部人员的签字，记录由项目部专职安全员整理归档。

5) 交底人和专职安全员要对交底后的安全技术措施落实情况进行检查，发现不符合交底要求者要督促作业班组进行整改。

(3) 施工过程中的安全检查

1) 安全检查的方法可分为定期性、经常性、季节性、专业性、综合性和不定期的巡查等六种方法。

2) 安全检查的内容主要有：查思想、查组织、查制度、查措施、查隐患、查整改、查教育培训等。

3) 安全检查的重点是违章指挥、违章作业和违反劳动纪律（"三违"）。

4）安全检查应注意将互查与自查有机结合起来，坚持检查与整改相结合，关注建立安全生产档案资料的收集，贯彻落实责任是前提、强化管理是基础、以人为本是关键，常抓不懈为保证的原则。

5）安全检查中形成的检查报告要说明已达标的项目、未达标的项目、存在问题及其原因分析，提出纠正和预防措施。

3. 安全技术交底文件编制的资料

在安全技术交底的主要内容中所述九项是房屋建筑设备安装工程施工中经常见到的。以下几项的安全技术要求供编制安全技术交底文件时参考。

（1）脚手架的使用和维护

确保使用安全是脚手架工程中的首要问题，通常应考虑以下几个环节：

1）把好材料、用具和产品的质量关。加强对架设工具的管理和维护保养工作，避免使用质量不合格的架设工具和材料。

2）确保脚手架具有一定的稳定性和足够的坚固性。普通脚手架的构造应符合有关规程规定；特殊工程脚手架，如重荷载（同时作业超过两层等）脚手架、施工荷载显著偏于一侧的脚手架和高度超过15m的脚手架必须进行设计和计算。

3）认真处理脚手架地基。要确保地基有足够的承载力（高层和重荷脚手架应进行架子基础设计），避免脚手架发生局部悬空或沉降；脚手架应设置足够多的牢固连墙点，依靠建筑结构的整体刚度来加强和确保整片脚手架的稳定性。

4）严格控制使用荷载，确保有较大的安全储备：一般传统搭法的多立杆式脚手架其使用均布荷载不得超过$2648N/m^2$（$270kg/m^2$）；在脚手板上堆砖，只允许单行侧摆3层；对于桥式和吊、挂、挑等脚手架的控制荷载，则应适当降低，或通过试验和计算确定。由于脚手架使用荷载的变动性较大，因此建议的安全系数一般为3.0。

5）要有可靠的安全防护措施：作业层的外侧或临街面应设挡板、围栏或安全网；设置供上下人员使用（包括携带工具和少量物料）的安全扶梯、爬梯或斜道，斜道上应有可靠的防滑措施。严禁作业人员在脚手架上攀登或手持物件上下；在脚手架上同时进行多层作业的情况下，各作业层之间应设置可靠的防护栅栏，以防止上层坠物伤及下层作业人员；吊、挂式脚手架使用的排架、桥架、吊架、吊篮、钢丝绳和其他绳索，使用前要作荷载试验，必须满足规定的安全系数，升降设备必须有可靠的制动装置；钢脚手架、钢垂直运输架均应有可靠接地，雷雨季节高于四周建筑物的脚手架和垂直运输架应装设避雷装置。

6）严禁下列违章作业：利用脚手架吊运重物；作业人员在架子上相互抛掷工具和材料等；推手推车在架子上跑动；在脚手架上拉结吊装绳索；任意拆除脚手架部件和连墙杆件；在脚手架底部或近旁进行开挖沟槽影响脚手架地基稳定的施工作业；起吊构件碰撞或扯动脚手架；采用竹（木）材料搭设脚手架；破坏正在使用的脚手架连墙点；非架子工搭设脚手架等。

7）6级以上大风、大雾、大雨和大雪天气应暂停在脚手架上作业。雨雪后上脚手架操作要有防滑措施。

8）加强使用过程中的检查，发现立杆沉陷或悬空、连接松动、架子歪斜、杆件变形、脚手板上结冰等应立即处理。在上述问题没有解决之前严禁使用。

9) 由于冬闲或其他原因致使长时间不用、又不能拆除的脚手架，在重新使用前必须经有关部门和人员的检查，验收合格后，方可恢复使用。

(2) 临边、洞口作业安全防护

1) 临边作业防护

施工现场的任何场所，当工作面的边沿处无围护措施，使人与物有各种坠落可能的高处作业，属于临边作业；如果围护设施低于80cm时，近旁的作业也属于临边作业，如屋面边、楼板平台边、阳台边、基坑边等。临边作业的安全防护，主要是设置防护栏杆和其他围护措施，一般分为三类。

① 设置防护栏杆。地面基坑周边，无外脚手架的楼屋面周边，上料平台及建筑平台的周边，吊笼、施工用电梯、外脚手架等通向建筑物通道的两侧，以及水箱、烟囱、水塔周边等处，均应设置防护栏杆，防护栏杆应由上、下两道横杆及栏杆柱组成，上杆离地高度为1.0m～1.2m，下杆离地高度为0.5m～0.6m，防护栏杆必须自上而下用安全立网封闭，或在栏杆下边设置严密固定的高度不低于18cm的挡脚板或40cm的挡脚笆。

② 架设安全网。高度超过3.2m的建（构）筑物的周边以及首层墙体超过3.2m时的二层楼面周边，当无外脚手架时，应在外围边沿架设一道安全平网。

③ 装设安全门。各种垂直运输接料平台，除两侧设防护栏杆外，平台口还应设置安全门或活动防护栏杆。

2) 洞口作业防护

建筑物或构筑物在施工过程中，常会因设备、管道敷设和工艺要求及施工需要出现预留洞口、通道口、上料口、楼梯口、电梯井口等，在其附近作业就称为洞口作业。凡深度在2m及2m以下的桩孔、人孔、沟槽与管道孔洞等边沿上的施工作业也属于洞口作业。一般规定：楼板、屋面、平台面等横向平面上，短边尺寸小于25cm的，以及墙体等竖向平面上高度小于75cm的口称为孔；横向平面上，短边尺寸等于或大于25cm的口，竖向平面上高度等于或大于75cm，宽度大于45cm的口称为洞。洞口的安全防护，根据不同类型，可采取下列方式：

① 各种楼板、墙的孔洞口，必须视具体情况分别设置牢固的盖板、防护栏杆、安全网或其他防坠落的防护设施。

② 各种预留洞口，桩孔上口，杯形、条形基础上口，未填上的坑槽以及人孔、天窗等处，均应设置稳固的盖板或用防止人、物坠落的小孔眼的钢丝网框等覆盖，条件许可时，可在盖板上方漆红白相间油漆或黄色警戒色。

③ 电梯井口必须设防护栏杆或固定栅门。

④ 没有安装踏步的楼梯口应同预留洞口一样覆盖。安装踏步后的楼梯，应设防护栏杆，或者安装永久楼梯扶手。

⑤ 各类通道口、上料口的上方，必须设置防护棚。

⑥ 施工现场内各类洞口与坑槽等处，除需设置防护设施与安全标志外，夜间还应设红灯示警。

⑦ 位于车辆行驶通道旁的洞口、深沟以及管道的沟、槽等，除盖板需固定外，盖板应能承受不小于卡车后轮有效承载力2倍的荷载能力。

(3) 起重指挥、司索作业安全防护

1) 对起重工作的一般安全要求

《起重机械安全规程 第1部分：总则》GB/T 6067.1—2010 中规定：

① 指挥信号应明确，并符合规定。
② 吊挂时，吊挂绳之间的夹角应小于120°，以免挂绳受力过大。
③ 绳、链所经过的棱角处应加衬垫。
④ 指挥物体翻转时，应使其重心平稳变化，不应产生指挥意图之外的动作。
⑤ 任何人不得在悬停吊物的下方停留或通过。
⑥ 多人绑挂时，应由一人负责指挥。

2) 指挥人员的职责及要求

① 指挥人员应按照《起重机 手势信号》GB/T 5082—2019 的规定进行指挥。如采用对讲机指挥作业时，必须设定专用频道。
② 指挥人员发出的指挥信号必须清晰、准确。
③ 指挥人员应站在使操作人员能看清指挥信号的安全位置上；当跟随负载进行指挥时，应随时指挥负载避开人和障碍物。
④ 指挥人员不能同时看清操作人员和负载时，必须设中间指挥人员逐级传递信号，当发现错传信号时，应立即发出停止信号。
⑤ 负载降落前，指挥人员必须确认降落区域安全后，方可发出降落信号。
⑥ 当多人绑挂同一负载时，应做好呼唤应答，确认绑挂无误后，方可由指挥人员负责指挥起吊。
⑦ 用两台起重机吊运同一负载时，指挥人员应双手分别指挥各台起重机以确保协调。
⑧ 在开始起吊时，应先用微动信号指挥，待负载离开地面10cm～20cm并稳定后，再用正常速度指挥。在负载最后降落就位时，也应使用微动信号指挥。

3) 起重设备安全操作应注意事项

① 起重设备属特种设备，必须持证操作，操作时精力要集中。
② 工作前要进行空载试验，检查各部位有无缺陷，安全装置是否灵敏可靠。
③ 运行时应先鸣信号，禁止吊物从人头上驶过。
④ 吊运接近额定负荷重物时，应先进行试吊，以检查制动机构是否可靠。
⑤ 当吊车发生危险时，无论何人发出紧急停车信号均应停车。
⑥ 工作中必须执行和遵守"十不吊"。
⑦ 当吊运重物降落到最低位置时，卷筒上所存在钢丝绳不得少于两圈。
⑧ 吊车停止使用时，不准悬挂重物。将重物卸下后，将吊钩升到适当高度，控制手柄到零位切断电源。
⑨ 在轨道上露天作业的起重机，工作结束应将起重机锚定住。当风力大于6级时，应停止工作。
⑩ 司机不得利用极限位置限制器停车，不得在有载荷时调整起升、变幅机构的制动器。
⑪ 起重机工作时，臂架、吊具、辅具、钢丝绳及重物等与输电线路最小距离，应符合与线路电压的相关规定。

⑫起重机工作时，不得进行检修。检修保养应切断主电源，并挂上标志或加锁。

4）使用钢丝绳注意事项

① 使用新钢丝绳，首先要考虑是否符合工作要求，并查看是否有合格证，检查外观质量。

② 开成卷的钢丝时，必须慢慢拉开，使钢丝绳不致形成绳环和打结。

③ 用钢丝绳捆绑有棱角的物件时，应在棱角处垫木块、麻袋等衬垫，以免损伤钢丝绳。

④ 使用钢丝绳时不得超载或突然受力。起升降重物时应缓慢、平稳，避免钢丝绳跳动。

⑤ 切断钢丝绳前，要在切口处两端先用软铁丝或卡子扎牢，防止钢丝松散。

⑥ 钢丝绳应存放在干燥、通风良好的库房内，成卷排列，不可重叠堆放，并应加垫木、涂油及遮盖，防止受潮。

（4）施工用电安全防护

1）用电安全

① 施工用电主要参见《建设工程施工现场供用电安全规范》GB 50194—2014、《施工现场临时用电安全技术规范（附条文说明）》JGJ 46—2005、《建筑施工安全检查标准》JGJ 59—2011 和《建筑电气设计手册》。

② 电工必须持证上岗，随身携带，以便检查。

③ 用电设施要定期检查，并作好记录。

④ 不得在高低压线路下方施工搭设作业棚、建造生活设施、堆放建筑材料等。

⑤ 脚手架与外电架空线路必须保持安全操作距离，见表 16-1。

脚手架与外电架空线路的边线之间最小安全操作距离　　　　表 16-1

外电线路电压	1kV 以下	1～10kV	35～110kV	154～220kV	330～500kV
最小安全操作距离（m）	4	6	8	10	15

⑥ 室外线路用绝缘电线沿墙或架设在专用电线杆上，固定在绝缘子上，严禁架设在脚手架上。

⑦ 过道电线可采用套管埋地，并作标记。

⑧ 配电箱、开关箱中导线的进出应设在箱体的下底面，并有防水弯。严禁设在箱体的上顶面、侧面、后面或箱门处。

⑨ 熔断丝严禁用铜丝或其他金属丝代替使用（包括电闸）。

⑩ 配电装置和电动机械相连接的 PE 线应为截面不小于 $2.5mm^2$ 的绝缘多股铜线。手持式电动工具的 PE 线应为截面面积不小于 $1.5mm^2$ 的绝缘多股铜线。

⑪ PE 线上严禁装设开关或熔断器，严禁通过工作电流，且严禁断线。

⑫ 接地体可用 50×5 角钢或 ϕ50 钢管，长度为 2.5m，不得使用螺纹钢。每组二根接地体之间距离不小于 2.5m，埋地深度不小于 0.6m，接地电阻值满足规定要求。

⑬ 发电机组电源应与外电线路电源联锁，严禁并列运行。

⑭ 发电机组并列运行时，必须装设同期装置，并在机组同步运行后再向负载供电。

⑮ 发电机组应采用三相四线制中性点直接接地系统，并须独立设置，其接地电阻值

不得大于4Ω。发电机控制屏宜装设交流电压表、交流电流表、有功功率表、电度表、功率因数表、频率表和直流电流表。

⑯ 发电机组应设置短路保护和过负荷保护。

⑰ 柴油发电机周围4m内不得使用火炉和喷灯，不得存放易燃物。

⑱ 发电站内应设可在带电场所使用的消防设施，并应设在便于取用的地方。

2) 设施的维护

① 所有配电箱均应标明其名称、用途，并作出分路标记。

② 所有配电箱门应配锁，配电箱和开关箱应由专人负责。

③ 所有配电箱和开关箱应每月进行检查和维修一次。检查和维修人员必须是专业电工。检查、维修时必须按规定穿戴绝缘鞋和手套，必须使用电工绝缘工具。

④ 临时用电工程定期检查应按分部、分项工程进行，电工应每日对临时用电系统进行巡查，对安全隐患必须及时处理。并应履行复查验收手续。定期检查时，应复查接地电阻值和绝缘电阻值。

⑤ 对配电箱、开关箱进行检查和维修时，必须将其前一级相应的电源开关分闸断电，并应挂接地线，应悬挂"禁止合闸、有人工作"停电标志牌。停、送电必须由专人负责。

⑥ 所有配电箱和开关箱在使用过程中必须按照下述操作顺序：

A. 送电操作顺序为：总配电箱——分配电箱——开关箱；

B. 停电操作顺序为：开关箱——分配电箱——总配电箱（出现电气故障的紧急情况除外）。

⑦ 施工现场停止作业1h以上时，应将动力开关箱断电上锁。

⑧ 配电箱、开关箱内不得放置任何杂物，并应经常保持整洁。

⑨ 配电箱、开关箱内不得挂接其他临时用电设备。

⑩ 熔断器的熔体更换时，严禁用不符合原规格的熔体代替。

⑪ 配电箱、开关箱的进线和出线不得承受外力。严禁与金属尖锐断口和强腐蚀介质接触。

(5) 高处作业的防护

1) 技术管理制度

① 工程开工前，对施工图纸百分之百地进行会审。

② 编制针对性的施工安全技术措施，并执行严格的审批制度。

③ 对施工作业人员百分之百地进行安全技术交底。交底人必须履行在交底书上签字的手续。

2) 作业人员要求

① 高处作业人员要进行身体检查（开工前的检查、定期检查等），凡患有精神疾病、癫痫病、高血压、心脏病、视力和听觉严重障碍、不宜从事高处作业的人员，一律不准从事高处作业。凡发现班前喝酒、思想情绪波动较大、精神不振的人员，严禁高处作业。

② 高处作业人员应着工作服，衣袖裤脚应扎紧；穿软底鞋（布底或胶底鞋），不得穿硬底或打铁掌的鞋。

③ 高处作业人员必须扎好安全带，必要时应使用速差自控器，并挂在牢固的上方结构上，其高度不得低于腰部。安全带和自控器使用前应进行检查，确认完整无损后方

可使用。

④ 高处作业人员应佩带工具袋，个人手持工具应系防坠保险绳。工具、器具及其他小型材料不准乱放或乱掷，传递时要手接手传递或用保险绳传递。

⑤ 高处作业人员在施工中，必须控制和保持自身平衡，对于可能发生的外力和自身用力过度造成的危险均有预防和控制措施。

⑥ 高处作业人员必须集中精力施工，必须严格按操作规程作业。同岗位和岗位相关的作业人员，要互相关照，互相提醒，共同控制每道工序中的动态危险。

⑦ 在寒冷季节高处作业时，应做好防寒、防冻、防滑措施。作业人员应配备御寒劳动防护用品。雪后应及时扫除脚手架、走道（斜道）板上的积雪，并用木屑、草垫铺好。

3）作业环境条件要求

① 高处作业前应检查脚手架、踏脚板、临时爬梯是否安全可靠，吊装机械的制动、安全装置是否齐全灵敏。

② 高处作业场所周围的沟道、孔洞等固定盖板应盖牢或设置围栏。

③ 吊装施工危险区域应围栏和警告牌，禁止行人、车辆通过或在起吊物下停留。

④ 高处作业地点和各层平台、走道不应堆放过多的物料，施工用料应随用随吊，用后及时清理。

⑤ 夜间高处作业必须配备有足够的照明。

⑥ 高处作业操作地点的跳板、栏杆和其他安全设备未完善前，人员不得上去施工。施工中出现缺陷时应整改可靠后，方可重新使用。

⑦ 高处作业时，点焊的构件不得移动。切割的工件应放置在牢靠的地点或用铁线绑牢固定，同时要有防止已割下的边角余料或废料坠落的可靠措施。

⑧ 上、下层的工序应尽量错开进行，避免垂直方向同时作业。确实无法克服时，应装设防护隔板、安全网或其他隔离设施。

⑨ 遇有6级以上大风、大雪、大雾及雷暴雨等恶劣天气时，应停止露天作业，并做好吊装构件和吊装机械的加固工作。

⑩ 狂风暴雨过后，应组织有关人员对脚手架、扶梯、栏杆、缆风绳等所有防护设施进行全面检查。发现有倾斜、变形、松动等现象，必须及时修整、加固，经复查验收后，方可重新使用。

(6) 金属容器内作业的防护

1) 应加强金属容器内作业前和过程中的通风。必要时，用压缩空气或其他方法进行气体置换。

2) 打开水压试验后的金属容器空气门前，应确认无负压。

3) 试运行期间金属容器内进行抢修作业前，应采取强迫通风办法，使内部温度不超过40℃，但严禁用氧气作为通风的风源。

4) 进入金属容器内作业前应办理安全施工作业票。

5) 金属容器应有可靠的接地。

6) 照明电压应为安全电压；漏电保护器和控制箱等应放在容器外面。

7) 进行焊接作业时，二次回路应设切断开关。

8) 作业人员进入金属容器前应由监护人进行安全措施确认，按要求落实安全措施后，方准进入容器内作业。

9）作业人员所穿工作服、鞋、帽等必须干燥，脚下应垫绝缘垫；不得在容器内同时进行电焊、气焊、气割作业。

10）作业人员进入容器时，外部应有人监护，且应有内外联系方法，如绳子等；在封闭容器内施工时，施工人员应系安全绳，绳的一端交由容器外的监护人拉住，随时保持联系。

11）工作间歇或工作完毕后，应及时将所带工器具从容器内撤出。

(7) 易燃易爆场所动火作业防护

1）现场严禁吸烟。

2）在易燃易爆区域动火，必须严格执行"动火证""动火工作票"制度。

3）严格执行易燃易爆物品的领用和现场使用管理规定。

4）现场消防器材、用品要按需配齐，经常检查，以保证紧急情况下使用的可靠性和有效性。消防器材、用具应放在明显易取处，严禁挪作他用。

5）对生产、生活临建内取暖设施的使用安全应有明确的规定。

6）及时清理施工中的一切"火种"，凡施工动火作业（包括电焊施工等），完工后必须检查周围是否存在未熄灭的明火或其他火种。

7）禁止在办公室、宿舍存放易燃易爆物品。

8）挥发性易燃材料禁止放在敞口容器内；闪点在45℃的桶装液体不得露天存放。

9）贮存易燃易爆液体和气体的保管人员禁止穿合成纤维等容易产生静电的材料制成的服装。

10）凡进入易燃易爆场所的机动车辆的排气管应装防火罩。

(8) 电焊作业的安全防护

1）参加焊接、切割作业人员，应取得国家相关部门颁发的特种作业证件，持证上岗。

2）焊接作业前必须认真检查周围环境，发现附近有易燃易爆物品或其他危及安全的情况时，必须及时采取相应的防护措施。

3）在带有压力的容器和管道、运行中的转动机械及带电设备上，严禁进行焊接作业。

4）不得在储存汽油、煤油、挥发性油脂等易燃易爆物的容器上焊接作业。

5）不准直接在木板、木地板上进行焊接。严禁用火焊开启装有易燃材料的包装箱。

6）焊完焊件应将火熄灭，待焊件冷却，并确认无焦味、烟气后，方能离开。

7）在管道、井下、地坑、深沟及其他狭窄地点进行焊接作业，必须事先检查其内部是否有易燃易爆物，必须在消除隐患后，才准进行焊接作业。

8）对任何受压容器不允许在其内部气压大于大气压力的情况下焊修。用电焊修理锅炉、储气筒及其管路时，必须将其内部的蒸汽、压缩空气等全部排尽。

9）经常检查电焊机以及焊机电缆的绝缘是否良好，绝缘损坏应及时修复。

10）必须采用电焊工艺修理盛装过液体燃料的容器时，容器首先要经过仔细地刷洗和擦拭，彻底清除内部的残余燃料，清除残余燃料的方法有以下几种：

① 对一般燃料容器，可用磷酸钠的水溶液仔细清洗，清洗时间约15min～20min；

② 清洗装过不溶于碱的矿物油容器时，1L水溶液中加2g～3g的水玻璃或肥皂；

③ 汽油容器的清洗是用蒸汽吹刷，吹刷时间一般为2h～24h，根据容器大小决定。

如不便于清洗，可在容器内装满水，敞开上口。

11）焊接作业人员的个人防护

① 焊接作业人员应穿白色工作服，戴防护面罩和其他绝缘用品。

② 在金属容器内作业时，应有良好的通风。

③ 施工人员不得进食和吸烟，养成良好的个人卫生习惯。

④ 焊接作业人员应按规定进行体检，发现身体不适者或经接触评定认为应脱离焊接作业者应调离原岗位。

⑤ 发现尘肺可疑病例等异常患者，应按规定进行跟踪观察和必要的康复治疗。

(9) 油漆作业的防护

1）防火

① 油漆涂装作业现场禁止明火。

② 油漆涂装作业现场应清除除油漆涂料外的其他各类易燃材料。

③ 稀释剂及其他各类易挥发的有机溶剂必须加盖密封。

④ 作业场所应保持良好的通风，冬天作业时应处理好取暖与通风的关系，严禁用明火取暖。

⑤ 作业场所油漆涂料存放量一般不超过 2 天使用量，不得过多存放。

⑥ 有交叉作业时，应保证与其他产生粉尘、明火的作业可靠隔离。

⑦ 现场应按规定配备相应的灭火器材。

2）防毒

① 油漆作业时，应通风良好，戴好防护口罩及有关用品。

② 患有皮肤过敏、眼结膜炎及对油漆过敏者不得从事该项作业。

③ 油漆作业应在工作中考虑适当的工间休息。

④ 室内配料及施工应通风良好且站在上风头。

⑤ 严禁在施工中进食和吸烟。

⑥ 不得将在油漆施工中或刚完工的室内作为宿舍使用。

⑦ 各种有毒物品应专人负责，专柜分类保管，保管人员应熟悉各种物品性能，严格保管及领用制度。

⑧ 油漆作业人员应按规定进行体检，发现身体不适者或经接触评定认为应脱离油漆作业者应调离原岗位。

(10) 保温作业的防护

1）严格贯彻《中华人民共和国职业病防治法》和《中华人民共和国尘肺防治条例》的要求，施工企业应该加强粉尘作业的宣传教育，建立防尘设施维护制度，定期检查防尘工作。

2）作业场所应有效通风，尽量减低作业地点的粉尘浓度。

3）保温作业人员应佩戴防尘口罩，应扎紧衣领、衣袖。

4）作业人员应接受就业前和定期健康检查，定期体检并建立档案，发现问题及时治疗。

5）不在作业现场进食、吸烟，饭前洗手，工作后换工作服、淋浴等。

6）合理的营养，劳逸结合、增强体质也有利于预防尘肺病。

（二）案例分析

本节以案例形式对安全控制的方法作具体的分析说明，通过学习使在该方面的专业技能有所提高，并能在实际工作中参考应用。

1. 给水排水工程

（1）案例一

1）背景

A公司承建某大型住宅小区的机电安装工程，其中有大型给水泵房及其供水管网的安装。铸铁供水干管直径大、埋设深，该分项工程开工前，项目部施工员编写了安全技术交底文件，向作业班组全体人员交底。由于施工时值多雨季节，故交底主要突出了防止管沟塌方伤人，管道漂浮损坏，试压时盲板弯头处要阻挡有效三个方面，同时要求下管的吊机站位要可靠。

2）问题

① 为什么要加强监护管沟塌方和管道漂浮？

② 试压时盲板和弯头处为什么要做挡墩等阻挡物？

③ 临管沟边的下管吊机站位要注意什么安全事项？

3）分析与解答

① 由于管径大、埋设深，施工又在多雨季节，虽然管沟开挖按规定计算放坡，但下雨浸泡后，土壤会不稳定，加上管沟两侧有堆土，因而要加强监护，及时检查，防止塌方伤及沟内的作业人员。沟内安装的管道为防止管内有污泥石块侵入造成以后的冲洗清扫困难，所以下班前通常要临时封堵管口。但是下雨后，管沟内积水，对管子产生浮力，会使大口径管道有上浮趋向或受浮力作用，而浮力并不是沿管线都均匀，这就导致管道接口处受力而损坏接口的严密性。为了工程实体安全，要采取防护措施（挖明渠排水或配备水泵排水），这是室外管道施工必须注意的两类安全防范事项。

② 管道安装要用比工作压力大一定倍数的试验压力做强度试验，盲板和弯头处受到较大的推力，易使管道移位，所以加以阻挡，抵抗推力的作用，以确保试压工作顺利进行和工程实体的安全。

③ 大口径管道（铸铁管）下管进入管沟，通常用专门的下管机，站立于管沟边，也有用通用的吊机。其除了有标明的吊装能力曲线外（即吊装作业要符合性能曲线的要求），还有一个是吊机站位处的地耐力要符合要求，否则吊装作业时可能使吊机发生倾覆。因而临管沟边进行吊管作业要先进行试吊，观察管沟的土壤情况是否正常，只有情况正常才能开始连续的正常作业，作业中同样要加强监护。

（2）案例二

1）背景

B公司承担某污水泵站扩建工程的机电安装工程，其中在污水收集坑内进行新老系统的切换连接是关键的工作。为此B公司项目部施工员编制了作业指导书，对安全技术措施作出了安排并向在坑内作业的管工、电焊工、起重吊装工作了交底，主要内容为坑内通风排放达标是可以动火的条件,以及向坑内运送大型闸阀等设备的注意事项。

2) 问题

① 为什么进入污水集水坑内作业前要通风排放达标?

② 电焊作业前的环境条件是怎样的?

③ 吊运大型重型物件应注意什么事项?

3) 分析与解答

① 污水泵站集水坑内会集中由污水分解过程中产生的有害气体,如甲烷、硫化氢、一氧化碳、二氧化碳等,若不给以通风排放,其浓度足以使人窒息死亡,这是在媒体报道中屡见不鲜的。所以通风一段时间后要采样分析,判定其含量不足以危害人体健康后,才能进入坑内作业。

② 甲烷、一氧化碳等气体是易燃易爆气体,电焊作业是明火作业,所以作业周边不能有可燃物质,更不能有爆炸极限范围内的可爆炸气体,这是在施工现场进行电焊或气割作业时必须引起高度关注的。在高空作业时还要采取防范措施,防止电焊火花或气割的金属灼热块状物下落而引起火灾。通常在作业处下部垫有薄钢板等向下溅落的阻挡物,如危险性较大,还应配有专人监护并备有贮水的水桶以及采用围挡物防止横向溅落。

③ 向集水坑内吊运材料或施工机械,通常在吊运物资的吊装口上端设置临时的吊装装置,如设立人字桅杆或吊装用桁架等。按有关规定,设置好后要经安全验收才能使用,吊装前要经试吊合格,确认无安全隐患,吊装口四周设不低于1.2m的围栏,有可能的话围栏底部有挡板,防止物体坠入集水坑伤及在内的作业人员。

2. 建筑电气工程

(1) 案例一

1) 背景

A公司承建某江滨公园亮化工程的机电安装工程,在假山区有众多的庭院路灯和景观照明灯具安装。时值夏季,天气炎热,采用避高温早晚作业。由于施工用临时电缆在岩石上经常拖曳,为防止破损漏电伤人,项目部专门制定了安全警示标牌提醒作业人员,同时要求电焊工严格遵守安全操作规程,不准赤膊裸露,还对施工用末级配电箱设置位置作出了规定,为此施工员对作业班组人员作了明确的安全技术交底。

2) 问题

① 施工员为什么不准电焊工有裸露工作的行为?

② 户外施工用移动电缆应怎样选用?

③ 怎样选择施工用末级配电箱的位置?

3) 分析与解答

① 天气炎热,作业中必然遍体出汗,人体的接触电阻降低。电焊工作业时,焊接时电弧电压在20~30V,人接触焊把,电压在安全范围内,不会因此触电受伤。但如果换焊条时,把线对地电压在75V左右,如果不用电焊手套,光手加电焊条,身体有裸露部分接触其他接地导体,流过身体的电流因人体电阻降低而增大,也会造成涉及生命的安全事故,在过去电焊工伤亡事故中时有发生,值得警惕。

② 施工用移动电缆不能用普通软绞线替代,因其机械抗拉强度、绝缘表面耐磨性能

都不符合规定要求,所以施工用移动电缆要查阅电缆手册的说明,选择合适的使用,不能有侥幸心理进行替代。

③ 施工用室外配电箱首先是能防雨、防溅密封良好,园林内地势有起伏,其位置应选择在高处,要观察周围环境,不能因雨水积聚而淹没配电箱;其次再考虑是否便于电源引入和方便维修等因素,要把安全使用放在首位。对于电动施工机具,末级配电箱应为电动施工机具的专用配电箱(亦称开关箱),开关箱与控制设备的水平距离应在3m内。

(2) 案例二

1) 背景

某公司接集团总部指令,组建一支由专业施工员带队的电气作业队,去灾区抢修10kV以下的架空输电线路。队伍出发前,由A公司技术、安全部门负责组织作业前的动员和培训,除公司领导作动员报告外,技术部门负责人做任务交底和方案交底,安全部门负责人及专业施工员做了作业安全技术交底,同时安排全体作业人员做身体健康检查,排除不合格者,还对电工登高作业用具及施工机械按规定做试验检查,确保抢修人员技术素质和机具完好程度都处于良好的准备状态。专业施工员特别对立杆、紧线的安全技术要求进行了讲解。由于准备充分、安全措施到位,即使在非常规状态下施工,还是顺利完成了任务。

2) 问题

① 为什么出发前要进行员工的体检工作?

② 哪些施工器具、工具要在使用前做安全检验?

③ 立杆、紧线两个施工工序要注什么安全事项?

3) 分析与解答

① 架空输电线路施工,虽然施工机械装备良好,采用机械化施工,但是仍然免不了要有局部的人工登高作业。即使是采用登高车,有的人有恐高症,仍不合适做该项工作,因而作业人员要做体检,对有高血压、心脏病者及恐高症者实施排除。

② 个人登高用的装备、三脚板、保险皮带等都要做定期安全检验。通电检查用的绝缘棒、绝缘手套、绝缘鞋、绝缘毯等也要定期做绝缘试验。施工用的紧线器等受力工具使用前要做承力试验以鉴别性能是否良好。所有使用的测量仪器、仪表要在检定周期的有效期内。通过检测试验,排除不合格的工器具使用,以确保施工质量和施工安全。

③ 立杆要注意杆坑深度是否符合要求,填土是否夯实,杆的稳定用绳索是否绑扎可靠,焙土要形成凸台,机械立杆不要站在竖立中电杆的下方,立杆作业要设立警戒区标志,有专人监护,防止其他人员闯入。紧线施工前要对相关拉线进行预紧,使用完好的紧线器,防止滑脱伤人,作业者要注意站位使方便操作,工具、材料的上下传递要使用工具袋和绳索,不得上下抛掷。两人同杆登高作业要配合良好,使用的扳手等手工工具不能因动作失误而击伤他人。

3. 通风与空调工程

(1) 案例一

1) 背景

A公司的铁皮风管加工厂有一油漆车间,车间主要对黑铁皮风管及部件进行喷涂刷漆。为了保护员工免受职业病危害,公司安全管理部门在春末夏初组织工会、技术等相关部门人员对油漆车间的安全管理措施落实情况进行检查,发现如下情况:①油漆仓库的消防设施不符合要求;②油漆作业的防护有缺陷;③出了一个试题"人的中毒症状有哪些",回答齐全的人基本没有。为此检查组认为要加强安全意识、安全知识教育,切实进行整改。

2) 问题

① 油漆仓库的消防设施应怎样管理?

② 油漆作业的安全防护有哪些?

③ 在油漆作业中如有人中毒,其症状是怎样的?

3) 分析与解答

① 油漆及其溶剂很多是易燃易爆危险物品,因而其贮存的仓库要配有消防设施,管好消防设施,才能确保其有效的功能。通常要做到消防器材、消防用品按需要配齐,经常检查并有检查记录,确保其可靠性和有效性,消防器材和用品应放在明显易取处,标志清晰,消防斧和水桶等严禁挪作他用。

② 油漆作业的防护主要是对人和工作环境的防护,主要有以下几个方面:

A. 油漆作业时,应通风良好,戴好防护口罩及有关用品。

B. 患有皮肤过敏、眼结膜炎及对油漆过敏者不得从事该项作业。

C. 油漆作业应在工作中考虑适当的工间休息。

D. 室内配料及施工应通风良好且站在上风头。

E. 严禁在施工中进食和吸烟。

F. 不得将在油漆施工中或刚完工的室内作为宿舍用。

G. 各种有毒物品应专人负责,专柜分类保管。保管人员应熟悉各种物品性能,严格保管及领用制度。

H. 油漆作业人员应按规定进行体检,发现身体不适者或经接触评定认为应脱离油漆作业者应调离原岗位。

③ 人体中毒后,会表现出各种不同症状,主要有:恶心、呕吐、泻肚、脉搏异常、呼吸困难、皮肤色泽或知觉出现异常、动作异常、嗜睡、有痉挛、有错觉或幻觉现象、眼红肿发炎以及体温变化异常等现象。

(2) 案例二

1) 背景

某体育中心为迎接大型比赛,对体育场馆进行技术改造。B公司承担主体育馆的机电安装工程拆除和新装,其中体育馆顶部的多条通风管道要改成环保型新材料制成的产品,所有灯具和照明线路均需更换,且通风工程与照明工程两者不在同一个高度的平面上。为此,B公司项目部研究决定采用搭设局部脚手架进行施工。鉴于工期较紧,要求通风专业队和电气专业队间进行立体交叉作业,并责成项目部施工员和安全员加强巡视检查,确保施工安全。

2) 问题

① 脚手架搭设完成,进行检查验收合格后才能使用,检查验收的主要内容是什么?

② 因为有工程拆除,施工员对脚手架使用时安全技术交底除常规外,应突出什么?

③ 关于立体交叉作业施工员应怎样进行安全技术交底?

3) 分析与解答

① 脚手架检查的主要内容有：

A. 脚手架搭设是否符合施工部位的要求，架身是否符合图纸要求。

B. 脚手架使用的材料是否符合规定。

C. 落地处（架子的基础）是否稳固。

D. 与建筑物连接点是否可靠，各种剪刀撑和斜撑的支撑是否符合要求。

E. 脚手板的铺设是否绑扎固定、不松动。

F. 是否有可靠的供人员上下的梯子或斜道，护栏等是否齐全。

② 因为有拆除工作，拆下后必然要在脚手架上临时放置后再运走，所以施工员特别提醒作业队组，拆下的风管部件每次不得超过脚手架的承载能力，所以对拆卸的段或点要作重量大小的评估。现行规定脚手架使用的均布荷载不得超过 $2648N/m^2$（$270kg/m^2$）。

③ 施工员安全技术交底主要内容为：

A. 两个专业队要沟通，在工序安排上使同一立体空间、同一时间的作业降至最低。

B. 尽量减少同一垂直面上的作业，无法避免应搭设可靠、牢固、有效的安全防护层或隔离设施。

C. 所有小型工具和材料用工具袋传递，使用手锤作业时要用安全绳拴在固定的构件上。

D. 立体交叉作业更应坚持文明施工，及时清除施工的垃圾和废料，保持良好的工作环境。

E. 互相协调做好自身和他人的劳动保护。

十七、施工质量缺陷和危险源的分析与识别

本章将质量缺陷和危险源综合在一起进行介绍,要求学习者能在施工现场进行有效识别,以说明其技能水平。

(一)技能简介

本节主要介绍质量缺陷的定义和成因,以及识别方法,同时对人的不安全行为和物的不安全状态的识别方法作原则性的提示,希望在实践中参考应用。

1. 质量缺陷

(1)定义

根据我国国家标准《质量管理体系 基础和术语》GB/T 19000—2016/ISO 9000:2015 的定义,工程产品未满足质量要求,即为质量不合格;而与预期或规定用途有关的质量不合格,称为质量缺陷。

(2)原因

施工中违反了施工质量验收规范中的有关规定,大部分是关于观感质量的规定。

(3)质量缺陷处理的基本方法:

1)返工处理:当工程质量缺陷经过修补处理后仍不能满足规定的质量标准要求,或不具备补救可能性则必须采取返工处理。

2)返修处理:当工程某些部分的质量虽未达到规定的规范、标准或设计的要求,存在一定的缺陷,但经过修补后可以达到要求的质量标准,又不影响使用功能或外观的要求,可采取修补处理的方法。

3)加固处理:主要是针对危及承载力的质量缺陷的处理。

4)限制使用:当工程质量缺陷按修补方法处理后无法保证达到规定的使用要求和安全要求,而又无法返工处理的情况下,不得已时可作出诸如结构卸荷或减荷以及限制使用的决定。

5)不作处理:某些工程质量问题虽然达不到规定的要求或标准,但其情况不严重,对结构安全或使用功能影响很小,经过分析、论证、法定检测单位鉴定和设计单位等认可后可不作专门处理。

6)报废处理:出现质量事故的工程,通过分析或实践,采取上述处理方法后仍不能满足规定的质量要求或标准,则必须予以报废处理。

2. 人的不安全行为

指施工作业人员在施工时违反安全操作规程所发生的作业行为,如高空作业不挂安全带、进入施工现场不戴安全帽、带电作业绝缘防护用具配备不齐等。

3. 物的不安全状态

物的不安全状态指与施工有关的施工机具、设备或作业环境状况不符合相关安全规定的状态。如临边孔洞未设置护栏，起重机械的吊钩磨损变形超过规定值，动火作业警戒区内有易燃易爆物质堆放等。

4. 质量缺陷、人的不安全行为、物的不全状态的识别方法

（1）标准的具体化

即要有切实具体的标准，如工程的质量标准、安全操作规程、设备机械工具安全使用标准和完好状态标准、作业环境安全标准等。

（2）度量的可行性

即采用技术手段和检查人员的感官进行科学客观的度量。

（3）比较与判定

即将度量的结果与标准的规定进行比较，比较的结果可以判定现实与标准间的符合性，为下一步的工作提供决策依据。

（二）案例分析

本节通过案例形式说明对施工现场发现质量和安全方面的问题，并提出处理意见，通过分析，以提高学习者工作技能。

1. 案例一（质量缺陷方面）

（1）背景

A公司分包承建某银行大楼的建筑设备机电安装工程，大楼竣工验收前，总包方要求各分包方对所承建工程的质量全面自检一次，以消除质量通病，做好竣工验收的准备工作，为此A公司质量管理部门会同项目部进行了银行大楼施工质量的检查，发现下列问题，并提出对策。

事件一：消火栓和自动喷水灭火系统的管网，其众多丝扣连接的镀锌钢管接口处没有把麻丝清除干净，也没有对外露丝和做油漆防腐工作。

事件二：在11楼走廊上安装的长方形嵌入式照明配电箱的侧边和底边明显地与走廊贴面大理石的水平或垂直接缝不够平行，说明照明配电箱安装的侧边垂直度或底边水平度有问题。

事件三：在大会议室通电试灯时，发现照明开关通电顺序与灯具亮灯顺序不一致，不方便灯具的亮灯控制。

（2）问题

1）事件一的质量缺陷应怎么处理，为什么？

2）事件二的质量缺陷应怎么处理，为什么？

3）事件三的质量缺陷应怎么处理，为什么？

（3）分析与解答

1) 镀锌钢管丝扣连接处的麻丝要清除干净,目的不只是为了提升观感质量,而是为了对外露丝扣部分方便油漆防腐,保证防腐质量,因为套丝时破坏了镀锌层,不做防腐处理会影响使用寿命,所以项目部决定组织人力清除镀锌钢管接口处的麻丝,并涂刷防腐漆。

2) 嵌入照明配电箱的安装垂直度或水平度有超差,影响观感质量是一种质量缺陷,不影响安全使用和使用寿命,况且建筑物装饰面已完工,若要重新安装,效果也不一定达预期设想,所以项目部认为要与发包方协商,期望取得谅解,并建议日后装修改造时,由项目部或 A 公司来负责。

3) 照明开关的控制顺序与亮灯顺序不一致也是不符合规范要求的质量缺陷,对使用带来不便,也给维护工作带来麻烦,所以必须纠正,纠正工作也不难,消耗不可能太大,只要改变一下接线位置,即可符合要求,所以 A 公司项目部决定返工重做。

2. 案例二(质量缺陷方面)

(1) 背景

B 公司为了提高工程质量,经常组织各施工项目部间的观摩交流创优经验,每次的小结会上,由企业的质量管理部门负责人对观摩中发现的质量缺陷进行讲评,并提出改进意见。这次讲评的内容提出以下问题。

(2) 问题

1) 空调机冷冻水管道经二次安装后,发现焊缝周边飞溅多,观感质量不佳,应如何克服?

2) 法兰连接的镀锌无缝钢管,其螺栓普遍太长,螺纹露出螺母都超过 2~3 扣,这个现象有什么坏处?

3) 地下室的风管用黑色泡沫塑料保温后多处遭到土建喷浆施工的严重污染,主要原因是什么?

(3) 分析与解答

1) 空调工程用的冷冻水或冷却水的总管大多用大口径无缝钢管经电焊连接预制,活口处以法兰连接,为了防腐良好,要在组对完成后,分段拆下送热锌厂镀锌,镀锌回来再组对安装称二次安装,安装后检查发现飞溅较多,已不太好处理,若用扁铲剔除焊缝的飞溅部分,必然会损伤管道的镀锌层,得不偿失,所以要克服有关观感质量的质量缺陷,要在管段拆下之后,送镀锌厂之前,对管段的所有焊缝进行外观检查,用扁铲、手提砂轮机等工具,去除焊接飞溅形成的残留物。

2) 法兰连接用螺栓不宜过长,过长既浪费材料又增大成本,如过长螺杆外露,日常维护不佳,螺纹生锈严重,会给今后检修带来困难。

3) 主要原因是风管施工者和土建喷浆施工者的成品保护意识不强,也有工作协调不够或工序安排不合理的原因,如由于客观要求把风管的泡沫塑料保温安排在土建喷浆施工前完成,则风管安装者要采取措施做好成品保护,例如用塑料薄膜将风管表面覆盖起来,待投运前再拆除。

3. 案例三(人的不安全行为方面)

(1) 背景

D 公司按企业制度规定,每季组织一次对所属项目部施工现场安全检查,这次巡查的重点是作业人员的不安全操作行为，在一大楼地下多层车库的现场发现有下列情况。

事件一：在地下车库，站在升降台上安装风管风阀的作业人员传递工具材料不使用工具袋，而是用手上下抛掷。

事件二：在地下车库顶板上焊接吊架的焊工，骑坐在人字梯顶部进行仰焊，焊花飞落在人字梯底部周围的保温材料的包装纸上，有冒烟现象。

事件三：发现用台钻钻孔的作业人员戴纱手套操作。

检查人员发现上述情况后，当即指令停工，改正后才允许重新作业。

(2) 问题

1) 高处作业为什么不允许抛掷传递工具和材料？

2) 焊工在高处施焊时应注意什么事项？

3) 为什么在钻孔作业时不能戴劳动保护用手套作业？

(3) 分析与解答

1) 高处作业，尤其是立体交叉高空作业，上下作业人员之间工具材料的传递，应装入工具袋用吊绳相互传递，不能用手抛掷传递，用手抛掷易失手造成下面配合人员受物体打击伤害，况且，抛掷易引起散落而导致工作效率降低。主要是为了施工安全。具体规范条文详见《建筑施工高处作业安全技术规范》JGJ 80—2016 第 3 章基本规定 3.0.6 条。

2) 焊工登高焊接作业，除应检查所站位置是否牢固可靠或需系安全带作业悬吊挂钩是否可靠外，尚需检查作业位置，周围有无可燃物质，尤其在火花下溅和气割弃物的下落位置要将可除掉，否则会引发火灾。具体规范条文详见《建筑施工高处作业安全技术规范》JGJ 80—2016 第 3 章基本规定 3.0.5 条和 3.0.7 条。

3) 在旋转的机械加工机床上作业，要防止机械的旋转部分将人的衣服或手套等带入而造成伤害，如女车工要剪去辫子带女工帽，保护头发等不卷入机械而撕裂头皮，钻床作业带纱手套易被钻头的刃口卷住手套而使手指断裂伤害，因而不允许戴手套作业。具体规范条文详见《建筑机械使用安全技术规程》JGJ 33—2012 第 13 章其他中小型机械 13.10.2 条。

由于判定这些为人的不安全行为是经过血的教训而获得的，所以检查人员当即要求停止作业待改正后再工作。

4. 案例四（物的不安全状态方面）

(1) 背景

A 公司承建一大型体育中心的机电安装工程，全面开始安装前，公司的安全管理部门提出要求，进入该施工现场的安全防护用品和施工机械应保持完好状态，即要消除物的不安全状态，重点是安全网、安全带、软梯等防护用品，起重机械的安全防护装置，施工用场内运输叉车的安全防护装置等三个方面。由于目标明确，措施有力，使这些关键用品和机械在使用中处于有效的安全状态，从而较大地降低了安全事故发生的可能性。

(2) 问题

1) 安全防护用品要定期进行鉴定，才能确保其使用安全，安全网、安全带、软梯等的鉴定内容是什么？试验鉴定周期怎样？

2) 起重机械的安全防护装置有哪些？

3) 施工现场用运输叉车应怎样安全使用？

（3）分析与解答

1）劳动防护用品要定期鉴定，按标准要求合格，才能认为其处于安全有效状态，安全网、安全带、软梯等的鉴定要求如下：

① 安全网的鉴定试验是冲击试验，每年做一次，多次使用前要进行外观检查无网绳、边绳等破断现象。

② 安全带的鉴定试验是静负荷拉力试验，每6个月试验一次，每月使用者自查一次完好状态。

③ 软梯是工具又是救援用品，其鉴定试验是静负荷拉力试验，建议每年做一次鉴定。

2）起重机械的安全保护装置是起重机械安全使用的关键，也是其安全状态的表征，常用的有超载限制器、力矩限制器、限位器、偏斜调整器和显示装置、幅度指示器、联锁保护装置、夹轨钳和锚定装置、缓冲器、风级风速报警器等。具体配置要视起重机械的种类和型号、规格而定。

3）施工现场运输用叉车使用安全注意事项如下：

① 使用前应对行驶、升降、倾斜等机械进行全面检查。

② 不得快速启动、急转弯或突然制动。在转弯或斜坡处应低速行驶。倒车时不得紧急制动。

③ 作业结束后，应关闭所有控制器，切断动力源，扳下制动闸，将货叉放至最低位置并取出钥匙或拉出车锁后方可离开。

十八、施工质量、安全与环境问题的调查分析

本章对施工质量问题、职业健康安全问题和环境问题的主要类别及其成因作出介绍，并通过案例说明处理方法，希望通过学习提高专业技能。

（一）技能简介

本节对施工质量问题、职业健康安全问题和环境问题的类别及成因作简明介绍，希望学习者通过学习在实践中参考应用。

1. 施工质量问题

（1）施工质量问题的类别

所谓施工工程的质量问题，是指对工程实体经检查发现质量有不符合规范标准的规定或不符合工程合同约定的现象。施工中出现的质量问题，应由施工单位负责整改。

（2）质量问题和质量事故

凡是工程质量不合格，影响使用功能或工程结构安全，造成永久质量缺陷或存在重大质量隐患，甚至直接导致工程倒塌或人身伤亡，必须进行返修、加固或报废处理，按照由此造成人员伤亡和直接经济损失的大小区分，在规定限额以下的为质量问题，在规定限额以上的为质量事故。

（3）对质量问题形成的主要原因及导致的后果，其大致有如下四类：

1）技术原因：指引发质量事故的原因是在项目勘察、设计、施工中技术上的失误。例如，地质勘察过于疏略，对水文地质情况判断错误，致使地基基础设计采用不正确的方案；结构设计方案不正确，计算失误，构造设计不符合规范要求；施工管理及实际操作人员的技术素质差，采用了不合适的施工方法或施工工艺等。这些技术上的失误是造成质量事故的常见原因。

2）管理原因：指引发质量事故的原因是管理上的不完善或失误。例如，施工单位质量管理体系不完善，质量管理措施落实不力，施工管理混乱，不遵守相关规范，违章作业，检验制度不严密，质量控制不严格，检测仪器设备管理不善而失准，以及材料质量检验不严等原因引起质量事故。

3）社会、经济原因：指引发质量事故的原因是社会上存在的不正之风及经济上的问题，滋长了建设中的违法违规行为，而导致出现质量事故。例如，违反基本建设程序，无立项、无报建、无开工许可、无招标投标、无资质、无监理、无验收的"七无"工程，边勘察、边设计、边施工的"三边"工程，屡见不鲜，几乎所有的重大施工质量事故都能从这个方面找到原因；某些施工企业盲目追求利润而不顾工程质量，在投标报价中随意压低标价，中标后则依靠违法的手段或修改方案追加工程款，甚至偷工减料等，这些因素都会导致发生重大工程质量事故。

4) 人为事故和自然灾害原因：指造成质量事故的原因是人为的设备事故、安全事故，导致连带发生质量事故，以及严重的自然灾害等不可抗力。

(4) 质量问题处理的目的和程序

1) 目的

① 正确分析和妥善处理所发生的质量问题，使施工进入正常状态。

② 保证建筑物、构筑物和安装工程安全使用，减少问题造成的损失。

③ 总结经验教训，预防同类问题重复发生。

2) 程序

质量问题处理程序如图 18-1 所示。

图 18-1 施工项目质量问题处理的程序

(5) 质量问题不作处理的几种情况

不作处理的质量问题即分类中所指的质量缺陷，未构成事故的质量问题，其判定有以下几种情况。

1) 不影响结构安全，生产工艺和使用要求；

2) 某些轻微的质量缺陷，通过后续工序可以弥补的，可不处理；

3) 对出现的质量缺陷，经检测鉴定达不到设计要求，但经原设计单位核算仍能满足结构安全和使用功能。

4）法定检测单位检定合格。

2. 职业健康安全问题

（1）安全事故的分类

1）按事故发生的原因可分为：物体打击事故、车辆伤害事故、机械伤害事故、起重伤害事故、触电事故、淹溺事故、灼烫事故、火灾事故、高处坠落事故、坍塌事故、冒顶片帮事故、透水事故、放炮事故、火药爆炸事故、瓦斯爆炸事故、锅炉爆炸事故、容器爆炸事故、其他爆炸事故、中毒和窒息事故、其他伤害等 20 类。

2）按造成的人员伤亡或者直接经济损失，可分为：

① 一般事故，是指造成 3 人以下死亡，或者 10 人以下重伤（包括急性工业中毒，下同），或者 1000 万元以下直接经济损失的事故；

② 较大事故，是指造成 3 人以上 10 人以下死亡，或者 10 人以上 50 人以下重伤，或者 1000 万元以上 5000 万元以下直接经济损失的事故；

③ 重大事故，是指造成 10 人以上 30 人以下死亡，或者 50 人以上 100 人以下重伤，或者 5000 万元以上 1 亿元以下直接经济损失的事故；

④ 特别重大事故，是指造成 30 人以上死亡，或者 100 人以上重伤，或者 1 亿元以上直接经济损失的事故；

本条所称的"以上"包括本数，所称的"以下"不包括本数。

（2）安全事故的原因分析

确定事故原因是事故调查分析中最重要的环节。只有正确确定事故原因，才能汲取教训，采取有效防范措施，预防事故的重复发生。但是，事故发生的机理往往很复杂，原因也多种多样。有时某一起事故往往有多种原因，而各种原因之间又有着复杂的关联。因此，分析确定事故的原因时，应先从直接原因入手，逐步深入到间接原因，从而掌握事故的全部原因，再分清主次，进行责任分析。

1）事故直接原因，即直接导致事故发生的原因，也叫一次原因：

① 机械、物质或环境的不安全状态；

② 人的不安全行为。

2）事故间接原因，是指引起事故原因的原因，即不安全状态、不安全行为产生和存在的原因：

① 技术和设计上的缺陷。工业构件、建筑物、机械设备、仪器、仪表、工艺过程、操作方法、维修检验等的设计、施工和材料存在问题；

② 教育培训不够或未经培训，缺乏或不懂安全技术知识；

③ 劳动组织不合理；

④ 对现场工作缺乏检查或指导错误；

⑤ 没有安全操作规程或不健全；

⑥ 没有或不认真实施事故防范措施，对事故隐患整改不力；

⑦ 其他。

直接原因通常由一种或多种不安全行为、不安全状态或两者共同作用的结果。间接原因可追踪于管理措施及决策的缺陷，或者环境的影响。然而直接原因和间接原因也不是一成不变的，在不同的事故中，同样的因素可能是某些事故的直接原因，也可能成为某些事故的间接原因，在调查分析事故时，必须具体情况具体分析。

（3）应急准备

1）针对可能发生的安全事故的特点和危害，进行风险辨识和评估，制定相应的应急救援预案，经项目主要负责人审批，及时对外公布，并报当地应急管理部门备案。

2）应急预案应具有科学性、针对性和可操作性，明确应急组织体系、职责分工以及应急救援程序和措施。

3）每半年组织不少于1次应急演练，并根据实际情况适时修订应急预案。

4）建立应急救援队伍或与业主、总包单位联合组建应急救援队伍，配备必要的应急救援设备和物资，并定期组织训练。

（4）应急救援

发生生产安全事故后，项目部应当立即启动相应的应急救援预案，采取下列一项或者多项应急救援措施，并按照国家有关规定报告事故情况：

1）迅速控制危险源，组织抢救遇险人员；

2）根据事故危害程度，组织现场人员撤离或者采取可能的应急措施后撤离；

3）及时通知可能受到事故影响的单位和人员；

4）采取必要措施，防止事故危害扩大和次生、衍生灾害的发生；

5）根据需要请求邻近的应急救援队伍参加救援，并向参加救援的应急救援队伍提供相关技术资料、信息和处置方法；

6）维护事故现场秩序，保护事故现场和相关证据；

7）法律、法规规定的其他应急救援措施。

（5）善后处置

1）妥善安置伤亡人员家属；

2）做好相关人员的心理疏导；

3）做好环境修复治理工作，尽快恢复生产，消除事故影响。

3. 环境保护问题

（1）我国环境保护的方针是全面规划、合理布局、综合利用、化害为利、依靠群众、大家动手、保护环境、造福人民。

（2）建筑设备安装施工活动可能造成的环境污染有固体废物污染、噪声污染、水污染、光污染、大气污染和放射性污染等。

（3）环境因素的识别方法有对照经验法、产品生产周期分析（ICA）法、问卷调查法等。环境因素的评价方法有是非判断法、经验评价法和多因子评价法等。

（4）项目部应根据不同的环境影响因素，制定有针对性的应急预案，相关应急准备工作可参照职业健康安全问题应急准备执行。

（5）环境事件的应急处置

1）施工现场环境突发事件是指在施工现场发生的、造成或可能造成环境状况、生命健康、财产损害、危及环境公共安全的一种紧急事件，如饮用水给水管道消毒中发生消毒水大量泄漏或使用的氯气钢瓶中氯气外溢等。

2) 环境事件发生后的应急救援工作可参照职业健康安全事故的应急救援措施执行。

(二) 案例分析

本节以案例形式对质量问题、安全问题、环境问题的辨别和处理作出介绍,通过学习,使学习者增加能力。

1. 案例一 (质量方面)

(1) 背景

某公司是一个新建不久的机电工程公司,最近承建的一高校体育馆工程,含有建筑电气工程、空调工程和给水排水工程等,施工过程中,公司管理层经常听到院方反映,要求派员协助施工项目部抓好工程质量,为此公司多次派质量管理部门工程师去施工项目协助施工员整顿作业队组的管理及讲解怎样按规范标准施工的必要性。有以下几个问题切中要害,提高了整个施工项目部的质量意识,改进了作业质量,院方的投诉渐趋平复。

(2) 问题

1) 如果施工现场管理混乱,会发生什么现象,导致什么后果?
2) 作业环境条件不符要求,举例说明会有哪些危害?
3) 质量问题处理的目的是什么?

(3) 分析与解答

1) 施工现场由于管理上的不完善或失误,会发生质量管理体系不完善,质量管理措施落实不力,施工管理混乱,不遵守相关规范,违章作业,检验制度不严密,质量控制不严格,检测仪器设备管理不善而失准,以及材料质量检验不严等现象,并且导致质量事故的发生。

2) 作业环境条件恶劣,防护措施不到位,必然影响工程质量,如焊接时风雨较大,焊缝内气孔会增多,影响焊缝强度;又如塑料管安装或塑料电缆敷设在气温低于产品允许的温度下进行,会由于塑料的冷脆原因而使材料碎裂引发质量问题。

3) 施工项目部认真处理质量问题的目的有三个,一是发生质量问题,会引起工地局部停工,迅速处理则可恢复正常作业;二是确保工程使用安全,减少因质量问题造成的损失;三是吸取经验教训,避免同类质量问题的重点发生。

2. 案例二 (质量方面)

(1) 背景

A公司承建一影剧院的机电安装工程,其施工项目部的施工员和质量员,每周末要按制度规定会同对施工质量进行巡视检查,如发现质量问题,由质量员提出意见,施工员负责处理,在一次巡视检查中发现该项目的空调冷水机组的水系统镀锌钢管与钢支架间没有装设绝缘垫片,不符合企业工艺标准规定;同时发现冷冻水的分水器设备铭牌朝向墙壁,且为保温覆盖,无法观察到其所标参数,也是不符合有关规定的。为此,施工员和质量员会商一致,提出整改意见,并报项目技术负责人确认。

(2) 问题

1) 对镀锌管与钢支架之间未装设绝缘垫应改正,重新加装,为什么?
2) 对分水器铭牌问题采用另制作一块类似标牌挂在分器正面,以方便观察,为什么?
3) 发现质量问题后,施工员启动的处理程序,其主要内容有哪些?

(3) 分析与解答

1) A公司制订的工艺标准,要求在潮湿场所镀锌钢管固定在碳钢支架上,不论支架是否做过油漆,均应在两者接触面间加装绝缘垫(为橡胶或塑料制品),目的是防止不同金属间的电化学腐蚀,以延长工程使用年限,而机房环境湿度大,所以违反规定,必须予以纠正。

2) 分水器已安装固定,且已配管、保温,虽铭牌朝向有问题,不符合规定是质量缺陷,通过在保温层外规定位置设置铭牌给以弥补,以供操作维护方便,因其不影响结构安全、生产工艺和作用要求,可不作处理。

3) 施工员启动的质量问题处理程序,其主要内容包括:质量问题调查、原因分析、确定是否处理、如处理提出方案、实施处理方案、对处理结果进行检查验收、验收合格后进行小结并形成书面文件。

3. 案例三(安全方面)

(1) 背景

B公司承建的某商业大厦的机电安装工程中,有2台大型柴油发电机组成的自备电源,在柴油发电机房的外侧面地下要埋装一个重达15t的地下长圆形贮油罐,由于站位狭小,无法用汽车吊进行吊装就位,只能用人字桅杆双机抬吊拖运就位,即每个桅杆上设1台起重量为20t的手拉葫芦协动进行拖运就位,施工方案已被项目技术负责人批准。拖运作业中,南侧手拉葫芦钢绳吊索突然断裂,离地20cm平移中的油罐掉落,压伤作业人员1人(重伤)。项目部立即启动应急预案,进行应急处置。

(2) 问题

1) 从背景分析,这起事故的直接原因是什么?
2) 发生安全事故后,施工现场应做哪些应急处置工作?
3) 应急处置工作需遵循的原则有哪些?

(3) 分析与解答

1) 从背景可知这起事故的直接原因是物的不安全状态,故南侧手拉葫芦钢绳吊索断裂,导致油罐掉落压伤人员是本次事故的直接原因。

2) 发生事故后,现场应急处置工作如下:①做好危险区域隔离警戒,疏散无关人员,防止事故扩大;②组织应急力量抢救受伤人员,防止二次伤害;③及时拨打119、120等应急电话,第一时间将伤者转送就近医院;④根据应急救援程序逐级上报事故情况至政府有关部门、业主、总包单位以及公司相关部门;⑤拍摄现场照片,保护好现场痕迹和物证资料,等待有关部门的事故调查。

3) 应急处置应遵循以下几项原则:①以人为本,安全第一的原则;②统一领导,分级负责的原则;③依靠科学,规范救援的原则;④快速反应,果断应对的原则。

4. 案例四(环保方面)

(1) 背景

A公司承建的高档住宅小区机电安装工程,包括室外的管道煤气分配总站建设,中压的煤气无缝钢管的管口焊缝要做射线探伤检测。通常项目部施工员安排焊工白天焊接,晚上由探伤工进行射线探伤检测,并要求探伤工按操作规程规定设立警区,挂设警戒线,点亮红色警戒灯。一日探伤工照章办事开展作业,但不知道平日在警戒区范围内的煤气站二楼被土方施工队安排为临时宿舍,住10人左右。探伤作业晚上10点30分开始,凌晨4点结束,这样的安排是为了防止无关人员误入探伤作业区,造成伤害。次日上班,项目安全员进入煤气站进行日常安全巡查,发现煤气站二楼有人居住,当即报告了项目经理,项目经理认为虽然是昨夜发生的事,但已构成环境污染伤害,当即启动应急预案,并展开调查。

(2) 问题

1) 背景中所述环境污染事件属于哪一类环境污染?

2) 项目经理应怎样处理该起事件?

3) 发生环境事故后,项目经理部的应急处置措施有哪些?

(3) 分析与解答

1) 从背景可知,这起环境污染事件属于放射性污染,间接原因是土方施工队擅自安排工人住宿在尚未建成的建筑物内,违反有关安全规定,客观上是互相沟通不够造成的。

2) 项目经理凭经验认为,二楼有混凝土楼板与底层隔着,且当晚所用射线能量因管壁薄而较小,在警戒区内有影响但伤害不可能太大,于是决定首先应当撤走住宿人员,另行安排,其次是对10人左右的土方作业人员立即安排体检,并连续跟踪3个月每周检查一次,视体检结果,再采取对策。

3) 发生环境污染事故后项目经理部应采取的措施是:

① 停止一切作业,撤离现场。

② 警戒被污染区域或污染源头,防止事故扩大或发生次生灾害。

③ 及时通知可能受到污染危害的周边单位和群众,立即撤离到专业医院接受检查。

④ 第一时间向项目所在地的环境保护部门报告,请求专业救援和检测。

十九、施工文件及相关技术资料的编制

本章对房屋建筑设备安装施工过程中的施工文件和相关工程技术资料的分类作出介绍,并通过案例分析说明编写要点,通过学习,以增强这方面的技能。

(一)技能简介

本节对施工文件的作用、分类以及归档资料的质量要求等作出介绍,希望通过学习,能进一步明确施工文件在整个工程建设和使用中的作用。

1. 技能分析

(1) 施工文件的作用

1) 施工文件是工程建设项目在施工阶段各项重要活动及其结果的各种信息记录。

2) 施工文件反映了工程实体的真实情况,是工程使用维护和改造扩建的重要基础资料。

3) 施工文件是工程验收的必备资料之一,也是评定工程质量的依据。

4) 施工文件真实记有设计变更的部分,是为竣工结算审核的依据,有着不可替代的经济方面的作用。

5) 施工文件存有各种试验检验的数据和责任人员的确认意见,是厘清责任的佐证。

(2) 施工文件的分类

施工文件按表 19-1 进行分类,使用中应视规范标准的更迭和需要及时补充完善。

施工文件的分类　　表 19-1

1		施工管理文件
	(1)	工程概况表
	(2)	施工现场质量管理检查记录
	(3)	企业资质证书及相关专业人员岗位证书
	(4)	分包单位资质报审表
	(5)	建设单位质量事故勘查记录
	(6)	建设工程质量事故记录
	(7)	施工检测计划
	(8)	见证试验检测汇总表
	(9)	施工日志
2		施工技术文件
	(1)	工程技术文件报审表
	(2)	施工组织设计及施工方案

续表

(3)	危险性较大分部分项工程施工方案
(4)	技术交底记录
(5)	图纸会审记录
(6)	设计变更通知单
(7)	工程洽商记录（技术核定单）
3	进度造价文件
(1)	工程开工报审表
(2)	工程复工报审表
(3)	施工进度计划报审表
(4)	施工进度计划
(5)	人、机、料动态表
(6)	工程延期申请表
(7)	工程款支付申请表
(8)	工程变更费用报审表
(9)	费用索赔申请表
4	施工物资出厂质量证明及进场检测文件
(1)	出厂质量证明文件及检测报告
1)	材料、设备的相关检验报告、型式检测报告、3C强制认证合格证书或3C标志
2)	主要设备、器具的安装使用说明书
3)	进口的主要材料设备的商检证明文件
4)	涉及消防、安全、卫生、环保、节能的材料、设备的检测报告或法定机构出具的有效证明文件
5)	其他施工物资产品合格证、出厂检验报告
(2)	进场检验通用表格
1)	材料、构配件进场检验记录
2)	设备开箱检验记录
3)	设备及管道附件试验记录
(3)	进场复试报告
1)	散热器、供暖系统保温材料、通风与空调工程绝热材料、风机盘管机组、低压配电系统电缆的见证取样复试报告
2)	节能工程材料复试报告
3)	其他物资进场复试报告
5	施工记录文件
(1)	隐蔽工程验收记录
(2)	施工检查记录
(3)	交接检查记录
(4)	工程定位测量记录
(5)	防火封堵施工记录

续表

	(6)	主要管道施工及管道穿墙穿楼板套管安装施工记录
	(7)	配电柜基础（混凝土）验收记录
	(8)	电气装置安装记录
	(9)	线路、插座、开关接线检查记录
	(10)	风管及其部件加工制作记录
	(11)	风管系统、管道系统安装记录
	(12)	空调设备、管道保温施工记录
	(13)	防火阀、防排烟阀、防爆阀等安装记录
	(14)	智能建筑系统安装施工记录
	(15)	电梯机房、井道土建交接验收检查记录
	(16)	电梯设备零部件、电气装置安装记录
	(17)	自动扶梯、自动人行道的相邻区域检查记录
	(18)	电梯电气装置安装检查记录
	(19)	自动扶梯、自动人行道整机安装质量检查记录
	(20)	其他施工记录文件
6		施工试验记录及检测文件
	(1)	通用表格
	1)	设备单机试运转记录
	2)	系统试运转调试记录
	3)	接地电阻测试记录
	4)	绝缘电阻测试记录
	(2)	建筑给水排水及供暖工程
	1)	灌（满）水试验记录
	2)	强度、严密性试验记录
	3)	通水试验记录
	4)	冲（吹）洗试验记录
	5)	通球试验记录
	6)	补偿器安装记录
	7)	消火栓试射记录
	8)	安全附件安装检查记录
	9)	锅炉烘炉试验记录
	10)	锅炉煮炉试验记录
	11)	安全阀定压合格证书
	12)	自动喷水灭火系统联动试验记录
	13)	其他给水排水及供暖施工试验记录与检测文件
	(3)	建筑电气工程
	1)	电气接地装置平面示意图表

续表

	2)	电气器具通电安全检查记录
	3)	电气设备空载试运行记录
	4)	建筑物照明通电试运行记录
	5)	大型照明灯具承载试验记录
	6)	漏电开关模拟试验记录
	7)	大容量电气线路结点测温记录
	8)	低压配电电源质量测试记录
	9)	建筑物照明系统照度测试记录
	10)	其他建筑电气施工试验记录与检测文件
(4)		智能建筑工程
	1)	综合布线测试记录
	2)	光纤损耗测试记录
	3)	视频系统末端测试记录
	4)	子系统检测记录
	5)	系统试运行记录
	6)	其他智能建筑施工试验记录与检测文件
(5)		通风与空调工程
	1)	风管强度检测记录
	2)	风管漏风检测记录
	3)	现场组装除尘器、空调机漏风检测记录
	4)	各房间室内风量测量记录
	5)	管网风量平衡记录
	6)	空调系统试运转调试记录
	7)	空调水管道水压试验记录
	8)	空调凝结水系统通水试验记录
	9)	空调水系统试运转调试记录
	10)	制冷系统气密性试验记录
	11)	净化空调系统检测记录
	12)	防排烟系统联合试运行记录
	13)	系统非设计满负荷条件下的联合试运转及调试记录
	14)	其他通风与空调施工试验记录与检测文件
(6)		电梯工程
	1)	轿厢平层准确度测量记录
	2)	电梯层门安全装置检测记录
	3)	电梯电气安全装置检测记录
	4)	电梯整机功能检测记录
	5)	电梯主要功能检测记录

续表

	6)	电梯负荷运行试验记录
	7)	电梯负荷试运行试验曲线图表
	8)	电梯噪声测试记录
	9)	自动扶梯、自动人行道安全装置检测记录
	10)	自动扶梯、自动人行道整机性能、运行试验记录
	11)	其他电梯施工试验记录与检测文件
7		施工质量验收文件
	(1)	检验批质量验收记录
	(2)	分项工程质量验收记录
	(3)	分部工程质量验收记录
	(4)	其他施工质量验收文件
8		施工验收文件
	(1)	单位（子单位）工程竣工预验收报验表
	(2)	单位（子单位）工程质量竣工验收记录
	(3)	单位（子单位）工程质量控制资料核查记录
	(4)	单位（子单位）工程安全和功能校验资料核查及主要功能抽查记录
	(5)	单位（子单位）工程观感质量检查记录
	(6)	施工资料移交书
	(7)	其他施工验收文件

（3）施工文件内容的质量要求

主要有符合性、真实性、准确性、及时性、规范化等。

1）符合性

施工文件要符合规范要求、现场实际情况、专业部位要求。施工记录间的时间顺序、制约条件和有机联系要相符；安装工程与土建工程之间的交叉配合要相符；总包与分包之间的记录要相符；内容与目录要相符等。

2）真实性

施工文件的整理应该实事求是、客观准确，不要为了"偷工减料或省工省料"而隐瞒真相；也不要为"取得较高的质量等级"而歪曲事实。

3）准确性

施工文件的准确性取决于人们的日常工作态度。如：各类表格的填写要规范化；内容填写要求完整、准确、及时、无漏项和未尽事项；记录应真实反映工程实际情况；具有永久和长期保存价值的记录必须完整、准确和系统。

4）及时性

施工文件是对安装工程施工情况的真实反映，因此要求记录必须按照施工进度及时收集、整理。

5）规范化

A. 施工文件中的工程名称、施工部位、施工单位应按总承包单位统一规定填写；

B. 施工文件的编号应按项目管理要求执行；

C. 施工文件封面、目录、装帧使用统一规格、形式；

D. 纸质载体记录使用复印纸幅面尺寸，宜为 A4 幅面（297mm×210mm）；

E. 文件内容打印输出，打印效果要清晰；

F. 手写部分使用黑色钢笔或签字笔，不得使用铅笔、圆珠笔或其他颜色的笔；

G. 纸质载体上的签字使用手写签字，不允许盖章和打印。签字者必须是责任人本人。签字要求工整、易认，不得使用艺术签字。

（4）施工文件的形成时间要与施工进程同步，纸质记录可以先记成草稿，日后再形成正式记录，由责任人签字确认，但影像记录必须实时形成。

（5）用表格形成的施工文件，填写时不留空白，如栏内无内容，以斜杠取代，注意时间栏的填写，以保证施工文件的可追溯性。

2. 施工文件的内容

施工文件按建设工程文件归档规范的内容主要包括：施工管理文件、施工技术文件、进度造价文件、施工物资出厂质量证明及进场检测文件、施工记录文件、施工试验记录及检测文件、施工质量验收文件、施工验收文件八个部分。

（1）施工管理文件

1）施工现场质量管理检查记录：工程项目施工前，施工单位项目经理部根据质量管理检查记录内容核查体系建立、相关施工技术标准、资质证书、施工图、地质勘察资料、施工技术文件等的落实情况，填写"施工现场质量管理检查记录"，并由总监理工程师进行检查。

2）建设工程质量事故记录：是工程发生质量事故时的记录，包括：事故报告、处理意见、处理过程、处理结果、验收意见等。

3）施工日志：是施工技术人员在工程施工过程中的日记，以记录每天与施工有关的记录，包括日期、气候情况、作业内容等。

（2）施工技术文件

1）施工组织设计：以施工项目为对象编制的，用以指导施工的技术，经济和管理的综合性文件。

2）施工方案：以分部（分项）工程或专项工程为主要对象编制的施工技术与组织方案，用以具体指导其施工过程。

3）技术交底：施工现场需在施工人员作业前进行施工方案、施工技术、安全技术交底工作，并保持交底人、被交底人签字记录。

4）图纸会审记录：既是设计的交底记录，也是设计、施工、监理、建设各方对施工设计图的理解、答疑会议记录，以确保工程满足规范、标准和建设的目的。

5）设计变更文件：是设计单位根据业主要求或施工现场结构或使用功能情况对原有设计的一些变更性文件。

6）工程洽商记录文件：是工程施工过程中一种协调业主与施工方、施工方和设计方的记录。工程洽商分为技术洽商和经济洽商两种，通常情况下由施工单位提出。

（3）进度造价文件

1）工程开工报审表（复工报审表）：是建设工程合规性资料，由施工单位提出报审。

2）费用索赔申请表：施工单位在施工合同约定的期限内提交，申请表应一式三份，并由建设单位、监理单位、施工单位各保存一份。

(4) 施工物资出厂质量证明及进场检测文件

1）质量证明文件及检测报告：随同进场材料、设备等一同提供的能够证明其质量状况的文件。

2）进场检验：对进入施工现场的建筑材料、构配件、设备及器具，按相关标准的要求进行检验，并填写的验收记录文件。

3）进场复试：建筑材料、设备等进入施工现场后，按照有关规定从施工现场抽取试样送至试验室进行检验的活动。

(5) 施工记录文件

1）隐蔽工程验收记录：在隐蔽前应由施工单位通知监理单位进行验收，并应形成验收文件，验收合格后方可继续施工。

2）交接检查记录：是工程工序检查记录，也是上道工序完成后可进入下道工序施工的依据，有利于分清责任，保证整体工程质量。

(6) 施工试验记录及检测文件：是根据设计要求和规范规定进行试验，记录原始数据和计算结果，并得出试验结论。

(7) 施工质量验收文件

1）检验批质量验收记录：验收前，施工单位应完成自检，对存在的问题自行整改处理，然后申请专业监理工程师组织验收。

2）分项工程质量验收记录：分项工程由若干个检验批组成，由专业监理工程师组织施工单位项目专业质量技术负责人进行验收并填写签字。

3）分部工程质量验收记录：分部工程的验收是以所含各分项工程验收为基础进行的。应由总监理工程师组织施工单位项目负责人和项目技术负责人等进行验收并填写。

(8) 施工验收文件

1）单位（子单位）工程竣工预验收记录：单位工程完成后，施工单位在自检合格的基础上，填写工程竣工预验收记录，并向建设单位提交工程竣工报告和完整的质量控制资料。

2）单位（子单位）工程质量竣工验收记录：建设单位收到工程竣工报告后，建设单位项目负责人组织监理、施工、设计、勘察等单位项目负责人进行单位工程验收。

3. 工程竣工验收文件提交的条件及内容

(1) 工程竣工验收文件提交的条件

工程项目具备竣工条件后，施工单位应向建设单位报告，提请建设单位组织竣工验收的文件。

(2) 归档的竣工验收文件主要组成

1）施工单位工程竣工报告；

2）监理单位工程质量评价报告；

3）勘察单位工程质量检查报告；

4）设计单位工程质量检查报告；
5）工程竣工验收报告；
6）工程竣工验收会议纪要；
7）专家组竣工验收意见；
8）工程竣工验收证书；
9）规划、消防、环保、民防、防雷、档案等部门出具的验收文件或意见；
10）房屋建筑工程质量保修书；
11）住宅质量保证书、住宅使用说明书；
12）建设工程竣工验收备案表。
(3) 竣工图
略。

4. 工程文件的立卷、归档和移交

(1) 工程文件的立卷
1）立卷应遵循工程文件的自然形成规律和工程专业的特点，保持卷内文件的有机联系，便于档案的保管和利用；
2）建设工程由多个单位工程组成时，工程文件应按单位工程立卷；
3）立卷可分为工程准备阶段文件、监理文件、施工文件、竣工图、竣工验收文件5部分，立卷应采用下列方法：
① 工程准备阶段文件应按建设程序、形成单位等进行立卷；
② 监理文件应按单位工程、分部工程或专业、阶段等进行立卷；
③ 施工文件应按单位工程、分部（分项）工程进行立卷；
④ 竣工图应按单位工程分专业进行立卷；
⑤ 竣工验收文件应按单位工程分专业进行立卷；
⑥ 电子文件立卷时，每个工程（项目）应建立多级文件夹，应与纸质文件在案卷设置上一致，并应建立相应的标识关系；
⑦ 声像资料应按建设工程各阶段立卷，重大事件及重要活动的声像资料应按专题立卷，声像档案与纸质档案应建立相应的标识关系。
4）不同载体的文件应分别立卷；
5）立卷不宜过厚，文字材料卷厚度不宜超过20mm，图纸卷厚度不宜超过50mm；
6）案卷内不应有重复文件。印刷成册的工程文件宜保持原状；
7）建设工程电子文件的组织和排序可按纸质文件进行；
8）施工文件的立卷应符合下列要求：
① 专业承（分）包施工的分部、子分部（分项）工程应分别单独立卷；
② 室外工程应按室外建筑环境和室外安装工程单独立卷；
③ 当施工文件中部分内容不能按一个单位工程分类立卷时，可按建设工程立卷。
(2) 工程文件归档和移交
1）工程文件归档要求
① 工程文件内容及其深度应符合国家现行有关工程勘察、设计、施工、监理等标准

的规定；

② 工程文件的内容必须真实、准确，应与工程实际相符合；

③ 计算机输出文字、图件以及手工书写材料，其字迹的耐久性和耐用性应符合现行国家标准；

④ 工程文件应字迹清楚，图样清晰，图表整洁，签字盖章手续应完备；

⑤ 工程文件中文字材料幅面尺寸规格宜为 A4 幅面（297mm×210mm）。图纸宜采用国家标准图幅；

⑥ 工程文件的纸张，其耐久性和耐用性应符合现行国家标准；

⑦ 所有竣工图均应加盖竣工图章；

⑧ 竣工图的绘制与改绘应符合国家现行有关制图标准的规定；

⑨ 归档的建设工程电子文件应采用或转换为表 19-2 所列文件格式；

工程电子文件归档格式　　　　　　　表 19-2

文件类别	格式
文本（表格）文件	OFD、DOC、DOCX、XLS、XLSX、PDF/A、XML、TXT、RTF
图像文件	JPEG、TIFF
图形文件	DWG、PDF/A、SVG
视频文件	AVS、AVI、MPEG2、MPEG4
音频文件	AVS、WAV、AIF、MID、MP3
数据库文件	SQL、DDL、DBF、MDB、ORA
虚拟现实/3D 图像文件	WRL、3DS、VRML、X3D、IFC、RVT、DGN
地理信息数据文件	DXF、SHP、SDB

⑩ 归档的建设工程电子文件应包含元数据，保证文件的完整性和有效性。元数据应符合现行行业标准；

⑪ 归档的建设工程电子文件应采用电子签名等手段，所载内容应真实和可靠；

⑫ 归档的建设工程电子文件的内容必须与其纸质档案一致；

⑬ 建设工程电子文件离线归档的存储媒体，可采用移动硬盘、闪存盘、光盘等。存储移交电子档案的载体应经过检测，应无病毒、无数据读写故障，并应确保接收方能通过适当设备读出数据。

2）工程文件的移交

① 列入城建档案管理机构接收范围的工程，建设单位在工程竣工验收备案前，必须向城建档案管理机构移交一套符合规定的工程档案；

② 停建、缓建建设工程的档案，可暂由建设单位保管；

③ 对改建、扩建和维修工程，建设单位应组织设计、施工单位对改变部位据实编制新的工程档案，并应在工程竣工验收备案前向城建档案管理机构移交；

④ 当建设单位向城建档案管理机构移交工程档案时，应提交移交案卷目录，办理移交手续，双方签字、盖章后方可交接。

（二）案例分析

本节以案例形式介绍相关施工文件在工程建设中的作用及其价值，希望通过学习提高对施工文件重要性的认识和重视程度。

1. 案例一　建筑给水排水工程

（1）背景

由 A 公司总承包承建的某市城北的一幢综合住宅楼，用户入住后，发现一楼厕所蹲坑外溢污水。为此 A 公司质检部门会同负责该楼给水排水工程施工的分包单位 B 公司与参与作业的作业队长，共同进行查找原因。经查，该单元一楼出户污水干管未与室外污水井连通，导致厕所污水外流。查阅 B 公司的排水管材进场验收记录以及排水管道施工试验记录，未发现相关试验记录，A 公司责成 B 公司限期整改，并对责任人员进行查处。

（2）问题

1）出户污水干管在安装完成后应做哪些施工试验记录？
2）出户污水干管未与室外污水井连通而交付使用，造成质量问题，有哪些责任人？
3）材料设备进场验收包括哪些内容？

（3）问题分析与解答

1）出户污水干管是重力流污水管道，所以要求排水管道需通畅密闭。判定其是否符合要求，应做灌水试验鉴别其密封程度，做通球试验鉴别其通畅程度。

2）该单元一楼污水干管安装完成后未按规范要求做相关试验。试验记录应由项目专业施工员填写，项目专业技术负责人、专业质量员、专业监理工程师或建设单位专业技术负责人进行验收并签字，故上述人员均涉及该事件，应承担相应责任。

3）材料设备进场验收对提高工程质量是非常必要的，验收内容主要包括出厂质量证明文件及检测报告、设备开箱检验、设备及管道附件试验以及外观检查等。

2. 案例二　建筑电气工程

（1）背景

A 公司承建的商场与住宅结合为一体的机电安装工程，由于商场部分尚未确定用户，招标方用初步设计图纸进行招标。中标后施工过程中商场用户明确，并对原设计意图按用户需要做了较大修改。为此 A 公司项目部要求各专业施工员加强对设计变更的管理，竣工验收时由于各项验收记录整理得井井有条，符合管理规定和合同约定，顺利通过验收。

（2）问题

1）设计图纸变更记录会体现在哪几种施工记录中？
2）A 公司项目部怎样把握施工记录的形成时间？
3）建筑电气工程有哪些施工试验记录？

（3）问题分析与解答

1）图纸变更的原因可能有三种情况。一是设计单位发现原设计不妥主动提出变更，二是业主或用户依据需求的变化提出变更，三是施工单位发现施工有问题而提出变更。不论何种情况的变更,均必须征得原设计单位的同意,于是设计变更的意图会出现在图纸会审记录、设计变更文件和工程洽商记录中。

2) A 公司要把施工记录的形成时间充分考虑到设计变更送达时间和工程形成时间,要有序结合起来。因为设计变更会涉及已完工程的变动,即要拆除改装,不言而喻,里面含有经济补偿问题,即常说的索赔工作问题,这和记录时间直接有关。

3) 与建筑电气工程施工有关的试验记录包括:绝缘电阻测试记录、接地电阻测试记录、电气器具通电安全检查记录、电气设备空载试运行记录、建筑物照明通电试运行记录等。

3. 案例三 通风与空调工程

(1) 背景

某公司承建 H 城一大型商场的中央空调安装工程。由于建筑结构比较复杂,设计图纸不能完全表达正确的风管及其部件和各种支架的安装位置及具体尺寸,需要由施工单位进行深化设计,经确认后才能施工。同时业主方提出,为节能环保,要求通风和空调工程的调试和使用效果达到预期设想,并为运行维护提供方便。为此项目部通过 BIM 技术进行深化设计,并在调试方案中做了具体措施,在实施过程的施工文件中真实详尽地得到反映,交工验收时受到业主和用户的好评。

(2) 问题

1) 通风与空调工程采用 BIM 技术进行深化设计在施工文件中属于什么类别?

2) 通风与空调工程有哪些施工试验记录?

3) 项目部的调试方案怎样满足方便维护要求?

(3) 问题分析与解答

1) 公司项目部采用 BIM 技术进行深化设计必然会对原设计图纸作出修改,要征得原设计单位的认可,才能用于施工,所以形成的 BIM 技术深化设计图纸在施工文件中应属于施工技术文件中的设计变更类文件。

2) 通风与空调工程的施工试验记录包括:风管强度检测记录、风管漏风检测记录、设备单机试运转及调试记录、空调系统试运转调试记录、空调水管道水压试验记录、空调凝结水系统通水试验记录、空调水系统试运转调试记录、制冷系统气密性试验记录、防排烟系统联合试运行记录、系统非设计满负荷条件下的联合试运转及调试记录等。

3) 通风与空调工程的调试和调整目的是把系统的每个出口用户的风量、风速、风压及其温度和湿度等调整到设计预期值或用户满意值,其主要手段是对各类自动或手动的调节阀门(风阀和水阀)达到某一个适当的开度,就可满足要求。因此项目部在调试记录上要仔细记录每个调节阀的开度,并在工程实体上做好色标,如用油漆做好标识等。

二十、工程信息资料的处理

本章对工程信息的概念及其应用的重要性作扼要的介绍，并通过案例说明资料整理中应注意的事项，供学习者参考应用。

（一）技能简介

建设工程项目的信息管理是通过对各个系统、各项工作和各种数据的管理，使项目的信息能方便和有效地获取、存储、处理和交流。

1. 工程项目管理信息的分类、主要内容及管理

建设工程项目的实施需要人力资源和物质资源，这些资源的利用都离不开各类信息的帮助，因此，在项目管理中应重视并认识信息的重要性，并应视为项目实施的重要资源。

（1）信息的分类和主要内容

围绕项目管理目标和生产要素所开展的活动是工程项目管理的主要工作。项目管理目标的管理活动主要是对成本、质量、进度和安全四大目标的控制，这些活动通过对劳动力、材料、设备、技术及资金五大生产要素的控制来实现。

1）按管理目标分类

① 成本控制信息是指与成本控制直接有关的信息，主要是施工项目成本计划、施工任务单、限额领料单、施工定额、成本统计报表、对外分包经济合同、原材料价格、机械设备台班费、人工费、运杂费等。

② 质量控制信息

质量控制信息是指与质量控制直接有关的信息，主要是国家或地方政府部门颁布的有关质量政策、法令、法规和标准等，质量目标的分解图表、质量控制的工作流程和工作制度、质量管理体系构成、质量抽样检查数据、各种材料和设备的合格证、质量证明书、检测报告等。

③ 进度控制信息

进度控制信息是指与进度控制直接有关的信息，主要是施工项目进度计划、施工定额、进度目标分解图表、进度控制工作流程和工作制度、材料和设备到货计划、各分部分项工程进度计划、进度记录等。

④ 安全控制信息

安全控制信息是指与安全控制直接有关的信息，主要是施工项目安全目标、安全控制体系、安全控制组织和技术措施、安全教育制度、安全检查制度、伤亡事故统计、伤亡事故调查与分析处理等。

2）按生产要素分类

① 劳动力管理信息，是指劳动力需用量计划、劳动力流动、调配等。

② 材料管理信息，是指材料供应计划、材料库存、储备与消耗、材料定额、材料领发及回收台账等。

③ 机械设备管理信息，是指机械设备需求计划、机械设备合理使用情况、保养与维修记录等。

④ 技术管理信息，是指各项技术管理组织体系、制度和技术交底、技术复核、已完工程的检查验收记录等。

⑤ 资金管理信息，是指资金收入与支出金额及其对比分析、资金来源渠道和筹措方式等。

3) 按管理工作流程分类

① 计划信息，是指各项计划指标、工程施工预测指标等。

② 执行信息，是指项目施工过程中下达的各项计划、指示、命令等。

③ 检查信息，是指工程的实际进度、成本、质量的实施状况等。

④ 反馈信息，是指各项调整措施、意见、改进的办法和方案等。

4) 信息的来源分类

① 内部信息

内部信息主要是来自施工项目的信息，如工程概况、施工项目的成本目标、质量目标、进度目标、施工方案、施工进度、完成的各项技术经济指标、项目经理部组织、管理制度等。

② 外部信息

外部信息主要是来自外部环境的信息，如监理通知、设计变更、国家有关的政策及法规、国内外市场的有关价格信息、竞争对手信息等。

5) 按信息的稳定程度分类

① 固定信息

固定信息主要是指在较长时期内，相对稳定，变化不大，可以查询得到的信息，包括各种定额、规范、标准、条例、制度等，如施工定额、材料消耗定额、施工质量验收统一标准、施工质量验收规范、生产作业计划标准、施工现场管理制度、政府部门颁布的技术标准、不变价格等。

② 流动信息

流动信息主要是指随施工生产和管理活动不断变化的信息，如施工项目的质量、成本、进度的统计信息、计划完成情况、原材料消耗量、库存量、人工工日数、机械台班数等。

6) 按信息的性质分类

① 生产信息

生产信息是指有关施工生产的信息，如施工进度计划、材料消耗等。

② 技术信息

技术信息是指技术部门提供的信息，如技术规范、施工方案、技术交底等。

③ 经济信息

经济信息是指涉及经济、成本方面的信息，如施工项目成本计划、成本统计报表、资金耗用等。

④ 资源信息

资源信息是指涉及资源方面的信息，如资金来源、劳动力供应、材料供应等。

7) 按信息的层次分类

① 战略信息

战略信息是指提供给上级领导的重大决策性信息。

② 策略信息

策略信息是指提供给中层领导部门的管理信息。

③ 业务信息

业务信息是指基层部门例行性工作产生或需用的日常信息。

(2) 信息的管理

在工程建设中施工方、业主方和项目参与其他各方都有各自的信息管理任务，为充分利用和发挥信息资源的价值、提高信息管理的效率以及实现有序的和科学的信息管理，各方都应编制各自的信息管理手册，以规范信息管理工作。信息管理手册应描述和定义信息管理的任务、执行者（部门）、每项信息管理任务执行的时间和其工作成果及信息共享的内容及要求等，信息管理手册是信息管理的核心指导文件。

2. 工程信息资料的分类及实施方法

(1) 建筑工程的资料分为工程准备阶段文件、监理资料、施工资料、竣工图和工程竣工文件等五大类。

(2) 建筑设备安装工程的施工资料一般由以下几部分组成。

1) 施工管理资料

包括：施工现场质量管理检查记录、企业资质证书及相关专业人员岗位证书、分包单位资质报审表、建设单位质量事故勘查记录、建设工程质量事故记录、施工检测计划、施工日志等资料。

2) 施工技术资料

包括：工程技术文件报审表、施工组织设计及施工方案、技术交底记录、图纸会审记录、设计变更通知单、工程洽商记录（技术核定单）等资料。

3) 进度造价资料

包括：工程开工、复工报审表、施工进度计划报审表、施工进度计划、工程延期申请表、工程款支付申请表、工程变更费用报审表、费用索赔申请表等资料。

4) 施工物资出厂质量证明及进场检测资料

包括：材料、设备的相关检验报告、型式检测报告、3C强制认证合格证书或3C标志、主要设备、器具的安装使用说明书、进口的主要材料设备的商检证明文件、涉及消防、安全、卫生、环保、节能的材料、设备的检测报告或法定机构出具的有效证明文件、材料、构配件进场检验记录、设备开箱检验记录、散热器、供暖系统保温材料、通风与空调工程绝热材料、风机盘管机组、低压配电系统电缆的见证取样复试报告等资料。

5) 施工记录资料

包括：隐蔽工程验收记录、施工检查记录、交接检查记录、工程定位测量记录等资料。

6) 施工试验记录及检测资料

包括：设备单机试运转记录、系统试运转调试记录、接地电阻测试记录、绝缘电阻测试记录、管道强度严密性试验记录、通水、通球试验记录、建筑物照明通电试运行记录、大型照明灯具承载试验记录、漏电开关模拟试验记录、建筑物照明系统照度测试记录、综合布线测试记录、智能建筑系统试运行记录、风管强度、严密性试验记录、空调系统试运转调试记录、防排烟系统联合试运行记录、电梯层门安全装置检测记录、电梯电气安全装置检测记录、电梯负荷运行试验记录、电梯噪声测试记录等资料。

7）施工质量验收资料

包括：检验批质量验收记录、分项工程质量验收记录、分部工程质量验收记录等资料。

8）施工验收资料

包括：单位（子单位）工程竣工预验收报验表、单位（子单位）工程质量竣工验收记录、单位（子单位）工程质量控制资料核查记录、单位（子单位）工程安全和功能校验资料核查及主要功能抽查记录、单位（子单位）工程观感质量检查记录、施工资料移交书等资料。

(3) 工程信息资料的管理

工程信息资料的管理包括：收集、整理和传递，以保证实现工程管理信息化，这是建设各方信息管理手段的核心。

1）信息的收集

① 收集的范围

收集的范围与工作的职能有关，如站在企业的立场，应包括企业各部门各分支机构的信息、客户的信息、国际市场信息、国际金融信息、法律政策信息、交际活动信息等。如仅为施工项目部，则以项目管理为目标，以施工项目信息为管理对象所进行的有计划地收集、处理、储存、传递、应用各类各专业信息等一系列工作的总和，其目的在于通过对项目信息传输合理的组织和控制，为项目建设提供增值服务，通过对各个系统、各项工作和各种数据的管理，使项目的信息能方便和有效地获取、存储（存档是存储的一项工作）、处理和交流。比如应关注本企业有关信息、业主方的信息、相关各方（总包方、其他分包方、监理方、设计方、物资供应商等）信息、市场信息、质量安全监管信息、气候气象信息、规范标准更迭信息、供电供水供气能源供给信息、市政道路交通信息等。

② 收集的渠道

包括：大众传播媒介渠道、网络、图书馆、档案馆、数据库、供应商和客户、贸易渠道、信息机构、关系渠道和调查渠道等。

③ 收集的方法

包括：观察法、阅读法、询问法、问卷法、网络法、交换法、购置法等。

2）信息的整理

包括：信息分类、信息筛选、信息校核、信息校核是关键，即要对信息识别，辨别其可靠程度，常用的识别方法有：溯源法、比较法、核对法、逻辑法、调查法、数理统计法等。

3）信息的传递

① 信息传递的方法有：语言传递（口头传递）、文字传递（书面传递）、可视化辅助物传递、电信传递等。

② 信息传递的质量要求包括：迅速、准确、保密。

3. 建筑工程施工数字化管理

（1）概念

建筑工程施工数字化管理是指对施工过程中所产生的数据进行收集，并对每个工程上报的报表进行分析和处理，最后再把这些处理后的报表交给相关部门。再由统计部分把优质的数据选出来运用到建筑工程施工中。数字化管理对信息具有及时性，能及时地交换信息，对信息共享，方便用户管理。

（2）重要性

建筑工程是一个巨大并且复杂的项目工程，它需要一个较高的管理水平来保障工程的质量。一个好的管理模式不仅能降低成本，而且还能减少相对工期。随着建筑工程对质量和效率的追求越来越高，建筑工程施工数字化管理在建筑施工中的作用将越来越大。

（3）数字化管理平台

建筑工程施工的数字化管理可以通过物联网、BIM、智能硬件、信息化等技术的跨界应用进行实现，如智慧工地公共平台、实测实量数字化工具包、数字化绝缘电阻测试仪等。在施工现场通过物联网设备，实现传统落后的劳动密集型施工现场生产一线数据的自动化采集、分析，自动生成报表，基本实现施工现场的无纸化操作以及"0"输入，节省劳动力和时间，直接降低项目的劳动力成本，大幅度提高岗位工作人员的效率，实现建筑工程施工的数字化管理。真正实现施工智能、工作协同、信息共享、决策科学、风险预控。

（二）案例分析

本节以案例形式对工程信息资料处理中的注意事项作出介绍，以供学习者参考应用。

1. 案例一

（1）背景

某协会组织优质工程评选，在预选过程中，对 Z 公司承建的服装商贸城机电安装工程进行检查，检查的一个环节是核查已完工的交工资料，发现以下问题，并提出改进意见。

事件一：给水管道强度试验的压力单位写成 kg/cm^2。

事件二：建筑电气照明线路绝缘电阻检测数据栏写"符合规范规定"。

事件三：由于工程照明灯具质量没有大于 10kg 的，所以不必做灯具悬吊装置的过载试验，但记录表格上没有标记。

（2）问题

1）给水管道强度试验的压力单位应怎样正确填写？

2）电气线路绝缘电阻数据栏为什么不能填写成"符合规范规定"？

3）没有做过试验的空白栏怎样处理？

（3）问题分析与解答

1) 应采用法定计量单位兆帕（MPa），这不仅是体现企业工作作风的严谨，也代表了企业法治意识的强弱程度，因为采用法定计量单位是《中华人民共和国计量法》所规定的。

2) 记录表式内的数据栏应填写检测所得的数值，以体现用数据说话的原意，用模糊的概念用词替代，不能体现资料的真实性。

3) 按有关规定，在空白栏中画一斜杠，表示未做该项检测试验。

2. 案例二

(1) 背景

A 公司承建一学院体育馆工程，其中空调与通风工程量大，且高空作业多，为此施工项目技术负责人主持编制了通风与空调工程的专项施工方案，方案编制完成后上报至 A 公司总工程师审核，经审核发现如下问题。

事件一：专项施工方案中管线布置不利于现场实际安装。

事件二：专项施工方案中涉及的 BIM 深化设计模型质量比较差。

事件三：文本中的段、条、款的数字编号比较乱。

(2) 问题

1) 为什么会出现管线布置不利于现场实际安装？

2) 为什么 BIM 深化设计模型质量比较差？

3) 为什么段、条、款的数字编号不统一？

(3) 问题分析与解答

1) 技术负责人在编制专项施工方案过程中缺少与现场施工员等主要人员的沟通协调。

2) 对 BIM 软件产品不够熟悉，对 BIM 图精度没有要求，深化水平有待提高。

3) 工作不仔细，条理性较差；对常用办公软件的操作不够熟练。

3. 案例三

(1) 背景

B 公司中标承建一大型项目的机电安装工程，并组建了施工项目部，在施工准备阶段，项目部为了做好工程信息资料的收集整理工作，专门举办了由全体管理人员参加的短期培训班，期末进行了测试，以检验培训效果，其中有几个测试题如下。

(2) 问题

1) 建筑工程的资料有哪五大类？

2) 信息收集的渠道有哪些？

3) 建筑工程施工数字化管理在信息处理方面有什么作用？

(3) 问题分析与解答

1) 建筑工程的资料有施工准备阶段资料、监理资料、施工资料、竣工图和竣工验收资料五大类。

2) 工程信息资料收集的渠道有大众传播媒介、图书馆、档案馆、数据库、供应商和客户、贸易渠道、信息机构、关系渠道和调查渠道等。

3) 建筑工程施工数字化管理对信息具有及时性，能及时地交换信息，对信息共享，方便用户管理。

参 考 文 献

[1] 王清训. 机电工程管理实务（一级第三版）[M]. 北京：中国建筑工业出版社，2011.
[2] 王清训. 机电工程管理实务（二级第三版）[M]. 北京：中国建筑工业出版社，2012.
[3] 闵德仁. 机电设备安装工程项目经理工作手册[M]. 北京：机械工业出版社，2000.
[4] 徐第，孙俊英. 怎样识读建筑电气工程网[M]. 北京：金盾出版社，2005.
[5] 曾乐. 现代焊接技术手册[M]. 上海：上海科学技术出版社，1993.
[6] 全国一级建造师考试用书编委会编. 建设工程项目管理（第二版）[M]. 北京：中国建筑工业出版社，2007.
[7] 全国建筑业企业项目经理培训教材编写委员会编. 施工组织设计与进度管理[M]. 北京：中国建筑工业出版社，2001.
[8] 何焯. 机械设备安装工程[M]. 北京：机械工业出版社，2002.
[9] 张振迎. 建筑设备安装技术与实例[M]. 北京：化学工业出版社，2009.
[10] 建筑专业《职业技能鉴定教材》编审委员会编. 安装起重工（高级、中级、初级）[M]. 北京：中国劳动社会保障出版社，2003.
[11] 建设部人事教育司编. 安装起重工[M]. 北京：中国劳动社会保障出版社，2005.
[12] 何焯. 设备起重吊装工程（便携手册）[M]. 北京：机械工业出版社，2003.
[13] 杨文柱. 重型设备吊装工艺与计算[M]. 重庆：重庆建筑大学出版社，1978.
[14] 傅慈英. 安装工程施工艺标准（上、下册）[M]. 杭州：浙江大学出版社，2008.
[15] 郜风涛，赵晨. 建设工程质量管理条例释义[M]. 北京：中国城市出版社，2000.
[16] 全国建筑施工企业项目经理培训教材编写委员会编. 工程项目质量与安全管理[M]. 北京：中国建筑工业出版社，2001.
[17] 李慎安. 法定计量单位速查手册[M]. 北京：中国计量出版社，2001.
[18] 马福军，胡力勤. 安全防范系统工程施工[M]. 北京：机械工业出版社，2012.
[19] 秦柏，刘安业. 建筑工程测量实例教程[M]. 北京：机械工业出版社，2012.
[20] 住房和城乡建设部工程质量安全监管司组织编写. 施工升降机司机[M]. 北京：中国建筑工业出版社，2010.
[21] 住房和城乡建设部工程质量安全监管司组织编写. 施工升降机安装拆卸工[M]. 北京：中国建筑工业出版社，2010.